地下工程结构耐久性设计与评定

主　编　王玉锁　王明年

副主编　于　丽　童建军　刘大刚

　　　　严　涛　王志龙

主　审　叶跃忠

西南交通大学出版社
·成　都·

图书在版编目（ＣＩＰ）数据

地下工程结构耐久性设计与评定 / 王玉锁，王明年
主编. —成都：西南交通大学出版社，2022.8
ISBN 978-7-5643-8747-1

Ⅰ. ①地… Ⅱ. ①王… ②王… Ⅲ. ①地下工程 – 结
构设计 – 耐用性 Ⅳ. ①TU93

中国版本图书馆 CIP 数据核字（2022）第 107924 号

Dixia Gongcheng Jiegou Naijiuxing Sheji yu Pingding
地下工程结构耐久性设计与评定
主编　王玉锁　王明年

责 任 编 辑	杨　勇
封 面 设 计	何东琳设计工作室
出 版 发 行	西南交通大学出版社 （四川省成都市金牛区二环路北一段 111 号 西南交通大学创新大厦 21 楼）
发行部电话	028-87600564　028-87600533
邮 政 编 码	610031
网　　　址	http://www.xnjdcbs.com
印　　　刷	成都蜀通印务有限责任公司
成 品 尺 寸	185 mm × 260 mm
印　　　张	16.5
字　　　数	411 千
版　　　次	2022 年 8 月第 1 版
印　　　次	2022 年 8 月第 1 次
书　　　号	ISBN 978-7-5643-8747-1
定　　　价	39.90 元

PREFACE
前 言

目前我国是拥有铁路、公路隧道、地铁最多的国家，城市地下商城、地下综合管廊、地下停车场、各类地下仓库等地下工程已成为现代城市建设的基本构成，还有大量的人防工程，地下输水、输油、输气管道等保证人民生命财产的生命线工程，可以说我们已进入了人类新的"穴居时代"。然而，由于地下工程环境侵蚀、材料劣化及使用不当，较多既有地下结构产生损伤及耐久性下降，影响到结构的安全与正常使用，而我国现行的工程结构可靠性设计、鉴定标准在地下结构耐久性设计与评定方面缺乏专门规定，相关研究也不够系统深入。为合理设计、评定耐久性能，保证地下结构可靠性，在总结混凝土结构耐久性评估理论与方法及工程实践经验的基础上，结合国内外围绕混凝土结构耐久性开展的理论分析、试验研究、工程调查等，参考我国最新的混凝土结构耐久性设计与评定国家标准及相关教材、专著、论文等，编制本教材。

本教材内容包括地下工程环境特征、结构腐蚀和损伤机理及防护、结构耐久性相关检测与试验、地下工程施工工艺对耐久性的影响、结构耐久性设计、结构耐久性维护与提升以及运营期地下结构耐久性评估等，可作为大学专业课程教材，也可作为设计、施工及科研参考资料。

全本教材共分 8 章，由王明年、王玉锁进行全书内容构思和章节提纲的编写，由叶跃忠教授主审。各章节内容收集与整理人员包括：第 1 章 王明年、王玉锁、卢雅欣、张祖迪、姚庆晨；第 2 章 于丽、童建军、张祖迪、卢雅欣、姚庆晨、杨竣翔；第 3 章 刘大刚、严涛、肖柯、张祖迪、肖宗扬、赵状；第 4 章 王玉锁、王志龙、肖宗扬、张祖迪、姚庆晨、张朱鑫；第 5 章 王明年、姚庆晨、肖宗扬、张祖迪；第 6 章 王玉锁、卢雅欣、何锁宋；第 7 章 童建军、卢雅欣、张祖迪、肖柯；第 8 章 严涛、于丽、张祖迪、肖柯、姚庆晨。

本教材受"西南交通大学 2020 年校级本科教材建设项目"资助，编写过程中得到了土木工程学院富海鹰、曾艳华、周佳媚、陈嵘、张明等老师的指导和帮助，在此表示感谢！

本教材中如有不到之处，敬请批评指正。

编 者
2022 年 6 月

CONTENTS
目 录

第1章 绪 论

1.1 工程结构耐久性概述

1.1.1 结构耐久性概念

根据《工程结构可靠性设计统一标准》，结构（structure）是指能承受作用并具有适当刚度的由各连接部件有机组合而成的系统。任何结构的兴建都是为了满足人们特定的使用需求，也就是完成其预定的功能。而结构预定的功能能否实现，取决于其在设计使用年限内的表现。结构在规定的时间内和条件下，完成预定功能的能力，称作结构的可靠性（reliability）。其中，规定的时间即设计使用年限（design working life），是指设计规定的结构或结构构件不需进行大修即可按预定目的使用的年限；规定的条件即正常设计、施工、使用和维护，未考虑人为错误或失误的情形。结构的可靠性包括结构的安全性、适用性和耐久性。结构在规定的设计使用年限内应满足以下功能要求：

（1）能承受在施工和使用期间可能出现的各种作用。

（2）保持良好的使用性能。

（3）具有足够的耐久性能。

（4）当发生火灾时，在规定的时间内可保持足够的承载力。

（5）当发生爆炸、撞击、人为错误等偶然事件时，结构能保持必需的整体稳固性，不出现与起因不相称的破坏后果，防止出现结构的连续倒塌。

在工程结构必须满足的上述 5 项功能中，第（1）、（4）、（5）项是对结构安全性的要求，第（2）项是对结构适用性的要求，第（3）项是对结构耐久性的要求，三者可概括为对结构可靠性的要求。

足够的耐久性能，指结构在规定的工作环境中，在预定时间内，结构材料性能的劣化不致结构出现不可接受的失效概率，从工程概念上讲，是指结构在正常的维护、使用条件下能够使用到规定的设计使用年限。《混凝土结构耐久性设计标准》（GB/T 50476）对结构耐久性（structure durability）的定义，是指在环境作用和正常维护、使用条件下，结构或构件在设计使用年限内保持其适用性和安全性的能力。

1.1.2 工程结构耐久性研究意义

人类出现伊始，为满足食住行，从远古构木为巢、掘土为穴，到如今高楼林立、交通纵横，乃至上天入海，土木工程发展历程漫长，大体可分为 3 个发展阶段：大规模新建阶段，新建与维修并举阶段，旧建筑维修、改造加固阶段。我国基础设施建设方兴未艾，与发达国家相比，可认为基本处于第一到第二阶段的过渡期。

土木工程材料的发展，从最初依靠泥土、木材及其他天然材料进行营造活动，到砖、瓦出现，使人类首次突破天然建材的束缚，钢材的运用实现了土木工程的二次飞跃；到19世纪初，波特兰水泥及混凝土的问世，使之实现了第三次飞跃。现在，混凝土因具有原材料来源广泛、成本低廉、易于浇筑成型、优良的力学性能等特点，得到了广泛的应用，是当今使用量最大的建筑材料，而钢筋混凝土结构综合了钢筋与混凝土的优点，造价低，目前仍是土木工程结构的首选。

土木工作者曾普遍认为混凝土相较于木材、钢材等其他材料，更具有良好的抵抗外界破坏的能力，可长久保持其性能，因此长期以来对混凝土结构耐久性问题未给予足够重视。现实中由于设计、施工、使用中多种因素影响，以及环境的复杂多变，很多工程结构性能提前退化，承载能力和使用功能都提前下降和丧失，并最终导致结构失效，造成了巨大的损失。

据英国运输部门1989年报告，英格兰和威尔士有75%的钢筋混凝土桥梁受到氯离子侵蚀而产生结构腐蚀，维养费用是原造价的2倍，每年花费近20亿英镑以应对海洋环境下混凝土结构锈蚀与防护问题。英格兰岛中部环形快车道有11座混凝土高架桥，建造费用2 800万英镑，因撒除冰盐引起钢筋锈蚀混凝土胀裂，为此维修花费近4 500万英镑，是建费的1.6倍，再加上以后15年估计的耗资1.2亿英镑，累计近当初造价的6倍。2007年8月1日，美国明尼苏达州密西西比河桥发生突然坍塌，主要原因是结构长期劣化。据2006年美国联邦公路局统计，全美有27%的桥梁被鉴定存在类似的"结构性缺陷"。

在我国，1989年建设部科技发展司混凝土结构耐久性综合调查组对国内部分城市建筑物的调查表明：中华人民共和国成立初期的建筑物均已达到大修状态，当时大多数工业建筑不能满足安全、经济使用50年的要求，一般使用25~30年就需大修加固；在某些化工和冶金工业建筑中，最严重时，刚建成的厂房尚未投产使用就需废弃，有的使用两三年后就丧失工作能力，有的使用2~10年后，为保持工作性能而消耗的维修、加固费用，早已超过结构造价本身。我国大量工程实践表明，耐久性不足是很多结构物破坏的主要原因。据1994年铁路部门统计，我国正在运营的有病害铁路桥梁共6 137座，占总数的18.8%，其中预应力混凝土桥梁占2 675座。技术标准、设计、施工、运营管理、后期监控、管养资金等的落后与缺乏，以及随着社会经济快速发展而带来的车流量增长和运营车辆长期普遍严重超载等，使桥梁结构病害问题日益严重和突出，到2005年年底，我国通车公路中现有各种桥梁达32万座，普查出的危桥达到10万座。据原交通部《2006年全国公路养护统计年报》，截至2006年年底，全国有6 282座公路危桥，即"技术状况处于危险状态，部分重要构件出现严重缺损，桥梁承载能力明显降低并直接危及桥梁安全"。

结构耐久性问题已越来越引起关注，国外曾有关于地面工程维修费用的"5倍定律"的说法，即设计时为节省1美元的钢筋维护费用，那么在发现钢筋锈蚀时再采取措施将会追加5美元的维修费，在混凝土表面发生顺筋开裂时再采取措施将追加25美元以及严重破坏时则将追加125美元的维修费，这充分说明结构耐久性研究的必要性。

随着西部大开发战略及"一带一路"倡议实施的推进，我国基础设施建设高潮还将持续多年，如果不重视结构耐久性，迎接我们的将会有"大修"多年的高潮，带来的损耗将数倍于工程建设投资，因此我们必须高度重视结构耐久性研究。

1.1.3 混凝土结构耐久性研究历史

在 19 世纪，40 年代法国工程师维卡对海洋环境中水硬性石灰及石灰和火山灰砂浆性能进行了研究，并出版了《水硬性组分遭受海水腐蚀的化学原因及其防护方法的研究》；80 年代钢筋混凝土构件问世并用于工业建筑，开始了工业环境中混凝土结构耐久性研究。

在 20 世纪，20 年代美国和德国分别开展了自然环境下混凝土长期腐蚀试验研究；30 年代开始对海洋环境下混凝土耐久性开展试验研究；40 年代开始混凝土冻融破坏研究；50 年代苏联学者较早开始对钢筋锈蚀开展研究，1957 年美国混凝土学会（ACI）成立"ACI-201 委员会"，专门针对混凝土耐久性方面的研究；1960 年国际材料与结构研究联合会（RILEM）成立了"混凝土中钢筋腐蚀"技术委员会，将混凝土结构正常使用问题纳入混凝土结构耐久性研究的核心，标志着混凝土结构耐久性研究的系统化与国际化。1990 年，日本土木学会提出了混凝土结构耐久性设计建议，使得针对不同环境类别，建立材料性能劣化计算模型并以此预测结构使用年限，成为耐久性设计方法的研究热点。1992 年，欧洲混凝土委员会颁布了《耐久性混凝土结构设计指南》，旨在发展以性能和可靠度分析为基础的混凝土结构耐久性设计方法。

在 21 世纪，亚洲混凝土模式规范委员会颁布了《亚洲混凝土模式规范》（ACMC2001），提出了基于性能的耐久性设计方法。

我国在 20 世纪 60 年代，南京水利科学研究院首先开展了混凝土碳化和钢筋锈蚀的研究。中国土木工程学会于 1982、1983 年连续召开全国耐久性学术会议，推动了耐久性研究的开展。1991 年，全国钢筋混凝土结构标准技术委员会混凝土耐久性学组在天津成立，进一步推动了混凝土耐久性研究。1992 年，中国土木工程学会混凝土与预应力混凝土分会成立了混凝土耐久性专业委员会，使得我国在混凝土耐久性研究领域朝系统化、规范化方向发展。1994 年，国家启动了土木工程领域唯一的攀登计划项目"重大土木与水利工程安全性与耐久性的基础研究"，2002 年混凝土结构耐久性研究被纳入《混凝土结构设计规范》第六批课题的子课题。2004 年，由中国土木工程学会、清华大学等单位主编的《混凝土结构耐久性设计与施工指南》出版，在国内首次较为系统地提出了混凝土结构耐久性设计、施工和检测的基本要求和方法。近年来，随着我国大规模基础设施建设的开展，工程结构耐久性问题得到了高度关注，2007 年，由西安建筑科技大学组织编写的《混凝土结构耐久性评定标准》（CECS220：2007）开始实施。2009 年，由清华大学、中国建筑科学研究院组织编制的《混凝土结构耐久性设计规范》（GB/T 50476—2008）开始实施。2010 年，由中国建筑科学研究院组织编制的《普通混凝土长期性能和耐久性能试验方法标准》（GB/T 50082—2009）、《混凝土耐久性检验评定标准》（JGJ/T 193—2009）开始实施，两部标准有力地推动了混凝土耐久性基础试验研究的发展。2019 年，由西安建筑科技大学、中交四航工程研究有限公司主编的《既有混凝土结构耐久性评定标准》（GB/T 51355—2019）开始实施。同年，《混凝土结构耐久性设计标准》（GB/T 50476—2019）开始实施，取代了原《混凝土结构耐久性设计规范》（GB/T 50476—2008）。

目前，工程结构耐久性问题已成为广大研究人员关注的热点问题，相关基础研究、工程应用研究十分活跃。现行《混凝土结构设计规范》《工程结构可靠性设计统一标准》《铁路混凝土结构耐久性设计规范》《水运工程结构耐久性设计标准》《公路工程结构可靠度设计统一标准》《工业建筑防腐蚀设计规范》等均对工程结构耐久性问题提出了相应的设计、施工以及试验检测等方面的要求，如在 2019 年实施的《建筑结构可靠性设计统一标准》（GB 50068—

2018）中，新增了结构耐久性极限状态设计的相关规定。这些标准、规范的相继出台，对提高我国工程结构耐久性将起到十分有利的推动作用。

1.1.4　工程结构耐久性研究内容

工程结构耐久性涉及材料、化学、力学、数学等学科领域，对其研究应考虑结构服役环境、材料和结构性能等因素，结构耐久性的研究可从环境、材料、构件和结构四个层次开展。

1. 环境层次

工程结构设计需考虑结构上的作用和环境影响。作用，指施加在结构上的集中力或分布力和引起结构外加变形或约束变形的原因，前者为直接作用，也称为荷载，后者为间接作用；环境影响，在《混凝土结构耐久性设计标准》（GB/T 50476—2019）中称为环境作用，其定义为：温、湿度及其变化以及二氧化碳、氧、盐、酸等环境因素对结构或材料性能的影响。

工程结构所处的环境可分为大气、海洋、冻融、土壤及工业环境等。环境影响或环境作用对结构的效应主要是导致材料性能降低，与结构材料本身性质有密切关系，因此环境作用效应应根据材料特点加以规定。环境影响与作用类似，具有时间上的变异性，因此也可将环境影响分为永久、可变和偶然影响，如对处于海洋环境中的混凝土结构，氯离子对钢筋的腐蚀作用是永久影响，空气温度对木材强度的影响是可变影响等。

基于环境作用的混凝土结构耐久性设计，是按照材料的劣化机理确定不同环境类别，在每类环境下再按温、湿度及其变化等不同环境条件区分环境作用等级，从而更为详细地描述环境作用。环境类别和环境作用等级共同决定了环境对结构的作用程度。

基于环境的定量计算方法中，环境作用需要定量表述，再选用适当的材料劣化数学模型，求出环境作用效应，得到环境作用效应与耐久性抗力的耐久性极限状态，进而求得相应的使用年限。目前，环境作用下耐久性设计的定量计算方法尚未达到在工程中普遍应用的程度，在各种劣化计算模型中，主要限于定量估算开始发生锈蚀的年限。

2. 材料层次

材料层次的耐久性研究是分析材料在单因素或多因素作用下的劣化、损伤机理，建立耐久性损伤预测模型和经验公式，以实现由定性分析到定量分析的转变。就混凝土结构而言，是对混凝土和钢筋两种材料的研究，主要涉及混凝土中性化、氯离子侵蚀、盐类侵蚀、冻融破坏和碱-骨料反应等作用机理、影响因素及防治措施。

材料层次的研究是工程结构耐久性研究的基础，目前针对单一因素的侵蚀机理研究较为充分，而复杂环境下结构耐久性研究，则主要采用还原论，即将复杂影响分解为多因素的综合影响或某主导因素的主要影响，这在一定程度上割裂了各因素间的相互关联。例如在混凝土的腐蚀研究中，常假定结构仅处于一种介质的侵蚀环境，而实际中的混凝土通常处于多种介质侵蚀环境的共同作用。大量破坏实例证明，混凝土常受到多种侵蚀破坏因素作用而导致加速破坏，如除冰盐侵蚀实际上包含冻融、温差、盐蚀、机械作用、钢筋锈蚀等多种损伤作用。目前，针对多因素共同侵蚀作用机理的研究相对仍处于起步阶段。

3. 构件层次

构件层次的耐久性研究是结构层次耐久性研究的前提和基础，就混凝土结构而言，通常包括混凝土锈胀损伤、黏结性能退化、损伤识别诊断以及构件承载能力等的研究。

混凝土中钢筋发生锈蚀后，锈蚀产物的锈胀力导致混凝土保护层胀裂及剥落，影响结构的正常使用；锈蚀产物的生成、钢筋与混凝土黏结性能的降低以及钢筋锈蚀后的截面损失等，使钢筋混凝土结构或构件的承载能力降低。锈胀开裂研究的重点在于锈胀前锈胀力模型和锈蚀胀裂前后钢筋锈蚀量模型的研究，而黏结性能退化研究是研究锈蚀构件和结构性能的基础，也是腐蚀混凝土结构进行有限元非线性分析的必要条件。锈蚀钢筋与混凝土黏结性能的研究，有助于恰当地评估服役结构的实际承载能力，从而经济合理地确定维修加固方案。

混凝土中钢筋的锈蚀将导致混凝土保护层的开裂、钢筋有效截面面积的减小、屈服强度变化以及混凝土-钢筋黏结性能的改变等，这些改变将对受腐蚀构件的抗力计算模式产生影响，并随服役结构的使用时间及腐蚀损伤情况发生变化。而抗力计算模式的确定则是受腐蚀构件承载能力以及耐久性评估的关键，其研究成果也将进一步指导未建混凝土结构的耐久性设计。然而，由于锈蚀后钢筋与混凝土间黏结关系的影响因素很多，其黏结滑移机理也较为复杂，目前的研究成果绝大多数是基于某种特定试验条件基础，试验结果的离散性大且规律难以统一，故使对其承载能力的确定存在一定困难，这方面的研究也还需进一步深入。

构件的损伤识别主要包含损伤的存在、部位、类型及程度识别等内容。目前国内外对工程结构损伤识别的方法主要有静力、动力及静-动力综合损伤识别法。静力识别法一般是将结构试验的结果与初始的模型分析结果进行综合比较，得到结构参数变化的信息，达到对结构构件损伤识别的目的。常用的静力参数有刚度、位移、应变、残余力、弹性模量、单元面积及惯性矩等。动力损伤识别法是基于振动特征参数，如频率、振型、阻尼比等参数，与结构特征有关的原理，有损伤产生的结构（构件）的刚度和承载能力将会有所下降，而结构的动力特征参数也随之改变。通过研究结构的振动特性，就能识别结构是否发生损伤，并确定损伤的位置和程度。动力识别方法利用结构动态参数对损伤的敏感性、对结构的整体性能进行检测和监测，现场工作量小，可做到实时监控。但易受环境干扰影响，对测试仪器精度要求较高。

在构件的损伤检测方面，目前研究针对动力性能（如抗震性能、疲劳性能）的研究相对较少，而且对损伤后构件的损伤检测手段，多是静力检测的常规手段。例如在钢筋锈蚀程度的检测中，多是采用电化学的检测手段，此类基于静力检测的方法工作量较大；而基于动力分析的参数识别法，既能做到锈蚀损伤定位、损伤范围的推断，又能定量地评估结构锈蚀损伤程度，但由于目前检测技术精度的限制，如何将此类动力检测的手段合理地运用到耐久性检测中，仍需要更多的理论研究和实际工程的检验。

结构的可靠性，是指结构在规定的时间和条件下，完成预定功能的能力。所谓预定的功能，是指安全性、适用性、耐久性。在新建混凝土结构设计和服役混凝土结构的可靠性鉴定中，一般将结构的安全性统归于承载能力极限状态，将结构的适用性和耐久性统归于正常使用状态。但由于耐久性问题研究的复杂性，正常使用状态一般都是根据结构位移（或挠度）、振动和裂缝等进行判断，缺乏完善的耐久性失效的检测判断准则。混凝土结构的腐蚀损伤将会对结构的安全性和适用性产生影响，目前对服役混凝土结构的定期监测仍然存在一定的困难，有必要结合受腐蚀混凝土结构的特点，进一步完善耐久性失效的判断准则，加强定期检测，及时发现问题，提前维护，以避免更大的投入和损失。

4. 结构层次

结构层次的耐久性研究包括新建结构的耐久性设计、在役结构的耐久性评估以及维修决策等。新建结构的耐久性设计内容主要包括环境作用评价、结构形式、构造处理、结构材料、防护措施、材料成型及施工工艺、检测与维护及耐久性再设计等。而对服役结构进行耐久性评估，则需在分析结构已服役期内所提供的反馈信息的基础上，明确其损伤状态，并根据结构在预定后续使用期内的作用危险性分析，对其后续使用期内的耐久性能进行评估，为在役结构的优化维修决策以及新建结构的耐久性设计提供经验和依据。

当混凝土结构的腐蚀损伤已经明确时，结构的维修决策将是面临的主要问题。维修决策的前提是建立于结构的现状可靠性状态、维修后的目标可靠性状态、合理维修（护）加固方案的选择以及近、远期社会经济指标的控制等。这些因素的相互影响，使受腐蚀混凝土结构的维修决策成为一个复杂问题。在进行优化维修决策时，对结构后续使用期内的作用效应及环境腐蚀性的预估，应建立在结构已服役期间所提供的反馈信息的基础上，并应对各类防护/维修方案的可靠性及经济性进行论证。

无论对于新建或服役混凝土结构，结构的防护越来越引起广泛的重视，高性能混凝土、环氧涂层钢筋及各类防护材料的研究及应用，在一定程度上，从被动防护的角度加强了混凝土结构对外界侵蚀性介质的防护能力。然而，由于设计基准期的延长，且结构后续使用期内存在的诸多不确定因素的影响，主动的防护在某些情况下成为必需。如杭州湾跨海大桥建设环境恶劣，耐久性问题突出，在设计施工中，除采用高性能混凝土、混凝土表面涂装以及环氧钢筋等技术措施外，还首次在国内大型桥梁工程中采用了外加电流阴极保护系统，为主动腐蚀控制技术在我国大型工程的应用提供了参考和借鉴。

1.1.5 工程结构耐久性研究趋势

由于腐蚀环境和构件等的变异性，钢筋的腐蚀程度通常呈现很大的离散性。无论是表征均匀腐蚀的腐蚀深度还是表征不均匀腐蚀的最大腐蚀深度，经过大量的工程实例和实际的试验数据分析，均表明了腐蚀程度的随机特性。在各类侵蚀过程模型的建立方面，如氯离子侵蚀过程模型，很多研究都是在 Fick 第二扩散定律的基础上加以理论或实验分析的修改，将影响因素作为确定性的值，实际上由于因素的多样性、材料的离散性和环境条件的复杂性，侵蚀过程模型的建立应该是基于不确定性的模型。

由于客观条件的限制，目前研究大多局限于实验室模拟的加速实验，加速腐蚀实验通常是将试验构件浸泡于模拟的侵蚀环境中，或者是施加一定的电流来模拟构件的腐蚀情况，这种情况下得到的钢筋锈蚀程度通常是均匀分布的，而实际环境下的钢筋锈蚀通常是均匀分布和非均匀分布现象同时发生，而锈蚀坑的存在是影响受腐蚀构件承载力的一个关键因素。实验室模拟结果是否能够反映真实环境下钢筋的腐蚀情况，还有待进一步验证。如何利用模拟试验结果来建立试验条件下与真实使用环境下性能劣化发展的相似准则，是需要进一步深入研究的问题。

总之，由确定性向不确定性、静态向动态、单因素向多因素耦联分析发展，以及室内试验与实际工程应用相结合，是工程结构耐久性和可靠性理论研究的主要方向。

1.2　地下工程结构耐久性概述

1.2.1　地下工程结构耐久性的特殊性

交通隧道等地下结构，其内部所受运营环境作用特殊，包括列车振动、活塞风引起的空气动力学效应、车辆排放的废气及运行引起的空气干湿温湿交替变化等，结构外部围岩劣化、地下水位变化等引起的结构应力变化，使得地下结构处于"内忧外患"的热-固-液耦合的复杂环境中，其耐久性面临巨大考验。地下结构与地面结构耐久性研究的主要区别是：

（1）地面结构与空气介质接触，其环境影响主要取决于空气中 CO_2 及其他侵蚀性物质含量，而地下结构由于处在地下围岩介质中，存在地下水压力及其渗透问题，同时水体中还将运移各种侵蚀性物质。

（2）地下结构物理置于岩土体中，其承受围岩地应力及外荷载作用的特点，以及由于结构受力状态受多种不确定性因素影响，而存在不稳定性变化的特点，也是明显不同于地面结构的。应力状态将影响结构内力及密实程度，从而影响渗透性和耐久性。岩土体的非线性和流变性等特点也是地面结构材料所不具有的。

（3）地下结构尤其线形地下结构由于沿线及纵向岩土介质的不均质性，以及修建时的开挖扰动，可能的复杂地质运动及地应力重分布，运营期的振动荷载或邻近施工影响，以及岩土体的流变和固结特性，都将造成结构物的不均匀沉降，导致结构裂缝的产生，甚至断裂破坏，裂纹也可使钢筋混凝土腐蚀进一步加剧。

（4）地下结构由于施工复杂，因此施工工艺及质量问题对地下结构耐久性的影响不可回避，主要涉及施工荷载致结构应力变化对结构受力的影响，施工振捣、混凝土浇筑及养护等工艺对结构抗力的影响及对结构防腐蚀性能的影响，以及其他各种影响结构耐久性的施工因素的分析及其影响机理，过程、控制方法的评价。

（5）杂散电流是地下工程结构典型腐蚀现象，主要指城市轨道交通及地下变电站等其他需要地下电源的情况下，杂散电流对地下设施、地下管道、钢轨及地下结构钢筋的腐蚀作用，尤其在地下结构防水和绝缘不好及存在较强腐蚀性物质共同作用时，杂散电流的腐蚀破坏更强。

相对于地面结构，地下结构耐久性的研究相对滞后，因此，在对地下结构耐久性研究时，应充分借鉴参考地面结构耐久性研究的方法、成果，以构成整个工程结构耐久性研究体系。

地下工程是在地表面以下土层或岩体中修建的各种类型的地下建筑物或结构的工程。在保留上部地层的前提下，在开挖出能提供某种用途的地下空间内修筑的建筑结构物，通称为地下结构。地下结构和地面结构，如房屋、桥梁、水坝一样，都是一种结构体系，但二者在赋存环境、受力机理方面存在明显差异。地面结构体系由上部结构和地基组成，地基只在上部结构底部起约束或支承作用，荷载主要来自外部；而地下结构存在于地层中，四周均与地层（围岩）密贴，结构上承受的作用由围岩产生，但结构的变形又受到围岩约束，围岩既是作用来源，又是承载主体，这种合二为一的作用机理是与地面结构完全不同的。

地下工程按周围岩土介质可分为两类：一类在土层中修建；一类在岩层中修建。这种分类，是基于通常认为土质和岩质围岩两种介质材料物理力学性质差异较大，在施工方法上有所区别，而运营服役期围岩材料的劣化和地下水运移规律也有较大差别，这样导致结构耐久性表现有所差别。

合适的设计、施工和维修管理，地下结构物会有良好的承载性、耐久性，但如设计、施工不当或对所处环境因素考虑不周，就会出现劣化或加速劣化的现象，从而造成结构耐久性降低或使用寿命缩短。如何保证地下结构良好的运营条件和使用功能，不断延长结构的使用寿命，越来越引起世界各国的重视。

相对于地面结构，地下结构耐久性的特殊之处，可以概括为以下几点：

（1）隐蔽性：地下结构与其他结构最大的不同就是其隐蔽性，这使得人们无法迅速发现结构的变异，增加了判断结构物劣化损伤的"隐蔽"原因的难度。

（2）环境影响：地下结构除受自然环境影响外，还受地下环境，如围岩和地下水条件变动的影响。另外，地下工程的运营环境，如列车运行振动、空气动力学效应引起的结构疲劳，以及电力的迷流等对结构的使用寿命的影响，是不可忽视的。

（3）可维修性：地下结构难于维修，可维修性差。因此，在地下工程设计施工中应建立"少维修"的观念是非常重要的。

正是由于地下结构物这些与众不同的性质，对其耐久性、可靠性及维修管理提出了不同要求。从目前看，满足地下结构功能要求的混凝土耐久性只有 60 年左右，喷射混凝土就更低些，只有 30 年左右。而一般地下工程混凝土结构物的使用寿命应为 100 年，这样，提高混凝土耐久性，就成为地下工程建设的当务之急。

1.2.2 地下工程结构耐久性问题的严重性

根据目前已建成运营工程结构质量的评估分析，地下工程结构耐久性问题比地面结构更加严重和复杂。

1959 年，美国的加利福尼亚洛杉矶城区发现 3 100 km 长的污水排放管线已经有约 7.5 km 的管线（占 0.25%）受到了严重腐蚀，漏水严重，造成的经济损失达到 1 亿美元。在阿拉伯海湾地区，20% 的地下工程结构已经出现了严重的耐久性问题，如钢筋锈蚀、混凝土开裂等。阿联酋迪拜建于 1973 年的一座海底隧道，运行不到 10 年，已花费将近两倍于建造费的维修费。20 世纪 80 年代德国汉堡，政府花费高达 5 000 万马克用于维修因氯离子侵蚀而造成漏水的排水管道系统。2000 年年底，日本铁道部调查显示，日本全国 70% 的隧道出现了衬砌裂损病害，30% 出现了地基下沉、渗漏和底鼓现象。

我国宝成、成昆等铁路建成五六十年时间，很多隧道由于耐久性问题而损坏，影响了正常使用。20 世纪 70 年代建成的成昆铁路建成运行不到 1 年，就有 20 余座隧道出现了严重的酸性离子侵蚀现象，给铁路运行带来非常大的影响。至 1978 年 3 月，普查发现有的梁体最大腐蚀深度超过 30 mm，隧道底部隆起最大达 330 mm。据 1994 年统计，用于修补加固铁路隧道中因混凝土劣化和钢筋锈蚀开裂造成的正常使用功能问题已投入超过 4 亿元；在 1997 年修建的隧道，其中 10% 在不到 3 年的时间发生了混凝土开裂、衬砌严重渗水等问题；1998 年 13% 的隧道在不到 1 年的时间里因酸性离子侵蚀而发生了混凝土裂损。根据 2003 年铁路春季检查数据，69%的隧道出现了不同程度的损伤，其中发生顺筋开裂的混凝土梁体有 3 345 孔，存在大面积锈蚀的有 3 390 孔，严重漏水的有 1 763 座隧道，严重锈蚀的有 1 948 座隧道。近年来，处于地下潮湿环境中的混凝土工程已经出现了特别严重的耐久性问题。如：天津市高新技术经济开发区的地下混凝土排水管道，仅半年时间管道的表面就出现了开裂起皮；河南省周口市 360 kV 高压输电线的混凝土基础，运行不到 10 年已出现特别明显的混凝土裂缝；香港地铁的部分区间隧道，在运行不到 20 年的时间里已出现混凝土保护层脱落，内排钢筋严重锈蚀的现象，严重干扰地铁正常运行，香港不得不在特别苛刻的施工条件下，花费长达 3 年的时间对其进行维修。另外，我国上海、北京、香港以及日本、美国等地的地铁都因杂散电流而造成不同程度的耐久性破坏。

1.2.3 地下工程结构耐久性研究意义

随着我国城市化的脚步越来越快，城市建设速度和城市规模呈现急剧上升趋势，城市人口也随之高速增长，许多城市不同程度地出现了建筑用地紧张、生存空间拥挤、交通拥堵、生态平衡被打破、环境污染等众多严重的问题，这些问题被人们称之为"城市病"，极大地干扰了人类的居住条件，也阻挠了社会的快速发展，成为现代城市可持续发展的瓶颈。

城市地下空间被视为一种 21 世纪所必需的新型的国土资源，对其进行适时的、有序的开拓与发展，将会使有限的城市发挥更大的效用。欧美地区的城市已把地下空间开发利用视为可持续发展的必经之路，这样做同时也可以有效地治疗"城市综合症"。

随着地下工程在我国城市化建设中的作用越来越明显，人们迫切要求对设计、施工和使用中可能遇到的若干重大技术问题展开专项的理论研究，其中地下工程耐久性就是一个很有实际意义的课题。但地下结构周围一般填充着复杂的岩土介质，使得地下工程本身产生了非常复杂多变的应力应变状况，所以对其耐久性状况进行准确的观测与试验，就变成了一件非常复杂的事情。同时又由于土体与岩体本身的复杂性，比如土体的非均匀性、流变性等特点，就更难对结构物的实际破坏规律进行高精度模拟与总结。因此，国内外对该领域的研究相对较少。事实上，在北京、上海、广州等开发地下空间资源较早的城市许多地下工程已经出现了耐久性不足的问题，比如地铁车站大面积返修、地下商业街积水严重，等等。可以预计，今后很长一段时间各国必须面对地下工程结构大量返修这一沉重的问题。地下工程大多属于城市交通工程（地铁、越江隧道等）、基础设施（城市上下水系统、供气系统等）、民防设施（人员掩蔽部、地下医院救护中心、防灾指挥部）等维系城市生命、实现可持续发展的基础工程项目。所以，如果地下工程出现了工程耐久性问题，将会强烈影响到人们的正常生活与工作，给国家经济带来损失。

为了凸显混凝土结构耐久性的重要性，国外学者生动地定义了与地面工程耐久性维修费用有关的"五倍定律"，这个定律在工程界广为流传并获得大家一致认可，即为每节省 1 美元的钢筋维护费用，那么在发现钢筋锈蚀时再采取措施将会追加 5 美元的维修费，在混凝土表面发生顺筋开裂时再采取措施将追加 25 美元的维修费，严重破坏时再采取措施将追加 125 美元的维修费。这从一个侧面充分地体现出耐久性的重要性。毫无疑问，这对地下工程耐久性同样适用。

所谓结构的耐久性，即指：混凝土结构在自然环境、使用环境及材料内部因素的共同影响下，在设计要求的目标使用期内，不需要投入大量的资金用于加固处理，同时又能保证结构的安全性、适用性、美观性，混凝土结构所具有的这个能力就被称为结构的耐久性。从耐久性定义可以体会到，结构的耐久性凸显的是时间问题。通过对在役的地下工程进行耐久性评估以及剩余寿命的预测，不仅可以揭示结构潜在的安全隐患，及时作出维修或者弃用的决策，避免重大安全事故发生，而且对结构设计也具有指导意义，它可以通过对结构耐久性的预评估，修改已有的施工方案，使得所建结构具有应有的耐久性。

地下工程结构的耐久性问题是一个特别重要且需要认真解决的课题。进行该项研究，一方面可以对已经投入使用的地下结构进行合理的耐久性等级评定和剩余寿命预测，以选择合适的处理方法和措施进行维护；另一方面也可以对即将新建的地下工程项目进行耐久性等级评估与寿命设计，揭示影响结构寿命的内外因素，对提高工程的设计水平和施工质量有特别实际的意义。

1.3　地下工程结构耐久性研究现状及趋势

1.3.1　国内外研究现状

国内外对地面、海港及水工结构的混凝土材料耐久性进行了大量深入研究。国内外对钢筋混凝土耐久性的研究，从研究方向上有对既有建筑物耐久状况和拟建建筑物耐久性设计两方面的研究；从研究对象上有材料、构件和结构之分；从具体研究内容上则主要涉及环境、杂散电流、开裂、混凝土收缩等作用因素；从研究方法和手段看有经验或类比法、快速试验回归法、概率统计法、层次分析与故障树法、神经网络法等。

相对地面结构，针对地下结构的耐久性开展的研究相对较少，也不够系统和深入，侧重于具体工程的应用性方面的研究，主要涉及地下管线、地下贮藏室或填埋场、隧道工程等结构，研究内容主要局限在材料学科方面。如：美、法、德等国家 20 世纪 60 年代以来为提高燃料贮藏库、地下管线、停车场的耐久性而进行了系列的研究工作，包括材料性能提升和构造措施改进；日本于 1986 年研究开发港口、码头用高性能混凝土，及 1994 年寻求建立地下混凝土结构的水密性耐久性评价模式；英国就地下水对地下工程结构的腐蚀性问题开展了研究；20 世纪 80 年代美国学者研究用浦尔拜图（Pourbaix Diagram）预测岩土环境中废玻璃耐久性的方法；美、英、韩等国学者对阴极保护系统防治氯离子腐蚀地下钢筋混凝土结构、土体流变影响地下连续墙稳定性及耐久性的方式、土壤中钢筋腐蚀、超细微耐久性混凝土在地下工程中的应用、地下侵蚀性环境中混凝土材料耐久性做了相应的研究工作；日本曾建立雨水渗流系统对地下管线、U 形沟、路基等的渗透性进行了近 20 年的观察研究；美国从 20 世纪 80 年代开始，开展了对存放核废料及玻璃的地下掩埋场的隔离拱顶耐久性的系列研究；我国学者总结了日本在隧道剩余寿命研究中引入"健全度"以及美国在工程结构损伤评估中引入"结构损伤度"的概念；我国学者对采矿工程中的钢锚杆材料建立了锈蚀量的估算公式；全国土壤腐蚀网站于 20 世纪 60 年代初在全国不同地区埋设硅酸盐钢筋混凝土试件，30 余年后发现腐蚀严重，结论是硅酸盐材料在地下的耐久性及耐腐蚀性能较差。

进入21世纪以来，由于我国城市等地下工程的大发展，我们对地下结构耐久性的认识有了很大提高，在地铁杂散电流腐蚀机理、防治措施，水底尤其是海底隧道衬砌结构耐久性及寿命评估，地下结构耐久性极限状态设计方法，以及城市地下结构全寿命经济评估等方面，开展了较为深入的研究，取得了一定进展，为地下结构耐久性设计与评价方法研究的全面开展打下了良好的基础。

1.3.2 地下结构耐久性研究存在的问题

地下工程结构耐久性研究还存在亟待深入之处，可概括为如下几方面：

（1）缺乏对地下结构耐久性的相关基础理论的深入、系统研究，如对结合岩土介质环境下的耐久性影响因素及作用机理的研究不够，对地层介质中线形结构因空间不均匀变形而裂损的机理、影响因素与发展规律研究尚少，对地下水渗流及其与侵蚀性环境的综合作用影响结构使用寿命的机理与规律知之不多。通过开展基础研究为延长地下结构的使用寿命提供理论与方法是必要和迫切的。

（2）对地下结构耐久性的研究缺乏长远规划，相关技术规范及标准的制定落后，国内外针对地下结构耐久性尚无系统、成文的规范或标准，仅有一些部门或地方性的标准涉及有构造措施、裂缝控制、材料组分指标要求等方面的规定、说明，以致在地下结构耐久性设计、施工时仍参考地面结构进行。

（3）从耐久性研究角度和方法看，目前一般采用的是单一因素分析法，而不考虑各因素间的交叉影响。工程实际中，结构劣化一般是多种因素共同作用的结果，研究时应考虑这种耦合效应。

（4）在耐久性研究范围和影响因素分析中，目前主要考虑的是环境和材料因素及部分施工因素的影响，如温湿度、碳化、侵蚀性离子环境、杂散电流、水胶比、水泥品种、碱-骨料、冻融循环、混凝土浇筑及振捣等都有所研究；而在结构与力学因素方面考虑较少，如荷载、裂缝、差异沉降、地下水渗流与变异、土压力变化、施工过程等，对于与岩土体紧密接触的地下工程结构物，这些因素是很重要的。结构支护形式及时机、超欠挖、质量管理等施工因素也是需要考虑的。

（5）现有的耐久性评价函数或数学模型尚不成熟，理论假设因素多，或工程上不够实用。如关于混凝土氯离子腐蚀模型，实际应用时假设扩散系数为常数，不考虑其随时间的变化，这与实际情形有较大偏差。各种混凝土碳化预测模型多是基于经验或少量样本数据回归而得到的，在碳化深度预测时，碳化速率假设为恒定值，与实际不符。专家系统和层次分析等方法仍主要停留在定性和理论阶段，难于在实际应用中有效推广。可靠性理论和方法用于不同类型结构的先决条件和难度不一，应理论上更深入研究，以便于结合不同的实际情况定量解决问题。

（6）结合细观损伤理论，开展地下结构混凝土内部微细观层次发生的物理化学变化与结构宏观上力学性能劣化之间的相互机理关系的研究甚少。混凝土结构产生耐久性问题是一个损伤与劣化逐渐积累的过程，因此，结合损伤理论分析混凝土内部微细观层次发生的物理化学变化与结构宏观上力学性能劣化之间的相互机理关系十分重要，然而在这方面现有的研究成果甚少。

1.3.3　地下结构耐久性研究方向及趋势

根据国内外研究进展及存在问题，地下工程结构耐久性应加强对以下问题和方向的研究：

（1）由于各种不确定性因素或环境-水-围岩荷载变化而致结构荷载过大或承受偏压，产生裂缝和破坏。另外，结构荷载及应力状态变化也能引起混凝土孔隙率的变化而可能降低其抵抗各种侵蚀性物质的能力。今后应重视对这种荷载力学变化引起的结构裂损而影响地下结构耐久性的机理及其使用寿命预测的研究。

（2）地下结构及其周围地层变形、土体长期流变对结构使用功能和使用寿命的影响规律，对于线形地下结构物尚需考虑纵向不均匀沉降对其使用寿命影响的预测与控制技术的研究。

（3）压力水头下地下水的运动规律及其渗流耦合作用，渗流影响地下工程结构物使用寿命的机理、预测原理及防治对策，渗流与侵蚀性物质耦合作用下对混凝土的裂损规律与结构耐久性的影响，静力水头动态影响危害的预测与防治。

（4）侵蚀性物质综合作用的各种可能情况及其对地下结构混凝土材料劣化的规律与使用寿命的预测原理。另外，还有裂损结构在侵蚀性物质作用下的裂化规律研究，施工工艺与质量对地下结构使用寿命影响的评价与控制。

（5）在研究方法上，可考虑结合损伤力学及断裂力学原理进行研究、分析。由于混凝土材料自身和外部的各种原因，在其成型之时，常存在内部微孔隙和裂纹，在外荷载及环境因素作用下，微裂纹将得到扩展合并，以至于形成宏观裂纹，最终可能导致材料的断裂失稳。因此，损伤与断裂力学理论有助于对此类问题的研究。

（6）积极提出、发展和研究对地下结构物的耐久性及可靠性进行监测与评价的理论、项目、技术与方法，尤其发展完善的无损检测技术手段与长期监测项目，以期开发出能基于监控与检测信息进行自动反馈分析与耐久性评价、安全性预报的地下工程智能化软件。

（7）混凝土高强不等于高耐久性，高强混凝土通常通过掺加高效减水剂和复合矿物掺合料以达到降低水胶比和渗透性的目的，这就必然同时造成混凝土的塑性收缩和干燥收缩加剧，弹模和强度增加的同时，混凝土的塑性（或徐变）和延性降低了，这将造成混凝土更易开裂而失去高抗渗能力。鉴于高强度混凝土低渗透性和低延性之间难以协调，如何从新的思路、角度去研制真正意义上的新型高效耐久性的高性能混凝土意义重大。

（8）开展极端条件下混凝土结构耐久性研究及开发极端条件下新型耐久性混凝土材料。随着我国交通基础设施不断向西部等艰险山区延伸，隧道工程面临的工程地质和水文地质条件越来越复杂多变，活动断裂带、高地温等特殊不良地质频现，给隧道工程施工和运营带来极大困难，开展高海拔、大埋深、高地温等极端条件下的热-固-液等多相、多场耦合作用下地下工程结构耐久性设计与评定，是土木尤其是地下工程工作者需要面对的挑战和肩负的重要使命。

1.4　思考题

1-1　工程结构可靠性的基本定义是什么？工程结构在规定的设计使用年限内应满足的功能要求有哪些？

1-2 简述工程结构耐久性的基本定义。

1-3 工程结构耐久性问题产生的基本原因有哪些?

1-4 地下结构与地面结构耐久性研究的区别有哪些?

第2章 地下结构腐蚀性环境与环境作用

与结构设计时需要明确作用（荷载）的种类和大小一样，工程结构耐久性设计，首先需要明确结构所处环境条件，即环境种类及作用程度，才能进行结构材料的选择及构造措施等。因此，研究工程结构腐蚀环境及其作用机理，是地下结构耐久性设计的基础和依据。

2.1 地下工程腐蚀性环境

对于地下结构来说，环境因素造成的腐蚀破坏主要由 CO_2 引起的混凝土碳化作用及 Cl^-、SO_4^{2-}、Mg^{2+} 等盐类或酸类物质的侵蚀引起的混凝土材料劣化和钢筋锈蚀，进而导致混凝土保护层胀裂，引起结构裂缝和构件承载力降低，从而损害结构使用功能。杂散电流的腐蚀本质上是钢筋的电化学腐蚀。随着地下工程应用领域的扩展，艰险山区交通隧道、城市轨道地下工程、城市综合管廊、水底及海底隧道等不同类型地下工程的赋存环境越来越多样化，还有大量隧道洞口明洞或高速铁路洞口缓冲结构没有回填，而是直接与大气环境接触，使得地下工程结构腐蚀环境类型与地面工程的基本相同，可以概括为一般大气环境、土壤环境、冻融环境、氯盐环境及近海和海洋环境等。

2.1.1 一般大气环境

对于一般大气环境，在考虑其对工程结构不利影响时，就其环境本身而言，一般需考虑以下因素。

1. 空气湿度

大气腐蚀是一种水膜下的电化学反应，空气中水分在结构表面凝聚而生成水膜，和空气中氧气通过水膜进入结构表面是发生大气腐蚀的基本条件。水膜的形成与大气中的水分含量密切相关，因此，空气温度被认为是影响大气腐蚀的最主要因素之一。

空气湿度常用相对湿度评价，所谓相对湿度就是指在某一温度下空气中的水蒸气含量与在该温度下空气中所能容纳的水蒸气的最大含量的比值，一般以百分比表示。空气中的相对湿度可用毛发湿度计、干湿球湿度计或湿度纸测量。

不同物质或同一物质不同表面状态，对大气中水分的吸附能力是不同的，物体表面形成水膜与物体本身特性有关。当空气中相对湿度到达某一临界值时，水分在材料表面形成水膜，从而促进了电化学过程的发展，表现出腐蚀速度迅速增加，此时的相对湿度值就称为材料腐蚀临界相对湿度，常用金属的腐蚀临界相对湿度如下：铁 65%；锌 70%；铝 76%；镍 70%。对混凝土而言，当相对湿度处于 40% ~ 70% 之间时，碳化作用最强烈。

材料的临界相对湿度还与材料表面状态有关。材料表面越粗糙、裂缝与小孔越多，其临界相对湿度越低；若材料表面上沾有易于吸潮的盐类或灰尘等，其临界值也因而降低。此外，空气中的相对湿度还影响着材料表面水膜的厚度和干湿交替的频率。

2. 表面润湿时间

材料表面润湿是由露水、雨水、溶化的雪水和高湿度水分凝聚等诸因素引起的。表面湿润时间的定义：能引起大气腐蚀的电解质膜，以吸附或液态膜形式覆盖在材料表面上的时间。湿润时间实际上就是反映材料表面发生电化学腐蚀过程的时间，时间的长短决定着材料腐蚀的总量，因而也是评定大气环境腐蚀性的重要指标之一。

3. 日照时间

日照时间对于地下工程的进出口段工程如高速铁路洞口缓冲结构影响较大。日照时间对于高分子材料及涂层的大气腐蚀（老化）关系较为密切，日照时阳光紫外线能促进高分子材料的老化过程。就日照的单因素而言，日照时间长，高分子材料老化速度快。但对金属材料而言，日照的促进作用则不甚明显，反而因为日照时间过长导致金属表面水膜的消失，降低表面润湿时间，使腐蚀总量减少。

4. 气　温

环境温度及其变化是影响大气腐蚀的又一重要因素。因为它能影响材料表面水蒸气的凝聚、水膜中各种腐蚀气体和盐类的溶解度、水膜的电阻以及腐蚀电池中阴、阳极过程的反应速度。

温度的影响还应与大气相对湿度综合起来考虑。一般认为，当相对湿度低于材料的临界相对湿度时，温度对大气腐蚀的影响很小，无论气温多高，因环境干燥，材料腐蚀均较轻微。但当相对湿度达到材料的临界相对湿度时，温度的影响就十分明显。按一般化学反应，温度每升高 10 ℃，反应速度约提高到两倍，所以，在我国湿热带或雨季，气温高则腐蚀严重。

温度的影响还表现在材料的凝露作用，在大陆性气候地区，白天炎热，空气中相对湿度较低，空气中水分不易凝聚，但当晚上及清晨时，气温下降明显，大气中水分就可能在材料的凝露面发生腐蚀。

5. 降　雨

降雨对大气腐蚀主要具有两种影响：一方面，降雨增大了大气中的相对湿度，使材料表面变湿，延长了润湿时间，同时因降雨的冲刷作用破坏了腐蚀产物的保护性，这些因素都会加速材料大气腐蚀的过程；另一方面，因降雨能冲洗掉材料表面的污染物和灰尘，减少了液膜的腐蚀面，又能减缓腐蚀过程。

6. 风向与风速

在有污染源的环境中（如工厂的排烟、海边的盐粒子等），风向影响着污染物的传播，直接关系到腐蚀速度。风向随季节的不同而有所变化，在判别腐蚀因素作用时应加以注意。风速对表面液膜的干湿交替频率有一定影响，在风沙环境中风速过大对材料表面的磨蚀也能起到一定的作用。

7. 降　尘

固体尘粒对腐蚀的影响，一般有 3 种情况：一是尘粒本身具有可溶性和腐蚀性（如铵盐颗粒），当溶解于液膜中时成为腐蚀性介质，会增加腐蚀速度；二是尘粒本身无腐蚀性，也不溶解（如炭粒），但它能吸附腐蚀性物质，当溶解在水膜中时，促进了腐蚀过程；三是本身无腐蚀性和吸附性（如沙粒），但落在金属表面上可能使沙粒与金属表面间形成缝隙，易于水分凝聚，甚至发生局部腐蚀。

8. 污染物

虽然在全球范围内大气中的主要成分是几乎不变的，但在不同区域环境中还有其他杂质，也称为污染物质，其组成见表 2-1。

表 2-1　大气污染物质的主要组成

气　体	固　体	气　体	固　体
含硫化合物：SO_2、SO_3、H_2S	灰尘	含碳化合物：CO、CO_2	氧化物粉煤粉
氯和含氯化合物：Cl_2、HCl	$NaCl$、$CaCO_3$	其他：有机化合物	—
含氮化合物：NO、NO_2、NH_2、HNO_3	ZnO 金属粉末		

金属材料的大气腐蚀机制主要是指材料受大气中所含的水分、氧气和腐蚀性介质（包括雨水中杂质、烟尘、表面沉积物等）的联合作用而引起的破坏。按腐蚀反应可分为化学腐蚀和电化学腐蚀两种。化学腐蚀包括在干燥无水分的大气环境中发生表面氧化、硫化造成失泽和变色等；而在其他大多数的情况下腐蚀均属于电化学腐蚀。但此类电化学腐蚀又有别于全浸于电解液中的电化学腐蚀，而是在电解液薄膜下的电化学腐蚀。空气中的氧气是电化学腐蚀过程中的去极化剂，水膜的厚度及干湿交变频率、氧的扩散速度，直接影响着大气腐蚀的过程。

对于混凝土结构而言，一般大气作用下表层混凝土碳化引发的内部钢筋锈蚀，是混凝土结构中最常见的劣化现象，也是混凝土结构耐久性设计中的首要问题。

确定大气环境对混凝土结构与构件的作用程度，需要考虑的环境因素主要是湿度、温度、二氧化碳与氧气的供给程度等。如果相对湿度较高，混凝土始终处于湿润的饱水状态，则空气中的二氧化碳难以扩散到混凝土内部，碳化就不能进行或只能非常缓慢地进行。如果相对湿度很低，混凝土非常干燥，则溶解在孔隙水中的氢氧化钙的量很少，碳化反应很难进行。同时，钢筋锈蚀是电化学过程，要求混凝土有一定的电导率，当混凝土内部的湿度低于 70%时，由于混凝土电导率太低钢筋锈蚀也很难进行。锈蚀电化学过程需有水和氧气的参与，当混凝土处于水下或湿度接近饱和时，氧气难以扩散到钢筋表面，锈蚀会因为缺氧而难以发生。所以最易造成钢筋碳化锈蚀是干湿交替的环境，而炎热的潮湿环境会加速钢筋锈蚀，更容易造成结构破坏。一般室内干燥环境对混凝土结构的耐久性最为有利。虽然混凝土在相对湿度为 50% ~ 60%的干燥环境下容易碳化，但实际上钢筋锈蚀的速度非常缓慢甚至难以进行。同样，水下构件由于缺乏氧气，钢筋锈蚀速率也较为缓慢。

2.1.2　土壤环境

作为工程结构地基的岩土，可分为岩石、碎石土、砂土、粉土、黏性土和人工填土等。土壤环境中的材料腐蚀问题不仅是腐蚀科学研究领域中的一个重要的课题，也是地下工程建设急需解决的实际问题。土壤由气、液、固三相物质构成复杂系统，其中还存在着数量不等的各种微生物，土壤微生物的新陈代谢产物也可能会对材料产生腐蚀。另外，在城市轨道地下工程沿线，还可能存在杂散电流的腐蚀问题。

杂散电流，主要是指由采用直流供电牵引方式的地铁列车在地下铁道运行时，由走行轨泄露到道床及其周围土壤介质中的散乱电流。由走行轨泄漏出的杂散电流，首先流入道床和土壤，并在土壤中产生地电场。土壤中不同地电位间存在电位差，从而使土壤中电解质溶液的离子发生移动而形成电流。在运营初期混凝土结构的密实性较高，并采取了一定的防水措施，混凝土结构不会受渗漏水的影响，因而其电阻率较大，其内部的钢筋受到杂散电流腐蚀的作用很小或基本不受腐蚀。但是随着时间推移，先期所采取的防水措施将逐步失效，且混凝土结构承受地层压力或地下水压力作用后在薄弱环节发生混凝土开裂，地下水就随着混凝土裂缝渗入其内部，使钢筋发生电化学腐蚀。根据电化学腐蚀理论，混凝土中的钢筋在发生电化学腐蚀时，最终形成难溶性的固体腐蚀产物，即 $Fe_2O_3 \cdot xH_2O$ 和 $Fe_3O_4 \cdot xH_2O$ 的混合物，并最终沉积在钢筋表面。随着腐蚀反应的不断发生，腐蚀产物也在不断增加。腐蚀产物的增加对钢筋周围的混凝土产生挤压应力，并在混凝土内部形成拉应力，由于混凝土的抗拉强度很低，只相当于抗压强度的 $1/10 \sim 1/20$，随着腐蚀反应的不断进行，"铁锈"量也不断增加，对周围混凝土的挤压力也不断增加。当由铁锈产生的拉应力超过抗拉强度时，混凝土会沿钢筋方向开裂，最终钢筋的混凝土保护层被拉裂，钢筋与混凝土之间的黏结力被破坏。混凝土开裂后会加速外环境对钢筋的侵蚀而减少其截面，同时又会减弱钢筋与混凝土之间的黏结力，进而导致整个钢筋混凝土结构的承载力下降。研究表明，钢筋混凝土结构中钢筋受杂散电流腐蚀后，使混凝土的强度发生较大的变化，无论混凝土是否发生破裂，其弹性、变形模量、泊松比以及单轴抗拉、抗压强度都有较大的下降。杂散电流除了能造成混凝土内钢筋锈蚀外，还会对混凝土造成腐蚀。土壤中含有大量的离子介质，当混凝土结构周围的土壤比较潮湿或积水，混凝土结构的表面就被电解质溶液包裹，相当于将混凝土结构放置到电解池中，在这个电解池中混凝土孔溶液中的离子在电场作用下向外迁移，Ca^{2+} 不断被溶出带走，溶蚀速率将比一般地下水流经的溶蚀速率显著加快。Ca^{2+} 的不断溶出使混凝土中水化产物 $Ca(OH)_2$、C-S-H 发生分解，孔隙率增加，强度下降，最终会导致混凝土破坏。研究表明：当混凝土中 CaO 溶出量达 10%之后，混凝土的强度迅速下降，而且水泥石在混凝土中的状况也不稳定，此时就认为混凝土已不在安全使用时限；当混凝土中 CaO 溶出量达 25%时，混凝土强度将降低 35% ~ 50%；在电流恒定情况下，混凝土中 CaO 溶出质量与通电时间呈线性关系。因此，钢筋混凝土结构在杂散电流腐蚀的作用下会发生结构破坏，这种破坏对承受荷载的地铁混凝土主体结构是十分危险的，它会降低混凝土结构的强度，缩短结构的耐久性。

土壤中存在各种化学腐蚀物质，会造成对混凝土等材料的化学腐蚀，其中，最为典型的是硫酸盐侵蚀环境。混凝土的硫酸盐侵蚀，是混凝土劣化的主要原因之一。我国沿海地区、西北地区、西南地区的混凝土建筑物和构筑物均存在由于硫酸盐侵蚀而引起破坏的工程实例。硫酸根离子由外界渗入混凝土，与混凝土的某些成分发生化学反应而对混凝土产生腐蚀，使混凝土性能逐渐退化，这是一个复杂的物理化学过程。这个过程主要受两方面因素的影响：一是混凝土自身材料因素，包括混凝土的水灰比、孔隙率、水泥品种和用量、集料品种与级配、外掺剂等；二是混凝土所处的硫酸盐侵蚀环境因素，包括溶液中阳离子类型、硫酸根离子浓度、溶液温度以及侵蚀溶液的 pH 值等。硫酸盐侵蚀材料因素主要通过影响混凝土的密实度和水化铝酸钙、$Ca(OH)_2$ 含量来影响硫酸盐侵蚀，混凝土密实度越高、水化铝酸钙含量越低，则混凝土抗硫酸盐侵蚀性越好；环境因素主要是通过影响硫酸盐反应的发生条件或者机理来影响混凝土劣化速度，由于地下水和土壤中硫酸根离子浓度不同、温度以及 pH 值不同等，实际工程中混凝土受硫酸盐侵蚀破坏的形态也不尽相同。

在材料的土壤腐蚀研究领域中，土壤腐蚀这一概念是指土壤的不同组分和性质对材料的腐蚀，土壤使材料产生腐蚀的性能称土壤腐蚀性。对于地下工程结构而言，一般可将土壤腐蚀性理解为土壤环境的综合作用，包括微生物的腐蚀作用。微生物腐蚀是一种电化学腐蚀，凡是同水、土壤和湿润空气相接触的金属构件，如地下输油、水、气管道，电缆，采油系统的油井、注水井，电力等工业用冷却水系统、贮油罐、贮气罐、喷气飞机油箱等都发现有微生物腐蚀的危害。微生物腐蚀导致的经济损失是巨大的。据统计，微生物腐蚀在金属和建筑材料的腐蚀破坏中占 20%，油井中 75% 以上的腐蚀以及埋地管道和线缆中 50% 的故障来自微生物的腐蚀（主要是硫酸盐还原过程）。近几十年对材料微生物腐蚀的大量研究表明，几乎所有常用材料都会产生由微生物引起的腐蚀。因此对这几类微生物的腐蚀机理、特性以及对微生物腐蚀的防治的研究非常重要。

当将土壤作为一种腐蚀介质来看待时，组成土壤的固体组分具有相对稳定性（不像大气、海水具有流动性），但即使是同种类型土壤，它们的物理和化学性质也是不尽相同的，如果将气候、地区分布考虑进去，即使同一种土壤其腐蚀性大小也是不尽相同的。我国幅员辽阔，土质各异，对土壤环境腐蚀性的研究更为复杂。土壤环境的腐蚀性不能单独由土壤物理化学性能来决定，它还与被测材料及两者互相作用的性质密切相关。

2.1.3　冻融环境

混凝土在饱水状态下因冻融循环产生的破坏作用称为冻融破坏，混凝土处于饱水状态和冻融循环交替作用是发生混凝土冻融破坏的必要条件。因此，冻融破坏一般发生于寒冷地区经常与水接触的混凝土结构物，如水位变化区的海工、水工混凝土结构物、水池、冷却塔以及与水接触的结构部位。调查发现，混凝土冻融破坏不仅在北方存在，在长江以北黄河以南的中部地区也广泛存在。一般来说，北方地区混凝土结构物受到的冻融破坏较华东地区更严重。

2.1.4　氯盐环境

在北方地区冬季，一般需向交通路面撒盐化冰以保证交通，盐中含有的氯离子侵蚀到混凝土内部，易引起钢筋锈蚀。由化冰盐所造成的结构腐蚀病害，已经成为世界性问题。早期西方国家在路桥上大量使用氯盐化冰雪之后陆续出现以钢筋腐蚀为主要特征的破坏现象。我国也大量使用氯盐类融雪剂，20 世纪 70 到 80 年代，北京、天津等城市部分桥梁建成投入使用不到 20 年就必须重建，主要原因就是撒氯盐类融雪剂造成钢筋锈蚀导致结构过早破坏。在我国北方地区高速公路、桥梁等均有氯盐腐蚀破坏的现象。

　　氯盐本身对水泥混凝土材料并不具有化学侵蚀作用，一般是由于结晶冻胀过程对混凝土孔结构影响较大，所以 Cl⁻ 对混凝土的侵蚀，物理作用效果远大于化学作用效果。结构上考虑氯盐环境，是因为氯离子对钢筋的腐蚀作用较大。在混凝土结构中，钢筋腐蚀后承受荷载的能力下降，使得混凝土材料承受更多的结构荷载，从而加速了混凝土材料的破坏。一般来讲，氯盐通过混凝土进入结构破坏钢筋，钢筋劣化进一步导致混凝土材料劣化。因此，无论是氯盐的盐冻作用，还是钢筋腐蚀反馈到混凝土材料上，氯盐环境都是混凝土材料耐久性的重要影响因素。

2.1.5　近海和海洋环境

　　所谓海洋环境，是指从海洋大气到海底泥浆这一范围内的任一种物理状态，诸如温度、风速、日照、含氧量、盐度、pH 值以及流速等。海洋环境是混凝土结构所面临的最严酷的环境条件之一，在这种环境下服役的混凝土结构，其耐久性的降低及相关问题的出现，主要是由于海洋环境中的氯离子侵入混凝土导致钢筋锈蚀。

　　海洋环境一般可分成性质不同的几种类型的区域：海洋大气区、飞溅区、潮汐区、海水全浸区以及海泥区。从海洋大气区到海泥区的不同海洋环境区域，各种环境因素会有很大变化，对混凝土结构的腐蚀作用也有所不同。在海洋环境中，飞溅区、潮汐区和海洋大气区对混凝土结构具有较强的腐蚀作用，而海水全浸区和海泥区则由于含氧量的影响，腐蚀作用相对较弱。另外，还需注意飞溅区和潮汐区的磨耗、干湿交替、机械冲击、冻融以及碱骨料反应等可能对混凝土结构耐久性所造成的不利影响。

　　考虑海洋环境下混凝土结构的耐久性要求，2001 年颁布的《海港工程混凝土结构防腐蚀技术规范》(JTJ 275—2000)，针对海洋环境，基于不同区域的腐蚀性，开展了服海洋环境的区化分类，将影响混凝土结构耐久性的海洋环境划分为大气区、浪溅区、水位变动区及水下区等 4 个不同区域，提出了相应环境腐蚀影响系数，为服役结构耐久性评定的量化提供了思路。

2.2　地下结构腐蚀机理

　　同地面结构一样，地下工程结构材料主要是钢筋混凝土。典型的地下工程结构及所处的环境特点如图 2-1 所示。

　　在地下结构体系外部，围岩中盐类如 SO_4^{2-}、Cl⁻ 及有害酸性气体如 H_2S、NO_2、SO_2、CO_2 等，会对隧道结构体系的材料产生化学腐蚀，在高地温条件下会加速 Cl⁻ 离子渗透；在地下结构内部，施工期间高温、高湿且干湿、温湿交替，会加速空气中 CO_2 对混凝土材料的碳化，为混凝土中钢筋锈蚀埋下了严重的隐患；另外，在地应力-地下水-地温耦合作用下，建筑材料、构件及结构性能劣化机制非常复杂。因此，理解地下结构的腐蚀环境及作用机理，是地下结构耐久性设计的重要基础。

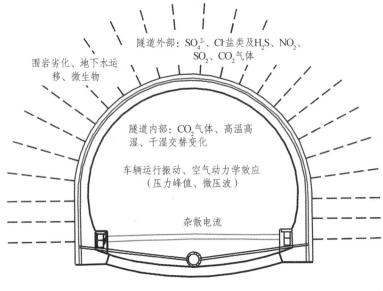

隧道外部：SO_4^{2-}、Cl^-盐类及H_2S、NO_2、
SO_2、CO_2气体

围岩劣化、地下水运
移、微生物

隧道内部：CO_2气体、高温高
湿、干湿交替变化

车辆运行振动、空气动力学效应
（压力峰值、微压波）

杂散电流

图 2-1　地下结构所处工程环境

2.2.1　地下结构腐蚀原因及形式

混凝土耐久性损伤原因可以分为内因和外因。内因是混凝土在浇筑过程中存在的固有缺陷。如混凝土内部存在毛细管、孔隙，为大气中 CO_2、H_2O 和 O_2 等气体和 Cl^- 提供了很好的向混凝土内部扩散的通道，当这些气体和离子达到一定量时，就会产生碳化效应，加速混凝土中钢筋的锈蚀，钢筋锈蚀后体积膨胀，引起混凝土破裂，保护层剥落，如图 2-2 所示。另外，当混凝土的碱含量过高时，容易在混凝土中产生碱-骨料反应，从而导致混凝土开裂。这些混凝土的内因（缺陷）可以通过不断提高混凝土结构设计和施工工艺水平来改善。

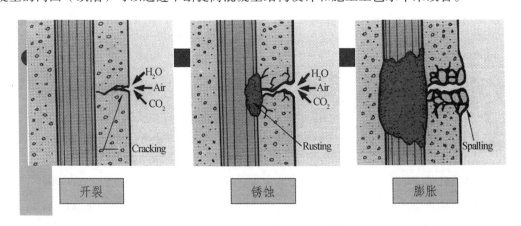

图 2-2　钢筋锈蚀产生混凝土开裂发展过程

外因是存在于混凝土周围的自然环境和使用环境，如环境污染、空气中盐含量高、长期冻融、地下水中含酸性介质、微生物环境恶化等，这些因素都加快了混凝土的耐久性损伤。地下环境对混凝土结构的耐久性损伤方式主要有碳化、氯离子的侵蚀、地下水的溶出性腐蚀、钢筋的锈蚀、微生物腐蚀、地下水对混凝土的热力学侵蚀及杂散电流腐蚀等。

1. 混凝土的碳化

混凝土碳化是指混凝土中的氢氧化钙与环境中的二氧化碳作用，生成碳酸钙而失去原来碱性的现象。碳化后的混凝土失去碱性，当酸性物质侵入后，不能有效中和，这样容易引起钢筋锈蚀作用。CO_2 浓度及环境温度越高，碳化作用越快。地下环境 CO_2 浓度一般比地面高 $0.5\% \sim 1.0\%$，常年平均温度也较高，所以碳化引起地下结构耐久性损伤较大气中建筑物更为严重。另外，雨水或地下水中常含有二氧化碳，使地下水处于酸性环境；植物腐烂会产生腐殖酸，同样使地下水中二氧化碳的浓度升高。水中二氧化碳也会促使混凝土结构碳化，静水中二氧化碳含量达到 20×10^{-6} 或流动水中达到 10×10^{-6} 时，会使混凝土产生严重的碳化作用。

2. 氯离子的侵蚀

近海环境的海水、海风、海雾以及地下水均含有大量的氯盐。氯离子渗透到混凝土结构中，破坏钢筋表面钝化膜，引起钢筋锈蚀。锈蚀钢筋产生体积膨胀，造成混凝土开裂破坏。氯离子对钢筋混凝土的破坏是严重的，侵蚀速度也比混凝土碳化速度大许多。近海环境的地下工程，通常会受到海水、盐雾、含氯离子的大气、含盐地下水的侵蚀，致使地下结构迅速严重破坏。

3. 地下水的溶出性腐蚀

对于密实性较差、孔隙率大的混凝土，渗透性较大，在地下水流的不断流动、渗透下，会将混凝土中的水化产物 $Ca(OH)_2$ 不断地溶出，并随水流带出。混凝土中 $Ca(OH)_2$ 的流失，会降低混凝土的强度。当地下水中含有较高的 Ca^{2+} 离子时，混凝土中的 $Ca(OH)_2$ 一般不会溶出。只有在含钙量较少的软水且为压力流动水中，溶出性侵蚀才会发生。

4. 地下水的溶解性侵蚀

一般当地下水的 pH 值小于 6.5 时，就会形成混凝土的酸性侵蚀。如果地下水中 CO_2、盐酸或硫酸等酸性介质的含量较高，混凝土中 $Ca(OH)_2$ 就特别容易溶解。酸性越强，侵蚀速度越快。

5. 钢筋的锈蚀

正常情况下，钢筋在混凝土的碱性环境中，表面形成一层致密的钝化膜，不会锈蚀。但钝化膜一旦遭到破坏(如碳化或氯离子侵入)，在有足够水和氧气的条件下会产生电化学腐蚀。钢筋锈蚀后体积膨胀，致使混凝土开裂，进一步加快了混凝土结构的劣化。钢筋锈蚀是混凝土结构破坏的主要形式之一。

6. 微生物腐蚀

研究表明，地下水中含有大量的微生物，主要指各种细菌菌群，如异养菌、自养菌、好氧菌、厌氧菌等，组成了地下水生态系统中主要生命形式，也是影响地下水演化过程的重要因素。在地下水系统的能量转换、物质循环、营养输送、信息贮存以及元素形态的转化、聚集和迁移中，微生物都起着极其重要的媒介作用。微生物作用改变了地下水的化学组成，改变含水层水力性质。其对钢筋混凝土的影响有时相当严重。城市地下混凝土结构、污水管道系统和土壤中，含有大量的能起酸化作用的微生物，能将环境中的硫元素转化成硫酸，引起混凝土硫酸盐膨胀腐蚀，钢筋锈蚀，进而造成地下混凝土结构破坏。

7. 地下水对混凝土的热力学侵蚀

化学热力学方法可用于分析地下水对混凝土的碳酸型、硫酸盐型及硫氢酸型侵蚀作用。岩溶地区地下水的水质情况较为复杂，使用化学热力学的方法进行多组分综合分析，可以准确地把握地下水对碳酸盐岩和混凝土的侵蚀性。研究发现地下水具有侵蚀混凝土的能力，尤其在岩溶段，地下水流速大，容易增强岩溶作用，加剧对隧道混凝土结构的劣化作用。

8. 杂散电流腐蚀

杂散电流就是一种因外界条件影响而产生的一种电流。例如在电气的高压试验中，直流泄漏或直流耐压试验中，因为高压部分对地存在电容，从而有电流从这个电容流过。由于电气化铁路、矿山、工厂、港口各种用电设备接地与漏电，在土壤当中也会形成杂散电流的循环。地铁迷流，英文 metro stray current，又称地铁杂散电流，主要是指由采用直流供电牵引方式的地铁列车在地下铁道运行时泄漏到道床及其周围土壤介质中的电流。地铁迷流的存在主要是对地铁周围的埋地金属管道、通信电缆外皮以及车站和区间隧道主体结构中的钢筋发生电化学腐蚀，这种电化学腐蚀不仅能缩短金属管、线的使用寿命，而且还会降低地铁钢筋混凝土主体结构的强度和耐久性，甚至酿成灾难性事故。杂散电流的产生如图2-3。

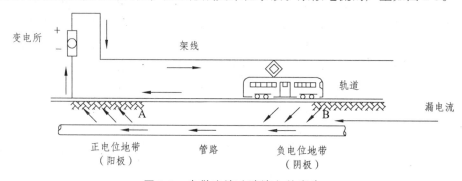

图 2-3　杂散电流（迷流）的产生

以上腐蚀形式中，以氯离子侵蚀与混凝土碳化所引起的钢筋腐蚀为主要作用机制，是最普遍的结构劣化原因。大气中均有一定含量的 CO_2，所以碳化是普遍存在的，而且对于地下工程而言，由于其高 CO_2 浓度、较高温度以及适宜的湿度，混凝土碳化比一般大气环境严重得多；氯离子的来源也十分广泛，我国海岸线漫长，近海氯离子侵蚀地区建有大量地下工程；使用含盐砂子（如海砂）、含氯盐外加剂（如某些防冻、早强剂）、施工用水含氯盐超标等，都能带来"盐害"。相对于混凝土碳化，氯离子侵蚀速度快得多，造成的混凝土结构损伤往往要比混凝土碳化严重得多。

2.2.2　混凝土中钢筋锈蚀的基本机理

混凝土主要由水泥、粗骨料、细骨料、水等经搅拌及硬化而成，在搅拌的过程中水泥水化产物中含有 $Ca(OH)_2$，故混凝土呈碱性，其 pH 值一般为 12～14。在强碱环境中 $Ca(OH)_2$

溶解于混凝土毛细孔中形成饱和溶液，而钢筋则发生氧化反应，在钢筋表面形成一层厚 2 ~ 6 nm 的水化氧化物（$n\mathrm{Fe_2O_3} \cdot m\mathrm{H_2O}$），化学反应式如下：

$$2\mathrm{Fe} + 6\mathrm{OH^-} \longrightarrow \mathrm{Fe_2O_3} + 3\mathrm{H_2O} + 6e^-$$

形成的铁氧化物结构致密、稳定，属于共格结构，使结构内部的钢筋处于钝化状态，所以这一层致密的结构称之为"钝化膜"。水与氧气将无法穿过这一层致密的结构，因而钢筋受到保护不会发生锈蚀。有研究表明钝化膜的形成有两个临界值：pH=9.88，开始形成钝化膜；pH=11.5，钝化膜才能完全覆盖钢筋表面。

混凝土中的钢筋最初有钝化膜保护，当混凝土保护层中性化（主要形式是碳化）至钢筋表面位置或者钢筋周围氯离子浓度超过一定值时，钝化膜便无法起到保护钢筋的作用，致使钢筋发生锈蚀。脱钝后混凝土中钢筋的锈蚀是一个电化学过程，根据金属腐蚀电化学原理和钢筋受钝化膜保护的特点，混凝土中钢筋锈蚀的发生必须具备 4 个条件：钢筋表面存在电位差，构成腐蚀电池；钢筋表面钝化膜遭到破坏，处于活化状态；钢筋表面有电化学反应和离子扩散所需的水和氧气；在阴极和阳极之间形成电子（离子流动路径）。

钢筋锈蚀的化学反应过程与化学中的原电池原理基本相同，未腐蚀的钢筋类似于原电池之阴极，已腐蚀的钢筋则类似原电池的阳极，而钢筋附近的 $\mathrm{Cl^-}$ 溶液则近似原电池的电解液。阳极反应产生的多余电子通过钢筋送往阴极参与阴极反应，阴极产生的氢氧根离子通过混凝土的孔隙以及钢筋表面与混凝土间空隙的电解质被送往阳极，从而形成一个腐蚀电流的闭合回路，使电化学过程得以实现。环境中腐蚀性介质及构件种类的不同，将使钢筋去钝方式和电极面积有较大差别，但其基本腐蚀机理是相同的，钢筋发生电化学腐蚀过程如图 2-4 描述。

其腐蚀反应式如下：

$$\mathrm{Fe} \longrightarrow \mathrm{Fe^{2+}} + 2e^- \text{（阳极反应）}$$

$$\mathrm{O_2} + 2\mathrm{H_2O} + 4e^- \longrightarrow 4\mathrm{OH^-} \text{（阴极反应）}$$

根据供氧情况的不同生成下列腐蚀产物：

$$\mathrm{Fe^{2+}} + 2\mathrm{OH^-} \longrightarrow \mathrm{Fe(OH)_2}$$

$$4\mathrm{Fe(OH)_2} + \mathrm{O_2} + 2\mathrm{H_2O} \longrightarrow 4\mathrm{Fe(OH)_3}$$

$$2\mathrm{Fe(OH)_3} \longrightarrow \mathrm{Fe_2O_3} + 3\mathrm{H_2O}$$

$$6\mathrm{Fe(OH)_2} + \mathrm{O_2} \longrightarrow 2\mathrm{Fe_2O_4} + 6\mathrm{H_2O}$$

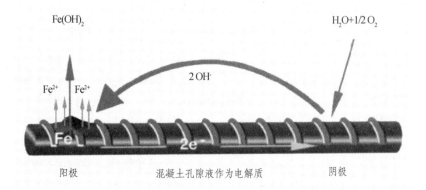

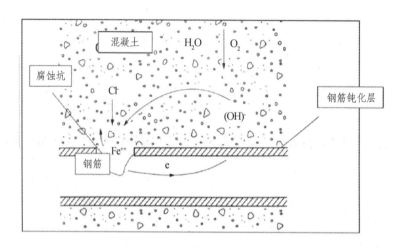

图 2-4　混凝土中钢筋电化学腐蚀过程示意图

生成的 Fe_2O_3 和 $Fe(OH)_3$ 是铁锈的主要成分，使钢筋体积肿胀，导致混凝土进一步开裂，形成恶性循环，加剧钢筋混凝土劣化。

2.2.3　混凝土的碳化

混凝土多孔性材料，当外界压力大于混凝土内部的压力时，外界环境中的二氧化碳就易渗透到混凝土内部，与水泥的某些水化产物发生作用，这就是混凝土的碳化。

混凝土发生碳化与水泥水化产生有关。普通硅酸盐水泥的水泥熟料矿物成分有硅酸三钙 C_3S（$3CaO \cdot SiO_3$）、硅酸二钙 C_2S（$2CaO \cdot SiO_2$）、铁铝酸四钙 C_4AF（$4CaO \cdot Al_2O_3 \cdot Fe_2O_3$）和铝酸三钙 C_3A（$3CaO \cdot AlO_2$）。

水泥熟料经水化后形成的水化产物有：水化硅酸钙 $3CaO \cdot 2SiO_2 \cdot 3H_2O$，即 C-S-H 凝胶，约占 70%，结晶的 $Ca(OH)_2$，约占 20%，以及钙矾石和单硫型水化硫铝酸钙等。其中 $Ca(OH)_2$ 和水化硅酸钙 $3CaO \cdot 2SiO_2 \cdot 3H_2O$（简写 C-S-H）是可碳化物质。

孔隙水与环境湿度之间通过温湿平衡形成稳定的孔隙水膜。环境中的 CO_2 气体通过混凝土孔隙气相向混凝土内部扩散并在孔隙水中溶解，同时，固态 $Ca(OH)_2$ 在孔隙水中溶解并向其浓度低的区域（已碳化区域）扩散。溶解在孔隙水中的 CO_2 与 $Ca(OH)_2$ 发生化学反应生成 $CaCO_3$，同时，C-S-H 也在固液界面上发生碳化反应。

$$Ca(OH)_2 + CO_2 \longrightarrow CaCO_3 + H_2O$$

$$(3CaO \cdot 2SiO_2 \cdot 3H_2O) + 3CO_2 \longrightarrow (3CaCO_3 + 2SiO_2 \cdot 3H_2O)$$

混凝土碳化有利的一方面，是生成的 $CaCO_3$ 和其他固态物质堵塞了混凝土的孔隙，提高了密实度，减弱了 CO_2 后续的扩散，增强了混凝土抗化学腐蚀能力；不利的方面是，碳化使得孔隙水中 $Ca(OH)_2$ 浓度及 pH 值降低，当混凝土的 pH<9 时，混凝土内部钢筋表面的钝化膜将会逐渐破坏，使混凝土失去对钢筋的保护作用，将给混凝土中钢筋的锈蚀带来不利的影响，在水和空气同时渗入的情况下，一般都会导致钢筋锈蚀。而钢筋锈蚀的产物由于体积的膨胀，会使混凝土保护层开裂，将进一步加剧钢筋的腐蚀，形成恶性循环，导致混凝土结构物的破坏。

混凝土碳化性能主要与混凝土本身的密实性和碱性储备的大小，即混凝土的渗透性及其氢氧化钙等碱性物质含量的大小有关。影响混凝土碳化的因素主要包括材料因素、周围环境因素、施工因素以及结构受力状态等。

1. 材料因素

材料因素则主要指胶凝材料用量、水胶比、各类矿物掺和料取代量、水泥品种和集料品种等因素对混凝土碳化的影响。其中，水泥的掺量和性能起着十分重要的作用。

1）水灰比

水灰比是影响碳化度的重要因素。在水泥用量一定的条件之下，增大水灰比会增加混凝土的孔隙率，降低密实度，增大渗透性，进而导致空气中的水分以及有害的化学物质等入侵到混凝土内，导致混凝土碳化速度加快。通过长期暴露的实验分析、研究混凝土碳化速度与水灰比之间的关系，表明随着水灰比的增加，混凝土的孔隙率会不断增大，而混凝土的碳化速度也会增大，但是碳化的深度以及水灰比之间并非呈线性的正比关系，是一种近似于指数的函数关系。

2）水泥品种与用量

水泥的品种也决定了矿物质成分的差异，而碳化物质含量不同，水泥用量也会直接影响混凝土的碳化速度。不同品种的水泥、矿物质、混合材料、外加剂以及生料的化学成分也是不同的，会影响水泥的活性以及混凝土的碱度，影响碳化的速度。增加水泥用量不仅会改变混凝土的和易性，也会改变混凝土自身的密实性。同时，会增加混凝土自身的碱性储备。因此，随着水泥用量的增大，混凝土强度提高，其碳化的速度会减慢。

2. 周围环境因素

环境因素主要是环境温度、湿度以及二氧化碳浓度等因素。二氧化碳的扩散速度与碳化反应会受到温度等因素的影响，环境湿度对于二氧化碳的扩散速度与碳化反应均会产生一定的影响。

1）温度的影响

温度的升高会加快二氧化碳的扩散速度，增强离子之间的运动速度，进而加快碳化反应速度。同时，碳化反应自身属于放热反应，在温度的升高过程中会影响碳化反应的进行与开展。温度升高会导致二氧化碳在水中溶解度不断降低，影响 $Ca(OH)_2$ 的溶解，进而降低碳化速度。而一些学者在研究中发现环境的温度与混凝土碳化速度之间为正比关系，在 10 到 60 ℃的范围中，混凝土碳化速度会在环境温度升高过程中不断加快。

2）二氧化碳浓度的影响

因为碳化反应属于化学反应，二氧化碳的浓度会对碳化速度产生影响。对此，多数的学者在研究过程中都是以菲克第一扩散、渗透定律为基础，表明二氧化碳的浓度越高，其碳化的速度越快。

3）相对湿度的影响

环境湿度对混凝土的碳化速率会产生较大的影响，在其湿度相对较高的时候，混凝土的含水率则相对较高。微孔中水含量较高，则会影响二氧化碳气体在混凝土中的扩散，这样，碳化的速率也会较为缓慢。而在湿度较小、干燥面中的二氧化碳浓度较大的情况下，虽然二氧化碳的扩散速度相对较快，但是其可以反应的溶液相对较少，所以其碳化的速率也相对较慢。通过研究可以发现，碳化速度与相对湿度之间关系表现为抛物线的状态，在相对湿度为40%~60%时，碳化的速度相对较快，在50%左右达到最大。

3. 施工因素

施工因素主要指的是混凝土搅拌、振捣和养护等条件的影响。显而易见，施工质量的好坏，对混凝土的密实性影响是很大的。

4. 结构受力状态

在不同应力状态之下的混凝土，碳化速度存在一定的差别。在拉应力状态下，混凝土内部会出现一些细微的裂缝，加剧二氧化碳的进入，增强碳化反应。而混凝土受到压力影响的时候，混凝土内部结构会较为密实，这样二氧化碳的渗透速度也就会相对较慢，其碳化速度相对减慢，在压力数值超过特定的数值之后，碳化速度会加剧。研究表明：拉应力会加剧混凝土的碳化，拉应力越大，碳化的速度越快；压应力会在一定程度上减缓碳化的速度，但随着压应力继续增大，由于混凝土内部损伤，其碳化的速度会加剧。

根据影响因素及规律，人们总结了一些混凝土碳化的定量评定方法，如下所述。

1）Fick 第一扩散定律模型

基于 Fick 第一扩散定律（稳态扩散）所建立的理论数学模型，以苏联学者阿克谢耶夫为代表，提出的混凝土碳化深度预测模型：

$$X = \sqrt{\frac{2 \cdot D_e \cdot C_0}{m_0}} \cdot \sqrt{t}$$

式中　X——碳化深度；

　　　D_e——有效扩散系数，反映 CO_2 在混凝土孔隙中扩散的能力；

　　　C_0——环境中 CO_2 的浓度；

　　　m_0——单位体积混凝土吸收 CO_2 的量，反映混凝土碳化过程中吸收 CO_2 的能力；

　　　t——碳化时间。

D_e、m_0 反映了混凝土的水灰比、水泥品种与用量、相对湿度等因素对碳化速度的影响。

2）碳化系数

碳化系数是用来评定混凝土耐碳化性能的定量指标，根据《既有混凝土结构耐久性评定标准》（GB/T 51355—2019），混凝土碳化系数应按下列规定确定：

（1）混凝土碳化系数 k 宜通过实测，按下式计算：

$$k = \frac{x_c}{\sqrt{t_0}}$$

式中　x_c——实测混凝土碳化深度（mm），当碳化测区不在构件角部时，构件角部的碳化深度可取实测碳化深度的 1.4 倍；

　　　t_0——结构建成至检测时的时间（a）。

（2）当缺乏有效实测碳化深度数据时，碳化系数可按下述方法计算：

$$k = 3K_{CO_2} K_{k1} K_{kt} K_{ks} K_F T^{0.25} \text{RH}^{1.5} (1 - \text{RH}) \left(\frac{58}{f_{cu,e}} - 0.76 \right)$$

式中　k ——混凝土碳化系数（mm/$\sqrt{a}$）；

K_{CO_2} ——二氧化碳浓度影响系数，取 $\sqrt{C_0/0.03}$；缺乏二氧化碳浓度数据时，可按 GB/T 51355—2019 附录 B 第 B.0.3 取用；

C_0 ——二氧化碳浓度（%）；

K_{kl} ——位置影响系数，构件角区取 1.4，非角区取 1.0；

K_{kt} ——浇注面影响系数，浇筑面取 1.2；

K_{ks} ——工作应力影响系数，受压时取 1.0，受拉时取 1.1；

K_F ——粉煤灰取代系数，按 GB/T 51355—2019 附录 B 第 B.0.2 条确定；

T ——环境温度（℃）；

RH ——环境相对湿度（%）；

$f_{cu,e}$ ——混凝土抗压强度推定值（MPa），不应大于 50 MPa。

2.2.4　氯离子侵蚀

由氯盐引起的钢筋锈蚀，是影响混凝土结构耐久性最主要的因素。在海洋环境、化工生产环境等服役环境中氯离子的含量一般较高，对混凝土中钢筋易造成腐蚀损伤。对结构混凝土而言，氯离子的来源主要由两部分组成：一部分是由拌和水、水泥、骨料、矿物掺和料及外加剂等组成材料带进的氯离子；一部分是通过混凝土保护层由外界环境渗透进入内部的氯离子。

基于混凝土结构所处环境的不同，外部环境中的氯离子侵入混凝土的方式主要有以下几种：① 毛细管作用，即盐溶液向混凝土内部干燥的部分移动；② 渗透作用，即在水压力作用下，盐水向压力较低的方向移动；③ 扩散作用，即由于浓度差的作用，氯离子从浓度高的地方向浓度低的地方移动；④ 电化学迁移，即氯离子向电位较高的方向移动。

1. 氯离子的侵蚀作用机理

氯离子对钢筋的腐蚀作用主要体现在以下几个方面：

（1）破坏钝化膜。氯离子是极强的去钝化剂，氯离子进入混凝土到达钢筋表面，吸附于局部钝化膜处时，可使钢筋表面 pH 值降低以致破坏钢筋表面的钝化膜。

（2）形成腐蚀电池。钢筋表面钝化膜的破坏常发生在局部，使局部露出了铁基体，与尚完好的钝化膜区域形成电位差，铁基体作为阳极而受腐蚀，大面积钝化膜区域作为阴极。腐蚀电池作用的结果使得钢筋表面产生蚀坑；同时由于大阴极对应于小阳极，蚀坑的发展会十分迅速。

（3）去极化作用。氯离子不仅促成了钢筋表面的腐蚀电池，而且加速了电池的作用。氯离子将阳极产物及时地搬运走，使阳极过程顺利进行。

（4）导电作用。腐蚀电池的要素之一是要有离子通路，混凝土中氯离子的存在，强化了离子通路，降低了阴阳极之间的欧姆电阻，提高了腐蚀电池的效率，从而加速了电化学腐蚀过程。

腐蚀过程的主要反应式如下。

（1）钢筋表面的钝化膜破坏，导致钢筋的锈蚀。

$$Fe \longrightarrow Fe^{2+} + 2e^-$$

$$Fe^{2+} + 2Cl^- + 4H_2O \longrightarrow FeCl_2 \cdot 4H_2O$$

（2）阳极表面二次化学过程如下：

$$FeCl_2 \cdot 4H_2O \longrightarrow Fe(OH)_2 \downarrow + 2Cl^- + 2H^+ + 2H_2O$$

$$4Fe(OH)_2 + O_2 + 2H_2O \longrightarrow 4Fe(OH)_3 \downarrow$$

从以上反应可以看出，氯离子本身虽然并不构成腐蚀产物，在腐蚀中也不消耗，但为整个腐蚀过程的进行起到了加速催化的作用。

氯离子侵蚀将导致钢筋的腐蚀以及混凝土的开裂，构件裂缝的形式一般是沿主受力钢筋的直线方向。在严重的情况下，还将导致混凝土保护层的脱落。而混凝土的开裂将会进一步加剧钢筋的腐蚀，从而形成一个恶性循环，最终导致结构的破坏。如图 2-5 所示。

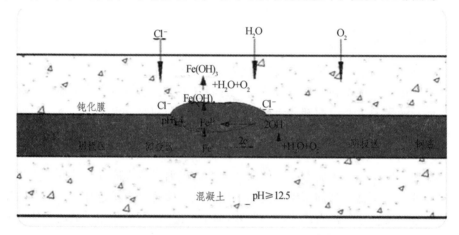

图 2-5 混凝土 Cl⁻ 腐蚀过程示意图

2. 氯离子在混凝土中的扩散

通常情况下，影响氯离子扩散的因素主要为混凝土材料本身（如水胶比、水泥品种、骨料级配、外加剂种类和掺量、养护条件、暴露时间、环境温湿度等）和环境因素（如周围的相对湿度、温度和氯离子的浓度等）。这些因素的存在，使得氯离子在混凝土中的渗透成为一个极为复杂的过程。在许多情况下，扩散仍然被认为是最主要的传输方式之一。

氯离子在混凝土中的渗透过程被视为扩散过程，扩散模型沿用典型的 Fick 第二扩散定律来描述，见下式。

$$\frac{\partial C}{\partial t} = \frac{\partial}{\partial x}\left(D\frac{\partial C}{\partial x}\right)$$

式中 C ——离子浓度，此处特指 Cl⁻ 浓度，一般以氯离子占水泥或混凝土重量百分比表示；

　　　 t ——扩散时间；

　　　 x ——距混凝土表面的距离；

　　　 D ——扩散系数，其解取决于问题的边界条件。

假定：① 氯离子在混凝土中的扩散遵循 Fick 第二扩散定律；② 氯离子在混凝土中的扩散为一维扩散；③ 混凝土为均质材料，氯离子在混凝土中的扩散系数为常数；④ 混凝土表面氯离子浓度为常数。可得出解为：

$$C_x = (C_s - C_0)\left[1 - \text{erf}\left(\frac{x}{2\sqrt{Dt}}\right)\right] + C_0$$

式中　x ——距混凝土表面的距离；

　　　C_x——t 时刻距混凝土表面 x 深度处的氯离子浓度；

　　　C_s——混凝土暴露表面处的浓度；

　　　C_0——混凝土内初始氯离子浓度；

　　　D——扩散系数；

　　　$\text{erf}(Z)$——误差函数，其表达式为

$$\text{erf}(Z) = \frac{2}{\sqrt{\pi}}\int_0^Z e^{-u^2} du$$

通常情况下，在氯离子侵蚀环境下，当选用不含有氯离子成分的原材料，即 $C_0 = 0$ 时，氯离子侵蚀引起深度 x 处钢筋锈蚀的初始时间为：

$$t_0 = \frac{x^2}{4D}\left[\text{erf}^{-1}\left(1 - \frac{C_{cr}}{C_s}\right)\right]^{-2}$$

式中 C_{cr} 为诱发钢筋锈蚀的临界氯离子浓度。混凝土结构中钢筋锈蚀的初始时间，是研究混凝土结构耐久使用寿命的第一个关键时刻点。基于 Fick 第二扩散定律的确定主要在于 C_s、C_0、C_{cr}、D、a 及 x 等相关参数的确定。

混凝土结构中氯离子的扩散是一个相当复杂的过程，对于实际工程而言，上述 C_s、C_0、C_{cr}、D、a 及 x 等相关参数的确定受诸多因素的影响，在不同程度上均为随服役时间、结构材料、环境条件以及施工质量等的变化而变化的随机变量。因此，在某一时刻 t_1（$t_1 < t_0$）所预测的钢筋锈蚀初始时间应是具有一定概率分布特征的综合随机变量，受混凝土水胶比、保护层厚度、外界环境温度、相对湿度、表面介质浓度、施工质量、服役时间以及接触条件等多个随机变量的影响，即：

$$t_0 = X\{x_1[t_1,\ x_2(t_1),\ \cdots,\ x_i(t_i)]\}$$

其中，x_i 分别代表混凝土水胶比、保护层厚度、外界环境温度、相对湿度、表面介质浓度、施工质量、服役时间以及接触条件等随机变量。

由于结构材料、混凝土本身质量的随机性和环境条件等的变异性，随着结构服役时间的推移，在某一时刻 t_1（$t_1 < t_0$），氯离子在混凝土中的侵蚀深度 x 也应是具有一定概率分布特征的综合随机变量，为混凝土水胶比、保护层厚度、外界环境温度、相对湿度、介质浓度、施工质量、服役时间以及接触条件等多个随机变量的影响，即：

$$X(t_1) = y\{y_1[t_1,\ y_2(t_1),\ \cdots,\ y_i(t_i)]\}$$

其中，y_i 分别代表混凝土水胶比、保护层厚度、外界环境温度、相对湿度、介质浓度、施工质量、服役时间以及接触条件等随机变量。

根据数理统计的中心极限定理，在相关实测统计数据缺乏的情况下，可以从理论上近似假定氯离子在混凝土中的渗透深度 z 在 t_1 时刻服从正态分布。

$$f[x(t_1)] = \frac{1}{\sqrt{2\pi}\sigma[x(t_1)]} \cdot e^{\frac{\{x(t_1)-u[x(t_1)]\}^2}{2\sigma[x(t_1)]^2}}$$

其中，$\sigma[x(t_1)]$、$u[x(t_1)]$ 分别为 t_1 时刻氯离子在混凝土中的渗透深度 z 的方差和均值。

3. 混凝土中氯离子含量的临界值

当由于种种原因，氯离子含量在钢筋周围达到某一临界值时，钢筋的钝化膜开始破裂，丧失对钢筋的保护作用，从而引起钢筋锈蚀。混凝土中氯离子主要由两部分组成：一部分是由拌和水、水泥、细骨料、粗骨料、矿物掺和料以及各种外加剂等混凝土组成材料带进混凝土的氯离子，一部分是通过混凝土保护层由外界环境渗透进入混凝土内部的氯离子。因此，为保证混凝土的耐久性，应根据混凝土种类、环境条件等对混凝土拌和物中氯化物总量加以限制。

氯离子引起钢筋锈蚀的阀值（氯离子临界浓度）与环境湿度、温度、混凝土胶凝材料种类和数量、混凝土水胶比以及混凝土碳化程度等许多因素有关，较难提出确定的数值，目前看法也并不一致，研究者所用的材料、规定的试验条件的不同，其结果也有一定差异，但一般界定于占水泥重量的 0.35% ~ 1%。

各国标准中限定的混凝土中氯离子临界浓度，一般只是保守地规定一个数值。英国结构协会已经确定将水泥重量的 0.4% 作为导致钢筋锈蚀的极限容许量。氯离子的含量包括混凝土中可溶及不可溶的部分。BS 5400 以 95% 的可信度将 0.35% 作为容许含量，并且无一例实验的结果超过 0.5%。然而，已经有报道说当在氯离子已经通过硬化混凝土到达钢筋表面，并且氧气充分的条件下，0.15% 的氯离子也将导致钢筋的腐蚀。欧洲其他各国的标准多规定普通钢筋混凝土内的氯离子限量在非氧盐环境下为 0.4%；美国 ACI 318 规范规定非氯盐环境下为 0.3%，氯盐环境下为 0.15%，干燥条件下为 1.0%，潮湿环境或氯盐环境均为 0.15%，既无潮湿又无氯盐或为其他环境时为 1.0%（美国 ACI 318 规范中均为水溶值）。设计人员可根据工程对象的不同特点，在合理范围内变动。

JTJ 275—2000 针对预应力混凝土和钢筋混凝土，分别规定了混凝土拌和物中氯离子含量的最高限值（以水泥质量百分率计）为 0.06% 和 0.1%，见表 2-2。

表 2-2　混凝土拌和物中氯离子的最高限值（按水泥质量百分率计）

预应力混凝土	钢筋混凝土
0.06	0.10

针对混凝土拌和物中氯离子含量的最高限值，国外的有关规定要求也不尽一致，其中，《预拌混凝土规范》（JISA 5308—1986）规定：

（1）对于一般钢筋混凝土和后张预应力混凝土，混凝土中的氯离子总量定为 0.6 kg/m³ 以下。

（2）对耐久性要求特别高的钢筋混凝土和后张预应力混凝土，在可能发生盐害和电腐蚀的场合及采用先张预应力混凝土的场合，混凝土中氯离子的总量定为 0.3 kg/m³ 以下。

（3）针对预拌混凝土，混凝土中的氯化物含量，在卸货地点，氯离子必须在 0.3 kg/m³ 以下。但在得到业主认可时，可在 0.6 kg/m³ 以下。

《FIP 海工混凝土结构的设计与施工建议》（1986）考虑了气候的影响，对混凝土拌和物中氯离子含量的最高限值（按水泥质量的百分率）做出了相应规定，见表 2-3。

表 2-3　FIP 氯离子含量的最高限值（%）

环境条件	钢筋混凝土	预应力混凝土	环境条件	钢筋混凝土	预应力混凝土
热带气候	0.1	0.06	极冷地区	0.6	0.06
温带气候	0.4	0.06			

美国混凝土学会（ACI）考虑了不同混凝土结构形式，对混凝土中允许的氯离子含量规定了最高限值，见表 2-4。表 2-5 列出了英国 BS 6235—1982 和 BS 8110—1985 考虑不同水泥类型，对混凝土拌和物中氯离子含量限值的相关规定。

表 2-4　ACI 混凝土中允许的氯离子含量最高限值（水泥质量百分比）

类　型		ACI201	ACI318	ACI222
预应力混凝土		0.06	0.06	0.08
普通混凝土	湿环境、有氯盐	0.10	0.15	0.20
	一般环境、无氯盐	0.15	0.30	0.20
	干燥环境或有外防护层	—	1.0	0.20

表 2-5　BS 混凝土中氯离子含量的最高限制（水泥质量百分比）

结构种类	水泥品种	BS 6235—1982	BS 8110—1985
钢筋混凝土	符合 BS 12 的水泥或相当水泥	0.35	0.40
	符合 BS 4207 的水泥或相当水泥	0.60	0.20
预应力	各种水泥	0.06	0.10

我国各行业规程、规范对氯盐含量最高限值的规定差异较大，其中，GB 50010—2010 考虑不同环境类别，对最大氯离子含量、最大水胶比等耐久性相关因素做出了相应规定。

《混凝土结构耐久性设计规范》（GB/T 50476—2008）对各类环境中配筋混凝土中氯离子的最大含量（用单位体积混凝土中氯离子与胶凝材料的重量比表示）也做出了相应规定，见表 2-6。

表 2-6　混凝土中氯离子的最大含量（水溶值）

环境作用等级	构件类型	
	钢筋混凝土	预应力混凝土
Ⅰ-A	0.3%	0.06%
Ⅰ-B	0.2%	
Ⅰ-C	0.15%	
Ⅲ-C、Ⅲ-D、Ⅲ-E、Ⅲ-F	0.1%	
Ⅳ-C、Ⅳ-D、Ⅳ-E	0.1%	
Ⅴ-C、Ⅴ-D、Ⅴ-E	0.15%	

注：对重要桥梁等基础设施，各种环境下氯离子含量均不应超过 0.08%。

4. 氯离子侵蚀对混凝土碳化的影响

混凝土中含有氯盐时，一定量的氯离子与 C_3A 反应生成 Friedel 盐。它在混凝土中是不稳定的，当二氧化碳通过扩散作用达到混凝土内部与 Friedel 盐反应时生成氯盐并溶解于孔溶液中，其反应式如下：

$$C_3A + 2Cl^- + Ca(OH)_2 + 10H_2O \longrightarrow C_3A \cdot 10H_2O + 2OH^-$$

$$C_3A \cdot CaCl_2 \cdot 10H_2O + 2CO_2 \longrightarrow 3CaCO_3 + 2Al(OH)_2 + CaCl_2 + 7H_2O$$

由反应式可以看出，一定氯离子含量范围内单位水泥用量越多，砂浆孔溶液 OH^- 浓度越高。碳化前，Friedel 盐均匀分布于砂浆内部，当二氧化碳扩散到混凝土表面发生碳化反应时 Friedel 盐分解后产生氯离子溶解于孔溶液中通过浓度扩散作用迁移到未碳化区，并在该区域重新形成 Friedel 盐，二氧化碳扩散到该区域发生碳化作用时又发生分解作用，这样随着碳化和盐生成的循环过程，碳化锋面逐渐向混凝土内部发展。与 C_3A 矿物相结合的氯离子范围内，除冰盐混凝土表面聚积的含量升高，孔溶液 OH^- 浓度增加，从而加剧了混凝土碳化的速度。

2.2.5 硫酸盐侵蚀

硫酸盐在自然界分布广泛，天然水中硫酸盐的浓度可从每升几毫克至数千毫克。地表水和地下水中硫酸盐来源于岩石土壤中矿物组分的风化和淋溶，金属硫化物氧化也会使硫酸盐含量增大，海水中也含有大量的硫酸根离子。近年来世界上很多地区都遭受硫酸盐型酸雨的侵蚀，硫酸盐侵蚀现象也经常发生。硫酸盐侵蚀使混凝土膨胀产生裂缝，混凝土一般构件从棱角处开始脱落破坏。而地下结构与地下有害气体、地下水、岩土介质等各种特殊环境紧密接触，由此引发的结构耐久性问题非常严重。并且地下环境中硫酸钠、硫酸钾、硫酸镁等硫酸盐均会对混凝土产生侵蚀作用，通常是硫酸钠和硫酸镁的侵蚀。

1. 硫酸盐侵蚀机理

现阶段的研究成果认为混凝土的硫酸盐腐蚀主要是物理腐蚀和化学腐蚀。

硫酸盐对混凝土的化学腐蚀是两种化学反应的结果：一是与混凝土中的水化铝酸钙反应形成硫铝酸钙即钙矾石，如硫酸钠与水化铝酸钙的化学反应如式所示；二是与混凝土中氢氧化钙结合形成硫酸钙（石膏），如式所示。两种反应均会造成体积膨胀，使混凝土开裂。

$$2（3CaO \cdot AlO_3 \cdot 12H_2O）+3（Na_2SO_4 \cdot 10H_2O）$$

$$3CaO \cdot Al_2O_3 \cdot 3CaSO_4 \cdot 3H_2O \longrightarrow 2Al(OH)_3 + 6NaOH + 17H_2O$$

$$Ca(OH)_2 + Na_2SO_4 \cdot 10H_2O \longrightarrow CaSO_4 \cdot 2H_2O + 2NaOH + 8H_2O$$

当含有镁离子时，同时还能和氢氧化钙反应，生成疏松而无胶凝性的氢氧化镁，这会降低混凝土的密实性和强度并加剧腐蚀。硫酸盐对混凝土的化学腐蚀过程一般较为缓慢，通常要持续很多年，开始时混凝土表面泛白，随后开裂、剥落破坏。当土中构件暴露于流动的地下水时，硫酸盐得以不断补充，腐蚀的产物也被带走，材料的损坏程度就会非常严重。相反，在渗透性很低的黏土中，当表面浅层混凝土遭硫酸盐腐蚀后，由于硫酸盐得不到补充，腐蚀反应就很难进行。

地下水和土中的硫酸盐可以渗入混凝土内部，并在一定条件下使得混凝土毛细孔隙水溶液中的硫酸盐浓度不断积累，当超过饱和浓度时就会析出盐结晶而产生很大的压力，导致混凝土开裂破坏，这一过程是纯粹的物理作用。

2. 影响硫酸盐侵蚀的因素

一般来讲，影响混凝土硫酸盐侵蚀的因素可以分为内因与外因。混凝土本身的性能是影响混凝土抗硫酸盐侵蚀的内因，它不仅包括混凝土水泥品种、矿物组成、混合材的掺量，而且还包括混凝土的水灰比、强度、外加剂以及密实性等。影响混凝土抗硫酸盐侵蚀的外因主要有：侵蚀溶液中 SO_4^{2-} 的浓度及温度、其他离子的浓度、pH 值以及环境条件如水分蒸发、干湿交替和冻融循环以及混凝土结构应力状态等。

3. 钙矾石延迟生成

混凝土钙矾石延迟生成（Delayed Ettringite Formation，简写作 DEF）也是混凝土内部成分之间发生的化学反应。混凝土中的钙矾石是硫酸盐、铝酸钙与水反应后的产物，正常情况下应该在混凝土拌和后水泥的水化初期形成。如果混凝土硬化后内部仍然剩有较多的硫酸盐和铝酸三钙，则在混凝土的使用中如与水接触可能会再起反应，延迟生成钙矾石。钙矾石在生成过程中体积会膨胀，导致混凝土开裂。混凝土早期蒸养过度或内部温度较高会增加延迟生成钙矾石的可能性。防止延迟生成钙矾石的主要途径是降低养护温度、限制水泥的硫酸盐和铝酸三钙含量，以避免混凝土在使用阶段与水分接触。

2.2.6 碱-骨料反应

碱-骨料反应是指混凝土中的碱与骨料中的活性组分之间发生的破坏性膨胀反应，是影响混凝土耐久性最主要的因素之一。该反应不同于其他混凝土病害，其开裂破坏是整体性的，且目前尚未有有效的修补方法，而其中的碱-碳酸盐反应的预防尚无有效措施。由于碱-骨料造成的混凝土开裂破坏难以被阻止，因而被称为混凝土的"癌症"。

1. 碱-骨料反应的分类

（1）碱硅酸反应。1940 年美国加利福尼亚州公路局的斯坦敦，首先发现了混凝土的碱-骨料反应问题，引起了工程界的广泛重视，这种反应就是碱硅酸反应。碱硅酸反应是水泥中的碱与骨料中的活性氧化硅成分反应产生碱硅酸盐凝胶或简称碱硅凝胶，碱硅凝胶固体体积大于反应前的体积，且具有强烈的吸水性，吸水膨胀后引起混凝土内部膨胀应力，碱硅凝胶吸水后将进一步促进碱-骨料反应的发展，并最终导致混凝土的开裂或崩溃。

能与碱发生反应的活性氧化硅矿物主要有蛋白石、玉髓、鳞石英、方英石、火山玻璃及结晶有缺欠的石英以及微晶、隐晶石英等，而这些活性矿物广泛存在于多种岩石中，因此，世界各国发生的碱-骨料反应绝大多数为碱硅酸反应。

（2）碱碳酸盐反应。1955 年加拿大金斯敦城人行路面发生大面积开裂，对骨料采用美国 ASTM 标准的砂浆棒法和化学法检验，属非活性。据此，斯文森于 1957 年提出了与碱硅酸反应不同的碱-骨料反应，即碱碳酸盐反应。

碱碳酸盐反应的机理与碱硅酸反应完全不同，在泥质、石灰质白云石中含黏土和方解石较多，碱与这种碳酸盐反应时，将其中白云石转化为水镁石，水镁石晶体排列的压力和黏土吸水膨胀，引起混凝土内部膨胀应力，导致混凝土开裂。

（3）碱硅酸盐反应。1965年基洛特加对加拿大斯科提亚地方的混凝土膨胀开裂进行研究并提出了不同于碱硅酸反应的碱硅酸盐反应。虽然对该种反应的定义有不同的看法，但由于这类反应膨胀进程较为缓慢，采用常规检验碱硅酸反应的方法无法判断其活性，因此在进行膨胀检验时，还应与一般碱硅酸反应类型有所区别。

2. 碱-骨料反应的基本机理

KOH和NaOH在水泥水化反应初期，于骨料颗粒四周形成C-S-H凝胶及$Ca(OH)_2$附着层，然后$Ca(OH)_2$与长石反应置换出KOH和NaOH，形成发生碱-骨料反应的一个必要条件。

混凝土中的活性骨料与混凝土中的碱-骨料发生反应：

$$2Na_2O + SiO_2 \longrightarrow NaO \cdot SiO_2 + H_2O$$

KOH和NaOH浓度较低时，不足以引起混凝土的破坏，一般认为当含碱量小于0.6%时，可不考虑碱-骨料反应。

当KOH或NaOH浓度较高时，KOH或NaOH不仅能中和二氧化硅颗粒表面及微孔中的氢离子，还会破坏O-S-O之间的结合键，使二氧化硅颗粒结构松散，并使这一反应不断向颗粒内部深入形成碱硅胶。这种碱硅胶会吸收微孔中的水分，发生体积膨胀。在周围水泥浆已经硬化的情况下，这种体积膨胀会受到约束，产生一定的膨胀压力。该压力超过水泥浆抗拉强度时，就会引起混凝土开裂，使混凝土结构发生破坏。该反应引起的体积膨胀量与混凝土中的含水量有关系，水分充足时，体积可增大3倍。因此，为了减少这种膨胀压力，必须防止水分由外部渗入混凝土孔隙中，即对混凝土结构予以防水处理。

碱-硅酸盐反应的机理与碱-硅酸反应的机理是类似的，只是反应速度比较缓慢。碱-碳酸盐反应引起的混凝土破坏目前归结为白云石质石灰岩骨料脱白云石化引起的体积膨胀。白云石质石灰岩骨料在碱性溶液中发生的脱白云石反应式如下：

$$CaMg(CO_3)_2 + 2NaCl \longrightarrow Mg(OH)_2 + CaCO_3 + Na_2CO_3$$

式中，钠离子Na^+也可换作钾离子K^+。

这一反应不是发生在骨料颗粒与水泥浆的界面，而是发生于骨料颗粒的内部。另外，黏土质骨料遇水也会膨胀。

3. 碱-骨料反应的主要影响因素

由碱-骨料反应的机理得知，影响这一反应的主要因素为水泥的含碱量及骨料本身有无反应活性，另外就是孔隙水量，这三要素缺一不可。因此，影响碱-骨料反应的因素也均与这三要素紧密相关。

1）水泥的含碱量

碱-骨料反应引起的膨胀值与水泥中的Na_2O的当量含量紧密相关（$Na_2O+0.658K_2O$），对于每一种反应性骨料都可以找出单位混凝土含碱量与其反应膨胀量的关系。

2）混凝土的水灰比

水灰比对碱-骨料反应的影响是错综复杂的，水灰比大，混凝土的孔隙度增大，各种离子的扩散及水的移动速度加大，会促进碱-骨料反应发生。但从另一方面看，混凝土水灰比大其孔隙量大，又能减少孔隙水中碱液浓度，因而减缓碱-骨料反应。在通常的水灰比范围内，随着水灰比减小，碱-骨料反应的膨胀量有增大的趋势，在水灰比为 0.4 时膨胀量最大。

3）反应性骨料的特性

混凝土的碱-骨料反应膨胀量与反应性骨料本身的特性，其中包括骨料的矿物成分、粒度和集量等有关。一般来讲，随着反应性骨料含量的增加，混凝土的反应膨胀量加大。

骨料粒度对碱-骨料反应也有影响，粒度过大或过小都能使反应膨胀量减小，中间粒度（0.15 ~ 0.6 mm）的骨料引起的反应膨胀量最大，因为此时反应性骨料的总表面积最大。

另外，反应性骨料的孔隙率对其反应膨胀量也有影响。某些天然轻骨料如火山渣及浮石中活性 SiO_2 含量很高（有时含 70% ~ 80% 的不定形 SiO_2），按常规理论分析，以这些天然轻骨料配制的混凝土理应发生碱-骨料反应，但至今为止未发现天然轻骨料混凝土发生碱-硅酸盐反应的实例，估计是因为轻骨料孔隙率大，缓解了膨胀压力的缘故，这说明多孔骨料能减缓碱-骨料反应。有资料介绍美国在大坝混凝土中常掺入一定数量的轻骨料，以免因碱-骨料反应引起坝体开裂或毁坏。

4）混凝土孔隙率

混凝土的孔隙也能减缓碱-骨料反应时胶体吸水产生的膨胀压力，因而随孔隙率增加，反应膨胀量减小，特别是细孔减缓效果更好。因此，加入引气剂能减缓碱-骨料反应的膨胀。根据试验结果，引入 4% 的空气能使膨胀量减少约 40%。

5）环境温湿度的影响

混凝土的碱-骨料反应离不开水，因此环境湿度对其有明显影响。虽然说在低湿度条件下混凝土孔隙中的碱溶液浓度增大会促进碱-骨料反应，但如果环境相对湿度低于 85%，外界不供给混凝土水分，就不会发现混凝土中反应胶体的吸水膨胀，所以环境湿度对碱-骨料反应的影响是不容忽视的。

环境温度对碱-骨料反应也有影响。对每一种反应性骨料都有一个温度限值。在该温度以下，随温度增高膨胀量增大，当超过该温度限值时，反应膨胀量明显下降。这是因为在高温下碱-骨料反应加快，在混凝土未凝结之前即已完成了膨胀，而塑性状态的混凝土仍能吸收膨胀压力。

2.2.7　冻融作用

混凝土在饱水状态下因冻融循环产生的破坏作用称为冻融破坏，混凝土的抗冻耐久性（简称抗冻性）即是指饱水混凝土抵抗冻融循环作用的性能。混凝土处于饱水状态和冻融循环交替作用是发生混凝土冻融破坏的必要条件，因此，混凝土的冻融破坏一般发生于寒冷地区经常与水接触的混凝土结构物，如水位变化区的海工、水工混凝土结构物、水池、发电站冷却塔以及与水接触部位的道路、建筑物勒脚、阳台等。混凝土的抗冻性是混凝土耐久性中最重要的问题之一。自 20 世纪 30 年代起，国内外专家就开始对混凝土冻害机理进行大量研究，对于混凝土冻融破坏的机理提出了众多学说，其中较受公众认可的是静水压力及渗透压力理论。但目前对于混凝土冻融的机理问题，学术界尚不能形成统一意见。

相关研究成果表明：混凝土是由水泥砂浆和粗骨料组成的毛细孔多孔体，在拌制混凝土时，为了得到必要的和易性，加入的拌和水总要多于水泥的水化水，这部分多余的水便以游离水的形式滞留于混凝土中形成连通的毛细孔，并占有一定的体积。这种毛细孔的自由水就是导致混凝土遭受冻害的主要因素，因为水遇冷冻结冰会发生体积膨胀，引起混凝土内部结构的破坏。应该指出的是，在正常情况下，毛细孔中的水结冰并不至于使混凝土内部结构遭到严重破坏。因为混凝土中除毛细孔之外，还有一些水泥水化后形成的胶凝孔和其他原因形成的非毛细孔，这些孔隙中常混有空气。因此，当毛细孔中的水结冰膨胀时，这些气孔能起缓冲作用将一部分未结冰的水挤入胶凝孔中，从而减小膨胀压力，避免混凝土内部结构破坏。但当处于饱和水状态时，情况就完全两样了，此时毛细孔中水结冰，胶凝孔中的水处于过冷状态，因为混凝土孔隙中水的冰点随孔径的减小而降低，胶凝孔中形成冰核的温度在-78 ℃以下，胶凝孔中处于过冷状态的水分子因其蒸汽压高于同温度下冰的蒸汽压而向压力毛细孔中冰的界面处渗透，于是在毛细孔中又产生一种渗透压力。此外胶凝水向毛细孔渗透的结果必然使毛细孔中的冰体积进一步膨胀。由此可见，处于饱和状态的混凝土受冻时，其毛细孔壁同时承受膨胀压和渗透比两种压力，当这两种压力超过混凝土的抗拉强度时混凝土就会开裂。在反复冻融循环后，混凝土中的裂缝会互相贯通，其强度也会逐渐降低，最后至完全丧失，混凝土由表及里遭受破坏。

关于混凝土早期受冻问题，归纳起来主要是以下两种情况。

（1）混凝土凝固前受冻。

当拌和水尚未参与水化反应时，混凝土的冰冻作用类似于饱和黏土冻胀的情况，即拌和水结冰使混凝土体积膨胀。混凝土的凝结过程因拌和水结冰而中断，直到温度上升混凝土拌和水融化为止。假如又重新振捣密实，则混凝土照常凝结硬化，对其强度的增长就不会产生不利的影响；但如不重新振捣密实，则混凝土中就会因留下的水结冰而形成大量孔隙，使其强度大为降低。重新振捣是万不得已时才采用的，一般情况下还是要注意早期养护，尽量避免混凝土过早受冻。

（2）混凝土凝结后但未达到足够强度时受冻。

此时受冻混凝土强度损失最大，因为与毛细孔水结冰相关的膨胀将使混凝土内部结构严重受损，造成不可恢复的强度损失。混凝土所取得的强度越低，其抗冻能力就越差，因为此时水泥尚未充分水化，起缓冲调节作用的胶凝孔尚未完全形成，所以这种早期冻害对混凝土及钢筋混凝土结构的危害最大，必须尽量避免。各国的混凝土施工规范中对冬季施工混凝土有特殊的规定，严格控制混凝土的硬化温度不得低于 0 ℃。

2.2.8 H_2S 腐蚀

H_2S 作为一种强渗氢介质，不仅因为它本身提供了氢的来源，而且还起着毒化作用，阻碍氢原子结合成氢分子的反应，于是提高了钢铁表面氢浓度，其结果加速了氢向钢中的扩散溶解过程。钢中氢含量一般很小，试验表明只有百万分之几。若氢原子均匀地分布于钢中，很难萌生裂纹。实际工程上使用的钢材都存在缺陷，如面缺陷（晶界、相界等）、位错、三维应力区等，这些缺陷与氢的结合能力强，可将氢捕捉陷住，使之难以扩散，便成为氢的富集区（陷阱）。富集区中的氢一旦结合成氢分子，积累的氢气压力很高，氢气压力可达 300 MPa，促使钢材脆化，局部区域发生塑性变形，萌生裂纹最后导致开裂。

氢诱发裂纹（HIC）和氢鼓泡（HB）：氢原子进入钢中后，在没有外加应力作用下，生成的平行于板面，沿轧制方向有鼓泡倾向的裂纹，而在钢表面则为 HB。

硫化物应力开裂（SSC）：氢原子在 H_2S 的催化下进入钢中后，在拉伸应力作用下，生成的垂直于拉伸应力方向的氢脆型开裂。

对钢铁的电化学腐蚀过程反应式表示：

阳极反应：$Fe-2e^- \longrightarrow Fe^{2+}$

阴极反应：$2H^++2e^- \longrightarrow H_{ad}+H_{ad} \longrightarrow H_2 \uparrow H_{ad} \longrightarrow H_{ab} \longrightarrow 钢中扩散$

阳极反应产物：$Fe^{2+}+S^{2-} \longrightarrow FeS\downarrow$

式中　H_{ad}——钢表面吸附的氢原子；

　　　H_{ab}——钢中吸收的氢原子。

阳极反应生成的硫化铁腐蚀产物主要有 Fe_9S_8，Fe_3S_4，FeS_2，FeS，通常是一种有缺陷的结构，它与钢铁表面的黏结力差，易脱落，易氧化，电位较正，于是作为阴极与钢铁基体构成一个活性的微电池，对钢基体继续进行腐蚀。腐蚀产物的生成是随 pH 值、H_2S 浓度等参数而变化。其中 Fe_9S_8 的保护性最差，与 Fe_9S_8 相比，FeS_2，FeS 具有较完整的晶格点阵，因此保护性较好。扫描电子显微镜和电化学测试结果均证实了钢铁与腐蚀产物硫化铁之间的这一电化学电池行为。对钢铁而言，附着于其表面的腐蚀产物（Fe_xS_y）是有效的阴极，它将加速钢铁的局部腐蚀。于是有些学者认为在确定 H_2S 腐蚀机理时，阴极性腐蚀产物（Fe_xS_y）的结构和性质对腐蚀的影响，相对 H_2S 来说，将起着更为主导的作用。

2.3　工程结构环境分类与环境作用等级

混凝土结构的耐久性设计可分为经验方法和定量方法。经验方法将环境作用按其严重程度定性地划分成几个作用等级，在工程经验类比的基础上，对不同环境作用等级下的混凝土结构构件，直接规定混凝土材料的耐久性质量要求和钢筋保护层厚度等构造要求。近年来，经验方法有很大改进：首先是按照材料的劣化机理确定不同的环境类别，在每一类别下再按温、湿度及其变化等不同环境条件区分其环境作用等级，从而更为详细地描述环境作用；其次是对不同设计使用年限的结构构件，提出不同的耐久性要求。

目前国内外相继出台的规范、标准，结合各行业特点开展了相应的环境分类和环境腐蚀作用等级的确定，地下工程中，除沉管隧道设计规范明确提出耐久性设计外，公路、铁路、地铁等设计规范并无相关说明，更没有单独的地下工程环境分类，包括沉管隧道，均为参考混凝土结构或行业相关的耐久性设计标准中的环境分类和作用等级。本节列出几种分类方法，以供学习参考。

2.3.1　混凝土结构耐久性设计标准

《混凝土结构耐久性设计标准》（GB/T 50476—2019），适用于各种自然环境作用下房屋建筑、桥梁、隧道等基础设施与一般构筑物中普通混凝土结构及其构件的耐久性设计。自然环境包括一般环境、冻融环境、氯化物环境及化学腐蚀环境，各环境的定义为：

1）一般环境（atmosphere environment）

无冻融、氯化物和其他化学腐蚀物质作用的混凝土结构或构件的暴露环境。

2）冻融环境（freeze-thaw environment）

混凝土结构或构件经受反复冻融作用的暴露环境。

3）氯化物环境（chloride environment）

混凝土结构或构件受到氯盐侵入作用并引起内部钢筋锈蚀的暴露环境，具体包括海洋氯化物环境和除冰盐等其他氯化物环境。

4）化学腐蚀环境（chemical environment）

混凝土结构或构件受到自然环境中化学物质腐蚀作用的暴露环境，具体包括水、土中化学腐蚀环境和大气污染腐蚀环境。

本标准将环境类别划分为Ⅰ到Ⅴ共5类，如表2-7所示。

表2-7　环境作用等级

环境类别	名　称	劣化机理
Ⅰ	一般环境	正常大气作用引起钢筋锈蚀
Ⅱ	冻融环境	反复冻融导致混凝土损伤
Ⅲ	海洋氯化物环境	氯盐侵入引起钢筋锈蚀
Ⅳ	除冰盐等其他氯化物环境	氯盐侵入引起钢筋锈蚀
Ⅴ	化学腐蚀环境	硫酸盐等化学物质对混凝土的腐蚀

表2-7中，一般环境是指仅有正常的大气（二氧化碳、氧气等）和温、湿度（水分）作用，不存在冻融、氯化物和其他化学腐蚀物质的影响；冻融环境主要会引起混凝土的冻蚀；海洋、除冰盐等氯化物环境中的氯离子可以从混凝土表面迁移到混凝土内部，而氯离子引起的钢筋锈蚀程度要比一般环境下单纯由碳化引起的锈蚀严重得多，是耐久性设计的重点；化学腐蚀环境中混凝土的劣化主要是土、水中的硫酸盐、酸等化学物质和大气中的硫化物、氮氧化物等对混凝土的化学作用，同时也有盐结晶等物理作用所引起破坏。

各类环境对配筋混凝土结构的不同作用程度通过环境作用等级来表达，环境作用等级定性划分为6个等级，分别为A（轻微）、B（轻度）、C（中度）、D（严重）、E（非常严重）、F（极端严重）。环境类别及作用等级如表2-8所示。由于腐蚀机理的不同，不同环境类别相同等级的耐久性要求不会完全相同。而对同一结构中的不同构件或同一构件中的不同部位，所承受的环境作用等级也可能不同。

表2-8　环境作用等级

	环境作用等级	A 轻微	B 轻度	C 中度	D 严重	E 非常严重	F 极端严重
环境类别	一般环境	Ⅰ-A	Ⅰ-B	Ⅰ-C	—	—	—
	冻融环境	—	—	Ⅱ-C	Ⅱ-D	Ⅱ-E	—
	海洋氯化物环境	—	—	Ⅲ-C	Ⅲ-D	Ⅲ-E	Ⅲ-F
	除冰盐等其他氯化物环境	—	—	Ⅳ-C	Ⅳ-D	Ⅳ-E	—
	化学腐蚀环境			Ⅴ-C	Ⅴ-D	Ⅴ-E	

一般环境下混凝土结构的耐久性设计，应控制在正常大气作用下混凝土碳化引起的内部钢筋锈蚀。一般环境对配筋混凝土结构的环境作用等级分类及结构构件示例见表2-9。

表 2-9　一般环境的作用等级

环境作用等级	环境条件	结构构件示例
Ⅰ-A	室内干燥环境	常年干燥、低湿度环境中的结构内部构件
	长期浸没水中环境	所有表面均处于水下的构件
Ⅰ-B	非干湿交替的结构内部潮湿环境	中、高湿度环境中的结构内部构件
	非干湿交替的露天环境	不接触或偶尔接触雨水的外部构件
	长期湿润环境	长期与水或湿润土体接触的构件
Ⅰ-C	干湿交替环境	与冷凝水、露水或与蒸汽频繁接触的结构内部构件； 地下水位较高的地下室构件； 表面频繁淋雨或频繁与水接触的构件； 处于水位变动区的构件

注：1. 环境条件系指混凝土表面的局部环境。

　　2. 干燥、低湿度环境指年平均湿度低于 60%，中、高湿度环境指年平均湿度大于 60%。

　　3. 干湿交替指混凝土表面经常交替接触到大气和水的环境条件。

　　冻融环境下混凝土结构的耐久性设计，应控制混凝土遭受长期冻融循环作用引起的损伤，对冻融环境作用等级的划分，主要考虑混凝土饱水程度、气温变化和盐分含量三个因素，见表 2-10。

表 2-10　冻融环境的作用等级

环境作用等级	环境条件	结构构件示例
Ⅱ-C	微冻地区的无盐环境混凝土高度饱水	微冻地区的水位变动区构件和频繁受雨淋的构件水平表面
	严寒和寒冷地区的无盐环境混凝土中度饱水	严寒和寒冷地区受雨淋构件的竖向表面
Ⅱ-D	严寒和寒冷地区的无盐环境混凝土高度饱水	严寒和寒冷地区的水位变动区构件和频繁受雨淋的构件水平表面
	微冻地区的有盐环境混凝土高度饱水	有氯盐微冻地区的水位变动区构件和频繁受雨淋的构件水平表面
	严寒和寒冷地区的有盐环境混凝土中度饱水	有氯盐严寒和寒冷地区受雨淋构件的竖向表面
Ⅱ-E	严寒和寒冷地区的有盐环境混凝土高度饱水	有氯盐严寒和寒冷地区的水位变动区构件和频繁受雨淋的构件水平表面

注：1. 冻融环境按最冷月平均气温划分为微冻地区、寒冷地区和严寒地区，其平均气温分别为：$-3 \sim 2.5\ ℃$、$-8 \sim -3\ ℃$ 和 $-8\ ℃$ 以下。

　　2. 中度饱水指冰冻前处于潮湿状态或偶与雨、水等接触，混凝土内饱水程度不高；高度饱水指冰冻前长期或频繁接触水或湿润土体，混凝土内高度水饱和。

　　3. 无盐或有盐指冻结的水中是否含有盐类，包括海水中的氯盐、除冰盐和有机类融雪剂或其他盐类。

　　海洋氯化物环境对配筋混凝土结构构件的环境作用等级见表 2-11。其中，江河入海口附近水域的含盐量应根据实测确定，当含盐量明显低于海水时，其环境作用等级可根据具体情况调整。

　　除冰盐等其他氯化物环境对于配筋混凝土结构构件的环境作用等级宜根据调查确定，当无相应的调查资料时，可按表 2-12 确定。在确定氯化物环境对配筋混凝土结构构件的作用等级时，不应考虑混凝土表面普通防水层对氯化物的阻隔作用。

表 2-11　海洋氯化物环境的作用等级

环境作用等级	环境条件	结构构件示例
III-C	水下区和土中区： 周边永久浸没于海水或埋于土中	桥墩，承台，基础
III-D	大气区（轻度盐雾）： 距平均水位 15 m 高度以上的海上大气区； 涨潮岸线以外 100～300 m 内的陆上室外环境	桥墩，桥梁上部结构构件； 靠海的陆上建筑外墙及室外构件
III-E	大气区（重度盐雾）： 距平均水位上方 15 m 高度以内的海上大气区； 离涨潮岸线 100 m 以内、低于海平面以上 15 m 的陆上室外环境	桥梁上部结构构件； 靠海的陆上建筑外墙及室外构件
	潮汐区和浪溅区，非炎热地区	桥墩，承台，码头
III-F	潮汐区和浪溅区，炎热地区	桥墩，承台，码头

注：1. 近海或海洋环境中的水下区、潮汐区、浪溅区和大气区的划分，按现行行业标准《海港工程混凝土结构防腐蚀技术规范》（JTJ 275）的规定确定。近海或海洋环境的土中区指海底以下或近海的陆上地下，其地下水中的盐类成分与海水相近。

2. 轻度盐雾区与重度盐雾区界限的划分，宜根据当地的具体环境和既有工程调查确定。靠近海岸的陆上建筑物，盐雾对室外混凝土构件的作用尚应考虑风向、地貌等因素。密集建筑群，除直接面海和迎风的建筑物外，其他建筑物可适当降低作用等级。

3. 炎热地区指年平均温度高于 20 ℃的地区。

表 2-12　除冰盐等其他氯化物环境的作用等级

环境作用等级	环境条件	结构构件示例
IV-C	受除冰盐盐雾轻度作用	距离行车道 10 m 以外接触盐雾的构件
	四周浸没于含氯化物水中	地下水中构件
	接触较低浓度氯离子水体，且有干湿交替	处于水位变动区，或部分暴露于大气、部分在地下水土中的构件
IV-D	受除冰盐水溶液轻度溅射作用	桥梁护墙（栏），立交桥桥墩
	接触较高浓度氯离子水体，且有干湿交替	海水游泳池壁；处于水位变动区，或部分暴露于大气、部分在地下水土中的构件
IV-E	直接接触除冰盐溶液	路面，桥面板，与含盐渗漏水接触的桥梁盖梁、墩柱顶面
	受除冰盐水溶液重度溅射或重度盐雾作用	桥梁护栏、护墙、立交桥桥墩；车道两侧 10 m 以内的构件
	接触高浓度氯离子水体，有干湿交替	处于水位变动区，或部分暴露于大气、部分在地下水土中的构件

注：1. 水中氯离子浓度的划分为：较低，100～500 mg/L；较高，500～5 000 mg/L；高，大于 5 000 mg/L。

2. 土中氯离子浓度的划分为：较低，150～750 mg/kg；较高，750～7 500 mg/kg；高，大于 7 500 mg/kg。

3. 除冰盐环境的作用等级与冬季喷洒除冰盐的具体用量和频度有关，可根据具体情况作出调整。

化学腐蚀环境下混凝土结构的耐久性设计，应控制混凝土遭受化学腐蚀性物质长期侵蚀引起的损伤。水、土中的硫酸盐和酸类物质对混凝土结构构件的环境作用等级见表2-13。

表2-13 水、土中硫酸盐和酸类物质环境作用等级

作用因素		水中硫酸根离子浓度（水溶值）SO_4^{2-}/（mg/L）	土中硫酸根离子浓度（水溶值）SO_4^{2-}/（mg/kg）	水中镁离子浓度/（mg/L）	水中酸碱度（pH值）	水中侵蚀性二氧化碳浓度/（mg/L）
作用等级	V-C	200～1 000	300～1 500	300～1 000	6.5～5.5	15～30
	V-D	1 000～4 000	1 500～6 000	1 000～3 000	5.5～4.5	30～60
	V-E	4 000～10 000	6 000～15 000	≥3 000	<4.5	60～100

注：1. 表中与环境作用等级相应的硫酸根浓度，所对应的环境条件为非干旱高寒地区的干湿交替环境。当无干湿交替（长期浸没于地表或地下水中）时，可按表中的等级降低一级，但不得低于V-C级。对于干旱、高寒地区的环境条件可按标准确定。

2. 当混凝土结构构件处于弱透水土体中时，土中硫酸根离子、水中镁离子、水中侵蚀性、二氧化碳及水的pH值的作用等级可按相应的等级降低一级，但不低于V-C级。

3. 高水压流动水条件下，应提高相应的环境作用等级。

当有多种化学物质共同作用时，应取其中最高的作用等级作为设计的环境作用等级。如其中有两种及以上化学物质的作用等级相同且可能加重化学腐蚀时，其环境作用等级应再提高一级。部分接触含硫酸盐的水、土且部分暴露于大气中的混凝土结构构件，仍可按表2-13确定环境作用等级。当混凝土结构构件处于干旱、高寒地区，其环境作用等级见表2-14。

表2-14 干旱、高寒地区硫酸盐环境作用等级

作用因素		水中硫酸根离子浓度 SO_4^{2-}/（mg/L）	土中硫酸根（水溶值）离子浓度 SO_4^{2-}/（mg/kg）
环境作用等级	V-C	200～500	300～750
	V-D	500～2 000	750～3 000
	V-E	2 000～5 000	3 000～7 500

注：我国干旱区指干燥度系数大于2.0的地区，高寒地区指海拔3 000 m以上的地区。

大气污染环境对混凝土结构的作用等级可按表2-15确定。

表2-15 大气环境作用等级

环境作用等级	环境条件	结构构件示例
V-C	汽车或机车废气	受废气直射的结构构件，处于封闭空间内受废气作用的车库或隧道构件
V-D	酸雨（雾、露）pH值＞4.5	遭酸雨频繁作用的构件
V-E	酸雨pH值＜4.5	遭酸雨频繁作用的构件

在本标准中指出，当结构构件受到多种环境类别共同作用时，应分别针对每种环境类别进行耐久性设计。

需要指出的是，本标准未考虑低周反复荷载和持久荷载引起的结构性能劣化，不适用于轻骨料混凝土、纤维混凝土及其他特种混凝土结构以及工业生产的高温高湿环境、微生物腐蚀环境、电磁环境、高压环境、杂散电流等特殊腐蚀环境下混凝土结构的耐久性设计。

2.3.2　既有混凝土结构耐久性评定标准

《既有混凝土结构耐久性评定标准》（GB/T 51355—2019）适用于既有普通混凝土结构耐久性评定，其中的环境分类与前述混凝土结构耐久性设计标准相同。本标准参考相关研究成果，根据我国典型环境的地域差异，对环境作用进行了区域划分，同时考虑了冻融、酸雨对混凝土中性化的影响，在混凝土耐久性设计标准基础上，对一般环境增加了 I-D 的环境作用等级；考虑海洋氯化物对结构耐久性影响的程度与距海岸线的距离的关系，增加了Ⅲ-A、Ⅲ-B 的环境作用等级；考虑土或水中硫酸根离子浓度极高的极端环境，增加了 V-F 的环境作用等级。具体环境作用等级见表 2-16。

表 2-16　环境作用等级

	环境作用等级	轻微	轻度	中度	严重	非常严重	极端严重
环境类别	一般环境	I-A	I-B	I-C	I-D	—	—
	冻融环境	—	—	Ⅱ-C	Ⅱ-D	Ⅱ-E	—
	海洋氯化物环境	Ⅲ-A	Ⅲ-B	Ⅲ-C	Ⅲ-D	Ⅲ-E	Ⅲ-F
	除冰盐等其他氯化物环境	—	—	Ⅳ-C	Ⅳ-D	Ⅳ-E	—
	化学腐蚀环境	—	—	V-C	V-D	V-E	V-F

2.3.3　工业建筑防腐蚀设计规范

《工业建筑防腐蚀设计规范》（GB 50046—2018）基于行业自身的特点，将腐蚀性介质按其存在形态分为气态、液体和固体介质，各种介质对建筑材料长期作用下的腐蚀性，按其性质、含量和环境条件，分为强、中、弱、微腐蚀四个等级。

常温下，气态介质对建筑材料的腐蚀性等级划分见表 2-17。

表 2-17　气态介质对建筑材料的腐蚀性等级

介质类别	介质名称	介质含量 /（mg/m³）	环境相对湿度 /%	钢筋混凝土、预应力混凝土	水泥砂浆、素混凝土	普通碳钢	烧结砖砌体
Q1	氯	1.00～5.00	>75	强	弱	强	弱
			60～75	中	弱	中	弱
			<60	弱	微	中	微
Q2		0.1～1.00	>75	中	微	中	微
			60～75	弱	微	中	微
			<60	微	微	弱	微
Q3	氯化氢	1.00～10.00	>75	强	中	强	中
			60～75	强	弱	强	弱
			<60	中	微	中	微
Q4		0.05～1.00	>75	中	弱	强	弱
			60～75	中	弱	中	微
			<60	弱	微	弱	微

介质类别	介质名称	介质含量/(mg/m³)	环境相对湿度/%	钢筋混凝土、预应力混凝土	水泥砂浆、素混凝土	普通碳钢	烧结砖砌体
Q5	氮氧化物（折合二氧化氮）	5.00~25.00	>75	强	中	强	中
			60~75	中	弱	中	弱
			<60	弱	微	中	微
Q6		0.10~5.00	>75	中	弱	中	弱
			60~75	弱	微	中	微
			<60	微	微	弱	微
Q7	硫化氢	5.00~100.00	>75	强	弱	强	弱
			60~75	中	微	中	微
			<60	弱	微	中	微
Q8		0.01~5.00	>75	中	微	中	微
			60~75	弱	微	中	微
			<60	微	微	弱	微
Q9	氟化氢	1~10	>75	中	弱	强	微
			6~75	弱	微	中	微
			<60	微	微	中	微
Q10	二氧化硫	10.00~200.00	>75	强	弱	强	弱
			60~75	中	弱	中	弱
			<60	弱	微	中	微
Q11		0.50~10.00	>75	中	微	中	微
			60~75	弱	微	中	微
			<60	弱	微	弱	微
Q12	硫酸酸雾	经常作用	>75	强	强	强	中
Q13		偶尔作用	>75	中	中	强	弱
			<75	弱	弱	中	弱
Q14	醋酸酸雾	经常作用	>75	强	中	强	中
Q15		偶尔作用	>75	中	弱	强	弱
			<75	弱	弱	中	微
Q16	二氧化碳	>2 000	>75	中	微	中	微
			60~75	弱	微	弱	微
			<60	微	微	弱	微
Q17	氨	>20	>75	弱	微	中	微
			60~75	弱	微	中	微
			<60	微	微	弱	微
Q18	碱雾	偶尔作用	—	弱	弱	弱	中

常温下，液体介质对建筑材料的腐蚀性等级划分见表2-18。

表 2-18　液体介质对建筑材料的腐蚀性等级

介质类别		介质名称	pH 值或浓度	钢筋混凝土、预应力混凝土	水泥砂浆、素混凝土	烧结砖砌体
Y1	无机酸	硫酸、盐酸、硝酸、铬酸、磷酸、各种酸洗液、电镀液、电解液、酸性水（pH 值）	<4.0	强	强	强
Y2			4.0～5.0	中	中	中
Y3			5.0～6.5	弱	弱	弱
Y4		氢氟酸/%	≥22	强	强	强
Y5	有机酸	醋酸、柠檬酸/%	≥2	强	强	强
Y6		乳酸、C_5～C_{20}脂肪酸/%	≥2	中	中	中
Y7	碱	氢氧化钠/%	>15	中	中	强
Y8			8～15	弱	弱	强
Y9		氨水/%	≥10	弱	微	弱
Y10	盐	钠、钾、铵的碳酸盐和碳酸氢盐/%	≥2	弱	弱	中
Y11		钠、钾、铵、镁、铜、镉、铁的硫酸盐/%	≥1	强	强	强
Y12	盐	钠、钾的亚硫酸盐、亚硝酸盐/%	≥1	中	中	中
Y13		硝酸铵/%	≥1	强	强	强
Y14		钠、钾的硝酸盐/%	≥1	弱	弱	弱
Y15		铵、铝、铁的氯化物/%	≥1	强	强	强
Y16		钙、镁、钾、钠的氯化物	≥2	强	弱	中
Y17		尿素/%	≥10	中	中	中

注：1. 表中的浓度系指质量百分比，以"%"表示。

2. 当液态介质采用离子浓度分类时，其腐蚀性等级可按现行国家标准《岩土工程勘察规范》（GB 50021）的有关规定确定。

常温下，固态介质（含气溶胶）对建筑材料的腐蚀性等级见表 2-19。

当固态介质有可能被溶解或易溶盐作用于室外构配件时，其腐蚀性等级应按液体介质确定。微腐蚀环境可按正常环境进行设计。

表 2-19　固态介质（含气溶胶）对建筑材料的腐蚀性等级

介质类别	溶解性	吸湿性	介质名称	环境相对湿度/%	钢筋混凝土、预应力混凝土	水泥砂浆、素混凝土	普通碳钢	烧结砖砌体
G1	难溶	—	硅酸铝、磷酸钙、钙、钡、铅的碳酸盐和硫酸盐、镁、铁、铬、铝、硅的氧化物和氢氧化物	>75	弱	微	弱	微
				60～75	微	微	弱	微
				<60	微	微	弱	微
G2	易溶	难吸湿	钠、钾的氯化物	>75	中	弱	强	弱
				60～75	中	微	强	弱
				<60	弱	微	中	弱

介质类别	溶解性	吸湿性	介质名称	环境相对湿度/%	钢筋混凝土、预应力混凝土	水泥砂浆、素混凝土	普通碳钢	烧结砖砌体
G3			钠、钾、铵、锂的硫酸盐和亚硫酸盐，硝酸铵，氯化铵	>75	中	中	强	中
				60～75	中	中	中	中
				<60	弱	弱	弱	弱
G4			钠、钡、铅的硝酸盐	>75	弱	弱	中	弱
				60～75	弱	弱	中	中
	易溶	难吸湿		<60	微	微	弱	微
G5			钠、钾、铵的碳酸盐和碳酸氢盐	>75	弱	弱	中	中
				60～75	弱	弱	弱	弱
				<60	微	微	微	微
G6			钙、镁、锌、铁、铝的氯化物	>75	强	中	强	中
		易吸湿		60～75	中	弱	中	弱
				<60	中	微	中	微
G7			镉、镁、镍、锰、铜、铁的硫酸盐	>75	中	中	强	中
				60～75	中	中	中	中
				<60	弱	弱	中	弱
G8	易溶	易吸湿	钠、钾的亚硝酸盐，尿素	>75	弱	弱	中	中
				60～75	弱	弱	中	弱
				<60	微	微	弱	微
G9			钠、钾的氢氧化物	>75	中	中	中	强
				60～75	弱	弱	中	中
				<60	弱	弱	弱	弱

注：1. 在 1 L 水中，盐、碱类固态介质的溶解度小于 2 g 时为难溶，大于或等于 2 g 时为易溶。

2. 在温度 20 ℃ 时，盐、碱类固态介质的平衡时相对湿度小于 60% 时为易吸湿的，大于或等于 60% 时为难吸湿。

2.3.4 公路工程混凝土结构耐久性设计规范

结合工程特点，《公路工程混凝土结构耐久性设计规范》（JTG/T 3310—2019）将赋存环境分为 7 类，环境作用等级分为 6 级，如表 2-20、表 2-21 所示。这种方法参考了欧洲等国的方法，相同环境作用等级，由于环境类别不同，在防腐技术和要求上并不等同，这些差异主要表现在对混凝土组成材料的选择和配合比上，如引气剂的使用和胶凝材料品种与用量要求等。

表 2-20 环境类别

环境类别		劣化机理
名称	符号	
一般环境	I	混凝土碳化
冻融环境	II	反复冻融导致混凝土损伤
近海洋氯化物环境	III	海洋环境下氯盐引起钢筋锈蚀
除冰盐等其他氯化物环境	IV	除冰盐等氯盐引起钢筋锈蚀
盐结晶环境	V	硫酸盐在混凝土孔隙中结晶膨胀导致混凝土损伤
化学腐蚀环境	VI	硫酸盐和盐酸类腐蚀介质于水泥基发生化学反应导致混凝土损伤
腐蚀环境	VII	风沙、流水、泥沙或流冰摩擦、冲击作用造成混凝土表面损伤

表 2-21 环境作用等级划分

环境类别		环境作用影响程度					
名称	符号	A 轻微	B 轻度	C 重度	D 严重	E 非常严重	F 极端严重
一般环境	I	I-A	I-B	I-C			
冻融环境	II			II-C	II-D	II-E	
近海洋氯化物环境	III			III-C	III-D	III-E	III-F
除冰盐等其他氯化物环境	IV			IV-C	IV-D	IV-E	IV-F
盐结晶环境	V				V-D	V-E	V-F
化学腐蚀环境	VI			VI-C	VI-D	VI-E	VI-F
腐蚀环境	VII			VII-C	VII-D	VII-E	VII-F

一般环境下混凝土结构耐久性设计，应控制正常大气作用下混凝土碳化引起的钢筋锈蚀，环境作用等级划分见表 2-22。

表 2-22 一般环境的作用等级

环境作用等级	环境条件
I-A	干燥环境（0<RH<20%）
	极湿润环境（80%<RH<100%）
	水永久的静水浸没环境
I-B	较干燥环境（20%<RH≤40%）
	湿润环境（60%<RH≤80%）
I-C	干燥交替环境；
	较湿润环境（40%<RH≤60%）

冻融环境下混凝土结构耐久性设计，应控制混凝土遭受长期冻融循环作用引起的损伤。长期与水直接接触并可能发生反复冻融循环的混凝土结构件，应考虑冻融环境的作用。冻融环境下混凝土结构的环境作用等级划分见表 2-23。

表 2-23 冻融环境的作用等级

环境作用等级	环境条件
Ⅱ-C	微冻地区（-3 ℃≤t≤2.5 ℃）且 Δt>10 ℃，混凝土中度饱水
Ⅱ-D	微冻地区（-3 ℃≤t≤2.5 ℃）且 Δt>10 ℃，混凝土高度饱水
	寒冷地区（-8 ℃≤t≤-3 ℃）和严寒地区（t≤-8 ℃）且 Δt>10 ℃，混凝土中度饱水
Ⅱ-E	寒冷地区（-8 ℃≤t≤-3 ℃）和严寒地区（t≤-8 ℃）且 Δt>10 ℃，混凝土高度饱水

注：1. 表中 t 为最冷月平均气温，Δt 为日温差。
  2. 中度饱水指冰冻前偶受水或受潮，混凝土内饱水程度不高；高度饱水指冰冻前长期或
   频繁接触水或湿润，混凝土内高度水饱和。

  近海或海洋氯化物环境下混凝土结构耐久性设计，应控制因海水或大气中的氯盐侵蚀而产生的钢筋锈蚀，环境作用等级划分见表 2-24。

表 2-24 近海或海洋氯化物环境的作用等级

环境作用等级	环境条件
Ⅲ-C	永久埋没于海水或埋于土中
	盐雾影响区；涨潮线以外 300 m～1.2 km 范围内的陆上环境
Ⅲ-D	轻度盐雾区；距平均水位 15 m 高度以上的海上大气环境；涨潮岸线以外 100～300 m 范围内的陆上环境
Ⅲ-E	重度盐雾区；距平均水位 15 m 高度以上的海上大气环境；高涨潮岸线 100 m 以内的陆上环境
	非炎热地区（年平均温度低于 20 ℃）的潮汐区和浪溅区
Ⅲ-F	炎热地区（年平均温度高于 20 ℃）的潮汐区和浪溅区

注：1. 近海或海洋环境中的水下区、潮汐区、浪溅区和大气区的划分，按照现行行业标准《水
   运工程结构防腐蚀施工规范》（JTS/T 209）的规定执行；近海或海洋环境的土中区指海
   底以下或近海的陆区地下，其地下水体中的盐类成分与海水相近。
  2. 靠近海岸的陆上建筑物，盐雾对混凝土构件的作用尚应考虑风向、地貌等因素。
  3. 内陆盐湖中氯化物的环境作用等级可按表中要求确定。

  除冰盐等其他氯化物环境下混凝土结构耐久性设计，应控制除冰盐和地下水体中、土体中的氯盐对钢筋混凝土结构中钢筋的锈蚀。除冰盐等其他氯化物环境下混凝土结构的环境作用等级划分，在有环境资料和既有工程调查资料的情况下，应按实际环境条件参照表 2-25 的规定执行。

  盐结晶环境下混凝土结构耐久性设计，应控制混凝土在近地面区域，因硫酸盐结晶导致的混凝土膨胀破坏。盐结晶环境下公路工程混凝土结构的环境作用等级划分应按表 2-26 的规定执行。

表 2-25 除冰盐等氯化物环境的作用等级

环境作用等级	环境条件
Ⅳ-C	受除冰盐盐雾作用； 四周浸没于含氯化物的地下水体； 接触较低浓度氯离子水体（Cl⁻ 浓度：100~100 mg/L），且有干湿交替
	接触较低含量氯离子的盐渍土体（Cl⁻ 含量：150~750 mg/kg）
Ⅳ-D	受除冰盐水溶液直接溅射； 接触较高浓度氯离子水体（Cl⁻ 浓度：500~5 000 mg/L），且有干湿交替
	接触较高含量氯离子的盐渍土体（Cl⁻ 含量：750~7 500 mg/kg）
Ⅳ-E	直接接触除冰盐溶液； 接触较高浓度氯离子水体（Cl⁻ 浓度大于 5 000 mg/L），且有干湿交替
	接触较高含量氯离子的盐渍土体（Cl⁻ 含量大于 7 500 mg/kg）

注：1. 水体中氯离子的浓度测定方法按现行标准《铁路工程水质分析规程》（TB 10104）的相关规定执行。

  2. 除冰盐环境的作用等级与冬季喷洒除冰盐的具体用量和频度有关，可根据具体情况作出调整。

表 2-26 盐结晶环境的作用等级

环境作用等级	环境条件	
	水中 SO₄²⁻ 浓度/（mg/L）	土体中 SO₄²⁻ 浓度（水溶值）/（mg/kg）
Ⅴ-D	$\Delta t \leqslant 10\ ℃$，有干湿交替作用的盐土环境	
	200~2 000	300~3 000
Ⅴ-E	$\Delta t \leqslant 10\ ℃$，有干湿交替作用的盐土环境	
	2 000~4 000	3 000~6 000
Ⅴ-F	$\Delta t > 10\ ℃$，干湿交替作用频繁的高含盐量盐土环境	
	4 000~10 000	6 000~15 000

注：1. 表中 Δt 为日温差。

  2. 水体中硫酸根离子的浓度测定方法按现行标准《铁路工程水质分析规程》（TB 10104）的相关规定执行，土体中硫酸根离子含量测定方法按现行标准《铁路工程岩土化学分析规程》（TB 10103）的相关规定执行。

当混凝土结构处于极高含盐地区（水体中 SO₄²⁻ 浓度大于 1 000 mg/L 或土体中 SO₄²⁻ 含量大于 15 000 mg/kg），其耐久性技术措施应通过专门的试验和研究确定。对于盐渍土地区的混凝土结构，埋入土中的混凝土应按化学腐蚀环境考虑；露出地表的毛细吸附区内的混凝土应按盐结晶环境考虑。对于一面接触含盐环境水（或土）而另一面临空且处于大气干燥或多风环境中的薄壁混凝土结构（如隧道衬砌）、接触含盐环境水（或土）的混凝土按遭受化学侵蚀环境作用考虑，临空面的混凝土按遭受盐类结晶破坏环境作用考虑。

化学腐蚀环境下混凝土结构的耐久性设计，应控制混凝土遭受 SO₄²⁻、Mg²⁺、CO₂ 等化学物质长期侵蚀引起的损伤。水体中硫酸盐和酸类物质环境作用等级划分应按表 2-27 的规定执行。

表 2-27 水体中硫酸盐和酸类物质的作用等级

环境作用等级	非干旱、非高寒地区的干湿交替环境				干旱高寒地区
	水体中 SO_4^{2-} 浓度/（mg/L）	水体中 Mg^{2+} 浓度/（mg/L）	水体中 pH	水体中侵蚀性 CO_2 浓度/（mg/L）	水体中 SO_4^{2-} 浓度/（mg/L）
VI-C	≥200 ≤1 000	≥300 ≤1 000	≥6.5 ≤5.5	≥15 ≤30	≥200 ≤500
VI-D	>1 000 ≤4 000	>1 000 ≤3 000	<5.5 ≥4.5	>30 ≤60	>500 ≤2 000
VI-E	>4 000 ≤10 000	>3 000	<4.5 ≥4.0	>60 ≤100	>2 000 ≤5 000
VI-F	>10 000 ≤20 000	—	—	—	—

注：1. 水体中硫酸根离子的浓度测定方法按现行标准《铁路工程水质分析规程》（TB 10104）的相关规定执行。

2. 干旱区指干燥度系数大于 2.0 的地区，高寒地区指海拔 3 000 m 以上的地区。

3. 对于处于非干旱、高寒地区的结构构件，表中硫酸根浓度对应的环境条件为干湿交替环境；若处于无干湿交替环境作用（长期浸没于地表或地下水体中）时，可按表中作用等级降低一级。

4. 在高水压条件下应提高相应的环境作用等级。

当混凝土结构构件处于硫酸根离子浓度大于 1 500 mg/L 的流动水或 pH 小于 3.5 的酸性水体中时，应在混凝土表面采取专门的防腐蚀附加措施。土体中硫酸盐的环境作用等级划分应符合相关规定或满足表 2-28 的要求。

表 2-28 土体中硫酸盐的环境作用等级

环境作用等级	土体中 SO_4^{2-} 浓度（水溶值）/（mg/kg）	
	非干旱、非高寒地区的干湿交替环境	干旱高寒地区
VI-C	≥300 ≤1 500	≥300 ≤750
VI-D	>1 500 ≤6 000	>750 ≤3 000
VI-E	>6 000 ≤15 000	>3 000 ≤7 500
VI-F	>15 000 ≤30 000	—

注：1. 土体中 SO_4^{2-} 含量测定方法按现行标准《铁路工程岩土化学分析规程》（TB 10103）的相关规定执行。

2. 干旱区指干燥度系数大于 2.0 的地区，高寒地区指海拔 3 000 m 以上的地区。

3. 当混凝土结构构件处于弱透水土体中时，土体中硫酸根离子、水体中镁离子、水体中侵蚀性二氧化碳及水的 pH 的作用等级可按相应的等级降低一级。

磨蚀环境下混凝土结构耐久性设计，应控制混凝土遭受风或水中夹杂物的摩擦、切削、冲击等作用导致的磨蚀。磨蚀环境下桥涵结构的环境作用等级划分应按表 2-29 的规定执行。

表 2-29　磨蚀环境的作用等级

环境作用等级	环境条件
VII-C	风蚀（有砂情况）：风力等级大于等于 7 级，且年累计刮风天数大于 90 d 的风沙地区
VII-D	风蚀（有砂情况）：风力等级大于等于 9 级，且年累计刮风天数大于 90 d 的风沙地区
	泥砂石磨蚀：汛期含砂量 600～1 000 kg/m³ 的河道
VII-E	流水磨蚀：有强烈流冰撞击的河道（冰层水位线下 0.5 m～冰层水位线上 1.0 m）
	泥砂石磨蚀：汛期含砂量 600～1 000 kg/m³ 的河道
VII-F	风蚀（有砂情况）：风力等级大于等于 11 级，且年累计刮风天数大于 90 d 的风沙地区
	泥砂石磨蚀：汛期含砂量大于 1 000 kg/m³ 及漂块石等撞击的河道；泥石流地区及西北戈壁荒漠区洪水期间夹杂大量粗颗粒砂石的河道

注：1. 风沙地区包括沙漠和沙地。沙漠是指地表大面积为风积的疏松沙所覆盖的荒漠地区；沙地是指地表为大面积的疏松沙所覆盖的草原地区。
　　2. 磨蚀环境下，混凝土的耐磨性能宜按照现行标准《公路工程水泥及水泥混凝土试验规程》（JTGE 30）和《水泥胶砂耐磨性试验方法》（JC/T 421）的规定执行。

2.3.5　铁路混凝土结构耐久性设计规范

根据铁路工程混凝土结构中钢筋锈蚀以及混凝土的腐蚀机理，综合考虑设计的方便性，将铁路混凝土结构所处的常见环境分为 6 类，见表 2-30。按其侵蚀的严重程度，分为 3～4 个环境作用等级。

表 2-30　环境类别

环境类别	腐蚀机理
碳化环境	保护层混凝土碳化导致钢筋锈蚀
氯盐环境	氯盐渗入混凝土内部导致钢筋锈蚀
化学侵蚀环境	硫酸盐等化学物质与水泥水化产物发生化学反应导致混凝土损伤
盐类结晶破坏环境	硫酸盐等化学物质在混凝土孔中结晶膨胀导致混凝土损伤
冻融破坏环境	反复冻融作用导致混凝土损伤
磨蚀环境	风沙、河水、泥砂或流冰在混凝土表面高速流动导致混凝土表面损伤

在碳化锈蚀为主的环境条件下，混凝土的碳化主要受制于二氧化碳、水和氧气的供给程度。当相对湿度较大时，特别是水位变动区和干湿交替部位，碳化锈蚀最容易发生；当相对湿度小于 60% 时，由于缺少水的参与，钢筋的锈蚀较难发生；当结构处于水下或土中时，由于缺少二氧化碳的有效补给，混凝土的碳化速度也会很缓慢。因此，根据环境湿度、结构所处部位干湿交替情况等，确定碳化环境的作用等级见表 2-31。

表 2-31　碳化环境的作用等级

环境作用等级	环境条件	环境作用等级	环境条件
T1	室内年平均相对湿度＜60%	T2	室外环境
	长期在水下（不包括海水）或土中	T3	处于水位变动区
T2	室内年平均相对＞60%		处于干湿交替区

　　氯盐环境的作用等级见表 2-32。在氯盐锈蚀为主的环境条件下，钢筋锈蚀速度与混凝土表面氯离子的浓度、温湿度的变化、空气中二氧化碳供给的难易程度有关。长期处于海水下的混凝土，由于钢筋脱钝所需的氯离子浓度值在饱水条件下得到提高，同时缺乏氧气的有效供给，所以相对来说钢筋锈蚀的速度反而不大。南方炎热地区温度高、氯离子扩散系数增大，钢筋锈蚀加剧，因此炎热气候应作为加剧钢筋锈蚀的因素考虑。

　　在化学侵蚀为主的环境条件下，混凝土的腐蚀程度与环境水和土中侵蚀物质的种类和浓度，以及混凝土表面干湿交替程度等有关，因此综合考虑上述因素，确定化学侵蚀环境的作用等级见表 2-33。

表 2-32　氯盐环境的作用等级

环境作用等级	环境条件
L1	长期在海水、盐湖水的水下或土中
	高于平均水位 15 m 的海上大气区
	离涨潮岸线 100~300 m 的陆上近海区
	水中氯离子浓度≥100 mg/L 且≤500 mg/L，并有干湿交替
	土中氯离子浓度＞150 mg/kg 且≤750 mg/kg，并有干湿交替
L2	平均水位 15 m 以内（含 15 m）的海上大气区
	离涨潮岸线 100 m 以内（含 100 m）的陆上近海区
	海水潮汐区和浪溅区（非炎热地区）
	水中氯离子浓度＞500 mg/L 且≤5 000 mg/L，并有干湿交替
	土中氯离子浓度＞750 mg/kg 且≤7 500 mg/kg，并有干湿交替
L3	海水潮汐区和浪溅区（炎热地区）
	盐渍土地区露出地表的毛细吸附区
	水中氯离子浓度＞5 000 mg/L，并有干湿交替
	土中氯离子浓度＞7 500 mg/kg，并有干湿交替

表 2-33　化学侵蚀环境的作用等级

环境作用等级	环境条件					
	水中 SO_4^{2-} /（mg/L）	强透水性土中 SO_4^{2-}（水溶值）/（mg/kg）	弱透水性土中 SO_4^{2-}（水溶值）/（mg/kg）	酸性水（pH 值）	水中侵蚀性 CO_2 /（mg/L）	水中 Mg^{2+} /（mg/L）
H1	≥200 ≤1 000	≥300 ≤1 500	＞1 500 ≤6 000	≤6.5 ≥5.5	≥15 ≤40	≥300 ≤1 000

环境作用等级	环境条件					
	水中 SO_4^{2-} / (mg/L)	强透水性土中 SO_4^{2-} (水溶值) / (mg/kg)	弱透水性土中 SO_4^{2-} (水溶值) / (mg/kg)	酸性水 (pH 值)	水中侵蚀性 CO_2 / (mg/L)	水中 Mg^{2+} / (mg/L)
H2	>1 000 ≤4 000	>1 500 ≤6 000	>6 000 ≤15 000	<5.5 ≥4.5	>40 ≤100	>1 000 ≤3 000
H3	>4 000 ≤10 000	>6 000 ≤15 000	>15 000	<4.5 ≥4.0	>100	>3 000
H4	>10 000 ≤20 000	>15 000 ≤30 000	—	—	—	—

注：强透水性土是指碎石和砂土，弱透水性土是指粉土和黏性土。

与化学侵蚀破坏相比，盐类结晶破坏更加严重，多发生在露出地表的毛细吸附区和隧道的衬砌部位，因此在铁路工程中将盐类结晶破坏环境作为独立的一种环境条件。在盐类结晶破坏为主的环境条件下，混凝土腐蚀程度与环境水和土中硫酸浓度、环境温度以及混凝土表面干湿交替程度等有关，依据硫酸根离子浓度的大小，确定盐类结晶破坏环境的作用等级见表 2-34。

表 2-34　盐类结晶破坏环境的作用等级

环境作用等级	环境条件		环境作用等级	环境条件	
	水中 SO_4^{2-} / (mg/L)	土中 SO_4^{2-} / (mg/L)		水中 SO_4^{2-} / (mg/L)	土中 SO_4^{2-} / (mg/L)
Y1	≥2 200, <500	≥300, ≤750	Y3	>2 000, ≤5 000	>3 000, ≤7 500
Y2	>500, ≤2 000	>750, ≤3 000	Y4	>5 000, ≤10 000	>7 500, ≤15 000

冻融破坏环境的作用等级见表 2-35。冻融破坏环境作用主要与环境的最低温度、混凝土饱水度和反复冻融循环次数有关，在相同条件下，含氯盐水体的冻融破坏作用更大。

表 2-35　冻融破坏环境的作用等级

环境作用等级	环境条件	环境作用等级	环境条件
D1	微冻条件，且混凝土频繁接触水	D3	严寒和寒冷条件，且混凝土处于水位变动区
D2	微冻条件，且混凝土处于水位变动区		微冻条件，且混凝土处于含氯盐水体的水位变动区
	严寒和寒冷条件，且混凝土频繁接触水		严寒和寒冷条件，且混凝土频繁接触含氯盐水体
	微冻条件，且混凝土频繁接触含氯盐水体	D4	严寒和寒冷条件，且混凝土处于含氯盐水体的水位变动区

注：严寒条件、寒冷条件和微冻条件下年最冷月的平均气温 t 分别为：$t<-8\ ℃$，$-8\ ℃<t<-3\ ℃$，$-3\ ℃≤t≤2.5\ ℃$。

在磨蚀破坏为主的环境条件下，混凝土结构物遭受磨蚀的程度主要与风或水中夹杂物的数量以及风速、水流速度有关。气蚀是高速水流的方向和速度发生急剧变化时造成近靠速度变化处下游混凝土结构表面产生很大的压力降低，形成水气空穴，在混凝土表面产生一个局部的高能量冲击。根据铁路工程实际情况与经验，确定磨蚀环境的作用等级见表2-36。

表 2-36　磨蚀环境的作用等级

环境作用等级	环境条件
M1	风力等级≥7 级，且年累计刮风天数大于 90 d 的风沙地区
M2	风力等级≥9 级，且年累计刮风天数大于 90 d 的风沙地区
	有强烈流冰撞击的河道（冰层水位线下 0.5 m～冰层水位线上 1.0 m）
	汛期含砂量为 200～1 000 kg/m³ 的河道
M3	风力等级≥11 级，且年累计刮风天数大于 90 d 的风沙地区
	汛期含砂量＞1 000 kg/m³ 的河道
	西北戈壁荒漠区洪水期间夹杂大量粗颗粒砂石的河道

2.3.6　水运工程结构耐久性设计标准

根据《水运工程结构耐久性设计标准》（JTS 153—2015）中，水运工程混凝土结构所处环境可按表2-37 的规定进行环境类别划分。

表 2-37　水运工程混凝土结构环境类别

环境类别	腐蚀特征
海水环境	氯盐作用下引起混凝土中钢筋锈蚀
淡水环境	一般淡水水流冲刷、溶蚀混凝土及大气环境下混凝土碳化引起钢筋锈蚀
冻融环境	冰冻地区冻融循环导致混凝土损伤
化学腐蚀环境	硫酸盐等化学物质对混凝土的腐蚀

不同环境类别混凝土结构应按腐蚀作用程度进行部位或腐蚀条件划分。

海水环境混凝土结构部位应按设计水位或天文潮位划分为大气区、浪溅区、水位变动区和水下区，各部位划分应符合表 2-38 的规定。

表 2-38　海水环境混凝土部位划分

掩护条件	划分类别	大气区	浪溅区	水位变动区	水下区
有掩护条件	按港工设计水位	设计高水位加 1.5 m 以上	大气区下界至设计高水位减 1.0 m 之间	浪溅区下界至设计低水位减 1.0 m 之间	水位变动区下界至泥面
无掩护	按港工设计水位	设计高水位加（η_0+1.0 m）以上	大气区下界至设计高水位减 η_0 之间	浪溅区下界至设计低水位减 1.0 m 之间	水位变动区下界至泥面
	按天文潮位	最高天文潮位加 0.7 倍百年一遇有效波高 $H_{1/3}$ 以上	大气区下界至最高天文潮位减百年一遇有效波高 $H_{1/3}$	浪溅区下界至最低天文潮位减 0.2 倍百年一遇有效波高 $H_{1/3}$ 之间	水位变动区下界至泥面

注：1. η_0 为设计高水位时的重现期 50 年 $H_{1\%}$（波列累积频率为 1%的波高）波峰面高度（m）。
　　2. 当浪溅区上界计算值低于码头面板顶面高程时，应取码头面板顶面高程为浪溅区上界。
　　3. 当无掩护条件的海水环境混凝土结构无法按有关规范计算设计水位时，可按天文潮位确定混凝土结构的部位划分。

淡水环境混凝土结构部位应按设计水位划分为水上区、水下区和水位变动区，各部位划分应符合表 2-39 的规定。

表 2-39　淡水环境混凝土部位划分

水上区	水下区	水位变动区
设计高水位以上	设计低水位以下	水上区与水下区之间

注：水上区也可按历年平均最高水位以上划分。

冻融环境下混凝土结构按腐蚀条件可划分为微冻、受冻和严重受冻地区，各地区划分应符合表 2-40 的规定。

表 2-40　冻融环境混凝土所在地区划分

微冻地区	受冻地区	严重受冻地区
最冷月月平均气温为 0～-4 ℃	最冷月月平均气温为 -4～-8 ℃	最冷月月平均气温低于 -8 ℃

混凝土结构化学腐蚀环境作用等级划分应符合表 2-41 的规定。当有多种化学物质共同作用时，应取其中最高的作用等级作为设计的环境作用等级。如其中有两种及以上化学物质的作用等级相同且可能加重化学腐蚀时，其环境作用等级应再提高一级。

表 2-41　水、土中硫酸盐和酸类物质环境作用等级划分

环境作用等级	作用因素					
	水中硫酸根离子浓度 SO_4^{2-} /（mg/L）	强透水性土中水溶硫酸根离子浓度 SO_4^{2-} /（mg/kg）	弱透水性土中水溶硫酸根离子浓度 SO_4^{2-} /（mg/kg）	水中酸碱度（pH 值）	水中侵蚀性二氧化碳浓度 CO_2/（mg/L）	水中镁离子浓度 Mg^{2+} /（mg/L）
中等	200～1 000	300～1 500	1 500～6 000	5.5～6.5	15～40	300～1 000
严重	1 000～4 000	1 500～6 000	6 000～15 000	4.5～5.5	40～100	1 000～3 000
非常严重	4 000～10 000	6 000～15 000	>15 000	4.0～4.5	>100	>3 000

注：1. 强透水性土是指碎石土和砂土，弱透水性土是指粉土和黏性土。
2. 表中与环境作用等级相对应的硫酸根浓度，所对应的环境条件为干湿交替环境；当长期浸没于地表或地下水中无干湿交替时，可按表中的作用等级降低 1 级。
3. 当混凝土结构处于弱透水土体中时，土中的硫酸根离子、水中镁离子、水中侵蚀性二氧化碳及水的 pH 值的作用等级可按相应的等级降低 1 级。
4. 对含有较高浓度氯盐的地下水或土体，可不单独考虑硫酸盐的作用。
5. 高水压条件下，应提高相应的环境作用等级 1～2 级。
6. 当水中硫酸根离子含量大于 10 000 mg/L、土中硫酸根离子含量大于 15 000 mg/kg 或 pH 值小于 4 时，混凝土耐久性设计应经过专门试验论证。

不同环境类别钢结构应按腐蚀作用程度进行部位或腐蚀条件划分。

海水环境钢结构部位应按设计水位或天文潮位划分为大气区、浪溅区、水位变动区、水下区和泥下区，各部位划分应符合表 2-42 的规定。

表 2-42　海水环境钢结构部位划分

掩护条件	划分类别	大气区	浪溅区	水位变动区	水下区	泥下区
有掩护条件	按港工设计水位	设计高水位加 1.5 m 以上	大气区下界至设计高水位减 1.0 m 之间	浪溅区下界至设计低水位减 1.0 m 之间	水位变动区下界至泥面	泥面以下
无掩护	按港工设计水位	设计高水位加（η_0+1.0 m）以上	大气区下界至设计高水位减 η_0 之间	浪溅区下界至设计低水位减 1.0 m 之间	水位变动区下界至泥面	泥面以下
	按天文潮位	最高天文潮位加 0.7 倍百年一遇有效波高 $H_1/3$ 以上	大气区下界至最高天文潮位减百年一遇有效波高 $H_1/3$	浪溅区下界至最低天文潮位减 0.2 倍百年一遇有效波高 $H_1/3$ 之间	水位变动区下界至泥面	泥面以下

注：1. η_0 为设计高水位时的重现期 50 年 $H_{1\%}$（波列累积频率为 1% 的波高）波峰面高度（m）。
　　2. 当无掩护条件的海水环境钢结构无法按有关规范计算设计水位时，可按天文潮位确定钢结构的部位划分。

淡水环境钢结构部位应按设计水位划分为水上区、水下区和泥下区，各部位的划分应符合表 2-43 的规定。

表 2-43　淡水环境钢结构部位划分

水上区	水下区	泥下区
设计高水位以上	设计低水位以下至泥面	泥面以下

2.4　思考题

2-1　腐蚀性环境主要有哪几种？各自的作用机理请简要阐述。

2-2　一般大气环境中主要腐蚀影响因素有哪些？混凝土劣化主要原因是什么？

2-3　《混凝土结构耐久性设计标准》（GB/T 50476—2019）中，环境类别及作用等级是怎么划分的？

2-4　分析各行业对腐蚀性环境分类及作用等级的异同点，以及产生这种差异的原因。

第3章 地下工程混凝土结构的腐蚀防护

地下工程混凝土结构埋于地下，地下水、土污染使得其更容易发生腐蚀，地下工程混凝土结构的腐蚀防护应采用"内增外防"的综合防治措施，即基于增强结构本身的抗腐蚀性以及隔离外部环境两个角度来考虑。从增强结构本身的抗腐蚀性角度可采用高性能混凝土以提高混凝土的耐久性，从隔离外部环境角度可采用电化学防护、混凝土表面涂层、环氧涂层钢筋以及钢筋阻锈剂等防护措施，这些措施的采用，在一定程度上加强了混凝土结构对外界侵蚀性介质的防护能力。

3.1 高性能混凝土

在地下工程中，混凝土结构主要是用于衬砌结构。然而，随着时间的推移，混凝土结构会发生腐蚀破坏，导致耐久性下降。从衬砌结构本身材料即混凝土出发，通过掺入粉煤灰、高炉矿渣、微硅粉中的一种或多种掺料，来提高混凝土在特定条件下所需要的特定性能，如高弹性模量、低渗透性以及抵抗某些类型破坏的性能，可有效提高地下工程混凝土结构的耐久性。

人类进入 21 世纪，混凝土仍为主要的工程材料之一。而混凝土结构则是目前工程建设中应用最为广泛的结构形式之一，它的应用与发展已有 100 多年的历史。从 20 世纪 80 年代开始，混凝土技术的发展已进入了高科技的时代，主要表现为以下几点。

（1）在原材料方面，除了常用的水泥之外，出现了球状水泥、调粒水泥等新型水泥，这些水泥的标准稠度用水量低，在水胶比相同的情况下，比普通水泥浆的流动性大；如果流动性相同，还可减少用水量，降低水灰比，提高强度。利用硅灰、矿渣、粉煤灰、偏高岭土以及天然沸石超细粉等，对改善与提高混凝土性能起着重要的作用，成为高性能混凝土不可或缺的组成部分。氨基磺酸等高效减水剂，多羧酸系高效减水剂，对水泥粒子分散性好，减水率高，并能控制混凝土的坍落度损失，提高混凝土耐久性。

（2）在混凝土技术方面，各种新型搅拌设备、原材料的检验与监测设备、计算机的应用等高新技术的应用，可以很容易得到均匀的多组分的混凝土拌和物。根据新拌混凝土的检测，可以准确地预测混凝土的后期强度。混凝土拌和物可以达到高流态，并在运输和施工过程中基本避免坍落度损失，泵送后的混凝土可以免振自密实。

高性能混凝土与高强度混凝土不同。高性能混凝土的重点是由非常高的强度转向在特定环境下所需要的其他性能，包括高弹性模量、低渗透性和高抵抗有害介质腐蚀破坏的能力。高性能混凝土与普通混凝土也不同。在高性能混凝土中常常含有硅灰、粉煤灰或矿渣等超细粉，或含有其复合成分，而普通混凝土中往往没有。高性能混凝土的水灰比一般小于 0.38，而普通混凝土的水灰比一般在 0.45 以上。高性能混凝土的骨料最大粒径一般小于 25 mm，国外一般为 10~14 mm，都小于普通混凝土。

关于高性能混凝土的定义，目前各国各学派均有一定的差异，但是所关注的共同点均为体积稳定性和耐久性，具有高的耐久性是混凝土高性能的技术关键，因此可以认为高性能混凝土（High Performance Concrete）是一种体积稳定性好，具有高耐久性、高强度与高工作性能的混凝土。对于混凝土的高性能来说，要根据混凝土结构的使用目的与使用环境而定，而且施工阶段的新拌混凝土与硬化后的混凝土，高性能的含义也不同。因此，要根据施工要求、结构物要求的性能和所处的环境条件，使混凝土达到不同高性能的目的。

目前，针对不同的功能要求，主要有纤维增强混凝土、干硬混凝土、流态混凝土、耐酸混凝土、耐碱混凝土、耐海水混凝土、耐热（耐火）混凝土、耐油混凝土、耐磨损混凝土、防水混凝土、聚合物混凝土、膨胀混凝土、轻质混凝土、喷射混凝土、水下不分散混凝土、道路混凝土、防辐射混凝土、导电混凝土以及防爆混凝土等应用于工程建设的不同领域。

高性能混凝土的组成材料中，除了与普通混凝土类似的组成材料水泥、水、砂、石以外，高效减水剂和矿物质超细粉是不可或缺的组分。

混凝土是一种复合材料，由水泥、水、细骨料、粗骨料以及必要时掺入矿物质超细粉和外加剂作为组成材料，通过搅拌、成型和养护而成为一种人造石材。硬化后的混凝土，可以分为水泥基相、骨料和界面过渡层三个组成要素。

硬化混凝土的性能主要是强度特征和耐久性。混凝土的强度，受骨料、水泥石或界面的强度影响很大，耐久性也受骨料下面数微米处界面的影响。而新拌混凝土的流动性则受到水泥浆的性能，骨料的特征、数量和尺寸的影响，特别是最大粒径对混凝土流过钢筋的性能影响很大。

3.1.1 水泥基相

混凝土的水泥基相，即水泥水化物，其基本特征是比表面积和孔隙构造，和混凝土的强度和耐久性有着密切的关系，甚至影响到水泥的水化热、水化反应速度以及混凝土的开裂等性能。水泥的化学组成，主要会影响水化反应速度和水化物的组成，而水化反应速度又会影响新拌混凝土的流动性。硅酸盐水泥的水化物，主要是硅酸钙水化物、氢氧化钙、钙矾石、单硫型钙矾石，其他还有水化铝酸三钙等物质。

水泥品种，大致可以分为硅酸盐水泥、混合水泥以及具有特殊性能的水泥。硅酸盐水泥和普通硅酸盐水泥，是我国混凝土结构的主要胶凝材料，广泛应用于工程建设的各个行业领域。硅酸盐水泥，根据水泥熟料的 C_3S（约 50%）、C_2S（约 25%）、C_3A（约 10%）和 C_2AF（约 8%）等的 4 个主要矿物成分以及这些矿物成分的特性，得到不同品种的硅酸盐水泥。

对于不同高性能要求的混凝土，可参照水泥中主要矿物成分含量和特征的不同，选择不同品种的水泥。对一般高性能混凝土主要选择硅酸盐水泥和普通硅酸盐水泥。

3.1.2 骨　料

高性能混凝土中骨料一般占混凝土体积的 60%~75%，而粗骨料一般占全部骨料体积的60%~75%。骨料与混凝土的表观密度、弹性模量和体积变形关系甚大。因此在配置高性能混凝土时，应注重对骨料的粒径、粒形、强度以及吸水率等性能指标的要求。

混凝土中的水泥浆，除了将骨料黏结在一起，变成一个整体以外，还有对骨料的约束与箍裹作用，保证骨料本身基体的强度。因此，混凝土的破坏有不同的情况，即水泥石部分界面、骨料或这些因素的复合状态。一般情况下，普通混凝土的破坏在骨料界面及水泥石处发生；但强度超过 80~100 MPa 的高性能混凝土的破坏，则由于骨料而导致破坏的比例较高。

通过综合评价粗骨料的强度与黏结性能（考虑骨料的表面状态、矿物种类、化学成分等），可作为判断骨料是否适用于配制某种混凝土的标准。骨料的表观密度和吸水率对高性能混凝土的强度影响较大，水灰比相同的混凝土，骨料的吸水率越大，混凝土的强度越低。

不同品种的砂配制的砂浆中，河砂与碎石砂的砂浆强度高，陆砂与山砂配制的砂浆强度低。这可能是由于陆砂与山砂中的杂质含量较高，对强度的影响大，因此配置高性能混凝土一般都用河砂或碎石砂。

骨料的强度对高性能混凝土的强度影响较大，一般情况下，碎石比卵石好。不同品种粗骨料配制的混凝土，弹性模量不同，一般情况下，混凝土的密度越大，弹性模量越高。而不同品种的粗骨料，对混凝土的泊松比影响则相对较小。

在配制高性能混凝土时，对骨料的选择应考虑骨料的级配、物理性能、力学性能以及化学性能等因素的影响。

钢筋混凝土的细集料不得使用未经冲洗的海砂，且冲洗后氯离子含量应合格。预应力混凝土和重要基础设施等工程严禁使用海砂。

3.1.3　界面过渡层

界面过渡层是指硬化水泥浆和骨料之间的部分。从微观的角度看，过渡层的特点是氢氧化钙的富集和结晶的定向排列，过渡层与骨料周边的孔隙构造是不同的。骨料下面的孔隙，对混凝土的强度、抗渗性和抗冻性等均有不良影响。因此高性能混凝土必须使骨料下面的孔隙越少越好，这样就必须降低混凝土的单方用水量，提高水泥浆体的黏度，因此矿物质超细粉和高效减水剂就成为必要的组分。

对于高性能混凝土，抑制和改善过渡层是十分重要的。因此，降低水灰比，适当使用矿物质超细粉，降低混凝土的泌水和离析十分重要。

3.1.4　矿物超细粉

矿物超细粉是指粒径<10 μm 的矿物粉体材料，超细粉掺入水泥中起微观填充作用。作为高性能混凝土超细粉的品种主要有硅灰、粉煤灰及磨细矿渣等。《高强高性能混凝土用矿物外加剂》（GB/T 18736—2002）给出了相应的分级和性能指标要求，见表 3-1。

1. 硅　灰

硅灰是指在冶炼硅铁合金或工业硅时，通过烟道排出的硅蒸汽氧化后，经收尘器收集得到的以无定形二氧化硅为主要成分的产品。硅灰的主要成分为二氧化硅。

由于硅灰的粒子是球形的，因此在少量取代水泥后，能提高浆体的流动性。硅灰的掺入，使水泥浆的空隙率降低，致密度提高，降低了透水性和透气性。由于硅灰粒子在较短时间内与氢氧化钙发生反应，形成水化物的凝胶层，抑制了混凝土中水分的移动，故泌水量降低。硅灰对提高混凝土抗化学腐蚀性有显著效果。

表 3-1　矿物外加剂的技术要求

试验项目		指　标							
		磨细矿渣			磨细粉煤灰		磨细天然沸石		硅灰
		Ⅰ	Ⅱ	Ⅲ	Ⅰ	Ⅱ	Ⅰ	Ⅱ	
化学性能	氧化镁/%≤	14			—		—		—
	三氧化硫/%≤	4			3		—		—
	烧失量/%≤	3			5	8	—		6
	氯离子/%≤	0.02			0.02		0.02		0.02
	二氧化硅/%≥	—	—	—	—	—	—	—	85
	吸铵值/（mmol/100 g）≥	—	—	—	—	—	130	100	—
物理性能	比表面积/（m²/kg）≥	750	550	350	600	400	700	500	15 000
	含水率/%≤	1.0			1.0		—		3.0
胶砂性能	需水量比/%≤	100			95	105	110	115	125
	活性指数　3 d/%	85	70	55					
	7 d/%	100	85	75	80	75			
	28 d/%	115	105	100	90	85	90	85	85

由于硅灰在较短时间内和水化硅酸钙发生反应，生成凝胶状的物质，对混凝土的坍落度有不利影响，坍落度损失较快。在水灰比不变的情况下，掺入硅灰可明显提高混凝土强度，但需水量随硅灰掺量而增加，并不利于减小温度变形，且增大了混凝土的自收缩。

2. 磨细粉煤灰

磨细粉煤灰是指干燥的粉煤灰经粉磨达到规定细度的产品，粉磨时可添加适量的水泥粉磨用工艺外加剂。而粉煤灰则是用燃煤炉发电的电厂排放出的烟道灰。粉煤灰的化学成分是由原煤的化学成分和燃烧条件而定的，一般情况下，粉煤灰的化学成分变化见表 3-2。

表 3-2　粉煤灰的化学成分（%）

成分	SiO_2	Al_2O_3	Fe_2O_3	CaO	MgO	SO_3	烧失量
范围	20～62	10～40	3～19	1～45	0.2～5	0.02～4	0.6～41

通过粉煤灰的掺入抑制混凝土的升温，干燥收缩率降低，可有效地缓和混凝土的开裂，提高混凝土的密实性，加强混凝土的抗硫酸盐侵蚀能力，并在一定程度上抑制碱硅反应所导致的膨胀。粉煤灰的掺入，使混凝土早期的强度、不透水性等指标偏低，但后期有明显提高。

粉煤灰作为掺和料用于引气混凝土时，应严格限制其烧失量，不宜超过 2%。粉煤灰作为掺和料用于硫酸盐环境时，应采用低钙粉煤灰（CaO）量低于 10%。

3. 磨细矿渣

磨细矿渣是指粒状高炉矿渣经干燥、粉磨等工艺达到规定细度的产品。粉磨时可添加适量的石膏和水泥粉磨用工艺外加剂。而粒化高炉矿渣是指炼铁高炉排出的熔渣，经水淬而成的粒状矿渣。

将矿渣单独磨细后，比表面积越大，活性越高，因此要求所选用的磨细矿渣比表面积要大于 350 m²/kg。但是当矿渣比表面积超过 400 m²/kg，掺入混凝土后，胶凝材料的水化热与混凝土的自收缩都随着掺量的增大而增大（除非掺量超过 75%），因此磨细矿渣的比表面积不宜超过 400 m²/kg。这是由于矿渣的活性和火山灰质材料不同，具有自身水硬性，但需要水泥水化产物中 $Ca(OH)_2$ 和石膏的激发，在矿渣掺量增大到一定数量以后，由于混凝土中的水泥量减少，矿渣水化的速度因缺少足够的激发物而降低，相应的水化热和自收缩就减小，所以当掺量超过约 75% 以后，反而可以采用高细度的矿渣。

磨细矿渣取代混凝土中的部分水泥后，可以降低混凝土的单方用水量，提高混凝土的强度，加强其抗海水腐蚀、抗酸和抗硫酸盐侵蚀的性能。

4. 磨细天然沸石

磨细天然沸石是指以一定品味纯度的天然沸石为原料，经粉磨至规定细度的产品。粉磨时可添加适量的水泥粉磨用工艺外加剂。而天然沸石岩则是指火山喷发形成的玻璃体在长期的碱溶液条件下二次成矿所形成的以沸石类矿物为主的岩石，为架状构造的含水铝硅酸盐结晶矿物。磨细天然沸石岩粉应选用斜发沸石岩或丝光沸石岩，其他沸石尤其是方沸石不宜用作混凝土的掺和料。

磨细天然沸石岩因其特殊的结构作用，抗碱-骨料反应和抗硫酸盐的能力显著，但该类材料的需水性大多较大，因此掺量受到限制，而且为了减小自收缩和温度应力，也不宜磨得过细。

3.1.5　高效减水剂

高效减水剂具有长的分子链和大分子量，它们包覆了水泥颗粒，使后者具有高的负电荷而互相排斥，从而显著地提高了水泥在拌和物中的分散性，大大降低水泥颗粒彼此凝聚成团、丧失流动度的趋势，赋予水泥浆体很高的流动性。这就是高效减水剂对水泥的解絮（分散）效应。

水泥水化首先是其中 C_3A 的水化，而这种水化反应受生产水泥时掺入的石膏迅速溶解为硫酸根离子的浓度所控制。可见新拌混凝土拌和物中硫酸根离子和高效减水剂都将首先与水泥的 C_3A 发生反应。

如果水泥所含石膏（如过烧无水石膏或硬石膏）在拌和水中溶解得太慢，那么，高效减水剂就不得不较多地逐渐消耗于它和 C_3A 的反应中，使本来吸附于水泥颗粒表面的高效减水剂数量减少，削弱了它对水泥的解絮效应，这就是所谓高效减水剂改善水泥混凝土拌和物流动度随时间而明显降低的问题，即它与水泥的不匹配问题。

在普通混凝土中存在的这个问题，在高性能混凝土中就更突出。因为高性能混凝土的水灰比极低（一般≤0.35），只有极少量的水可以接纳硫酸根离子；因此，专门检验这种匹配性是完全必要的。目前，国内外在高性能混凝土中使用的高效减水剂，可分为萘系、三聚氯胺系、氨基磺酸系和多羧酸系等四大类。

萘系高效减水剂是目前国内应用较多的高效减水剂，在其应用中应注意两个方面的问题：
（1）混凝土坍落度损失过快给施工带来的不利影响。

（2）硫酸钠含量过高影响混凝土的耐久性。

三聚氰胺系高效减水剂生产的产品为水剂，其高效减水性能与萘系相近。

氨基磺酸盐高效减水剂是一种非引气树脂型高效减水剂，属低碱或无碱型混凝土外加剂。该种减水剂的混凝土，工作性、流动性、耐久性和强度均较好，但其缺点是易泌水，使混凝土中的水泥浆体沉淀，而且目前只能以水剂的形式在施工中应用。

多羧酸系高效减水剂包括烯烃马来酸共聚物和丙烯酸、丙烯酸酯系（多羧酸酯）等类。

选用高效减水剂或复合减水剂，应通过净浆试验检验比较其与工程所用水泥、矿物掺和料以及其他外加剂之间的相容性。引气剂、高效减水剂或各种复合外加剂均不得掺有木质磺酸盐组分，高效减水剂中硫酸钠的含量不大于减水剂固体净重的 15%，氯化钙不能作为混凝土的外加剂使用，如用作冬季施工的抗冻剂等。

大量使用高浓度、高效减水剂时，不能忽视剂量中固体组分的含量，需按实际含固量进行计算。各种高性能混凝土常用的化学外加剂见表3-3。

表 3-3　高性能混凝土常用的化学外加剂

混凝土种类		使用的外加剂	要求的性能	适用范围
流态混凝土	基体混凝土	引气减水剂 高效减水剂 新型高效减水剂	减水率高、坍落度和含气量经时变化小	高久性混凝土、高层建筑、高强度连续墙、大跨度桥梁和预应力混凝土
	流态混凝土	流化剂		
混凝土制品		高效减水剂	减水率高、早强、离心成型性能好	桩、电杆
预拌混凝土		新型高效减水剂	减水率高、坍落度和含气量经时变化小	降低用水量、高强高流态混凝土

3.1.6　拌和与养护用水

混凝土拌和用水和胶凝材料发生水化反应，使混凝土凝结、硬化并满足其后期强度的发展要求。拌和用水对掺和料的性能，混凝土的凝结、硬化、强度发展、体积变化以及工作度等方面的性能具有较大的影响，水中不应含有对混凝土中的钢筋产生有害影响的物质。影响拌和用水性能的控制指标主要有：可溶物、不溶物、氯化物、硫酸盐、硫化物以及 pH 值等。

一般认为能饮用的水都可用来拌和、养护混凝土。在使用工业用水、地下水、河流水、湖泊水等时，若其中含有有害杂质时，则应注意必须满足混凝土拌和水的相关质量要求。此外，商品混凝土的回收水也可以使用，但必须注意其对混凝土强度和工作度应无有害的影响。

海水中含有大量的钠、镁的氯化物以及硫酸盐，采用海水拌和混凝土，会使其中的结构用钢受到腐蚀。因此，普通钢筋混凝土和预应力混凝土均不能用海水拌和混凝土，但无配筋混凝土可以用海水拌和。使用海水拌和的混凝土，长期强度的增长较低，耐久性也会降低，也易造成混凝土的风化。

3.2 电化学防护

地铁在缓解城市地面交通拥挤状况和给人们生活带来方便的同时，也出现了一些不容忽视的问题。其中之一就是在运营过程中由直流供电牵引产生的迷流腐蚀问题，地铁迷流，又称地铁杂散电流，主要是指由采用直流供电牵引方式的地铁列车在地下铁道运行时，由走行轨泄漏到道床及其周围土壤介质中的散乱电流。我国在借鉴国外先进经验的基础上，结合实际情况，在防治地铁杂散电流方面主要采用的措施有排流法（包括直接排流法、选择排流法、强制排流法）、电化学防护法以及减少走行轨的阻抗等，也取得了较好的防护效果。

其中电化学防护是利用施加电场在介质中的电化学作用，改变混凝土或钢筋混凝土所处的环境状态，钝化钢筋，以达到防腐的目的。阴极保护法、化学脱盐处理、电化学再碱化处理是化学防护法中常用而有效的三种方法。电化学防护法的优点是防护方法受环境因素的影响较小，适用钢筋、混凝土的长期防腐。

3.2.1 阴极保护法

阴极保护法是金属腐蚀和防护方法中被发明最早和应用技术目前最成熟的一种。从19世纪20年代起，人们就开始研究防止金属腐蚀的阴极保护法，到了20世纪30年代，阴极保护法开始被应用到某些工业领域，现已被广泛地用于化工、建筑、机械、交通等工业设施及民用设施中金属结构或钢筋混凝土结构的腐蚀防护工程。

阴极保护法具体又可以分为两类：一类是外加电源的阴极保护法（原理见图3-1），是通过利用外加直流电源的负极与被保护的金属相连接，使得被保护的金属发生阴极极化（金属阴极的电位向负方向移动）从而达到保护金属的目的；另一类是牺牲阳极的阴极保护法（图3-2），是通过外加牺牲阳极（比被保护金属的电位更负）来使得被保护的金属成为腐蚀电池的阴极从而达到保护金属的目的。

无论是外加电源阴极保护法还是牺牲阳极阴极保护法，在腐蚀电池的阳极区、阴极区所发生的电极反应都是相似的。在阴极区首先发生氧的还原反应式（3-1），随着阴极区 O_2 的耗尽和电流密度的增大，将主要发生水的电解反应式（3-2）。具体反应如下：

阴极反应：

$$2H_2O + O_2 + 4e^- \longrightarrow 4OH^- \tag{3-1}$$

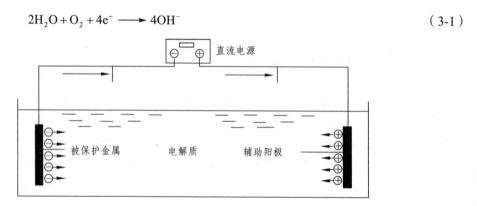

图 3-1 外加电源阴极保护法原理图

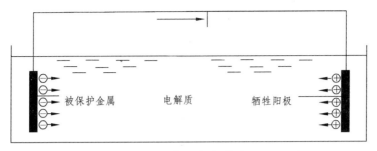

图 3-2　牺牲阳极阴极保护法原理图

$$2H_2O + 2e^- \longrightarrow 2OH^- + H_2 \uparrow \qquad (3-2)$$

无论是 O_2 的还原反应还是 H_2O 的电解反应,都将在阴极产生 OH^-,从而会使得阴极区域碱度提高,这对钢筋表面钝化膜的修复、钢筋的保护都是有利的。

阳极反应:

$$4OH^- \longrightarrow O_2 \uparrow + 2H_2O + 4e^- \qquad (3-3)$$

$$2H_2O \longrightarrow O_2 \uparrow + 4H^+ + 4e^- \qquad (3-4)$$

$$Fe \longrightarrow Fe^{2+} + 2e^- \qquad (3-5)$$

在阳极,对于惰性电极,比如涂层钛网阳极、铂电极,一般会发生水或氢氧根离子的氧化反应,见式(3-3)和式(3-4)。如采用非惰性金属电极,比如低碳钢丝网阳极,则会发生金属氧化反应,见式(3-5)。

有效阴极保护的含义是,向被保护的金属注入大量的电子,把整个被保护金属的电位降低到其表面(腐蚀微电池)阳极区域的电位以下,以使被保护金属表面(腐蚀微电池)阳极区域与阴极区域之间的腐蚀电流停止流动。外加电源阴极保护系统的构成包括直流电源、辅助阳极、监测探头和阴极(被保护的钢筋)。辅助阳极和阴极之间要有良好的电解质,以保证离子电流回路的顺畅。

与外加电源阴极保护法相比,牺牲阳极阴极保护法技术更为简单,但是该方法的关键是要有合适的牺牲阳极。牺牲阳极的电极电位要低于被保护的金属,二者之间的电位差越大,则阴、阳极之间的驱动电压越大,阳极材料才能更容易地"牺牲"自己保护被保护的金属。当前常用的牺牲阳极有锌及其合金、铝合金和镁及其合金。目前工程中常用的镀锌钢筋就是利用了牺牲阳极阴极保护技术。在已碳化混凝土或氯离子侵蚀混凝土中,覆盖在镀锌钢筋表面的镀锌层优先被腐蚀,起到了牺牲阳极的作用,从而保护了钢筋。

外加电源阴极保护法的主要优点是性能稳定、服役寿命长,但其缺点是系统要求长期保证供电并需定期进行维护。在外加电源阴极保护系统中,如果阴极电位过低,系统中产生的电流过大,则有可能会出现阴极过保护现象——氢脆现象。阴极反应产生的单原子氢通过扩散进入钢筋,聚集在钢的晶界或其他晶体缺陷中。钢中慢慢积聚的氢原子,会使钢的塑性大大降低,甚至会使钢材的断裂模式由塑性断裂(断口呈现"韧窝"显微形貌)转变为塑性断裂与脆性断裂(解理断裂或晶间断裂)的混合型断裂。氢脆问题对于普通钢筋混凝土来说,一般可以忽略不计,但是对预应力混凝土结构由于预应力钢筋处在高应力状态,因而对氢脆问题十分敏感。

在阴、阳极电场的作用下，强碱性阳离子 Na⁺、K⁺等会向阴极区域聚集，从而增大混凝土中碱-骨料反应的风险。但是，据目前多年阴极保护工程的实践调查表明尚未发现有碱-骨料反应的事例，估计与阴极保护时电流密度一般较低，引起的碱性离子聚集程度并不严重有关。牺牲阳极阴极保护技术适用于连续浸湿的环境，以保持电解质（混凝土）具有较低的电阻率水平。

3.2.2　化学脱盐处理

电化学脱盐技术首先是在 20 世纪 70 年代初由美国联邦高速公路局研究出来的，后来用于美国战略公路研究规划，并被欧洲 Norcure 使用。该技术在工程应用上已经取得了良好的脱盐效果。

对于氯盐侵蚀引起的混凝土内钢筋锈蚀如果能够去除或降低混凝土内的氯离子含量，将钢筋周围的氯离子含量降到可能诱发钢筋锈蚀的氯离子门槛值之下是解决混凝土内钢筋锈蚀的一个根本措施。电化学脱盐法正好可以达到这方面的目的。电化学脱盐法的基本原理与阴极保护是相同的（图 3-1），是利用了 Cl⁻ 带负电，在阴、阳极之间电场的驱动下，氯离子会向辅助阳极移动，在辅助阳极表面失去电子被氧化形成氯气排放掉[式（3-6）]，从而达到消除或降低钢筋周围氯离子含量的目的。这种处理在驱除钢筋表面氯化物的同时，由于钢筋的阴极反应[式（3-1）]和[式（3-2）]使钢筋周围混凝土的碱度再度提高，有利于钢筋表面钝化膜的重建。

$$2Cl^- \longrightarrow Cl_2 \uparrow +2e^- \tag{3-6}$$

电化学脱盐技术同外加电源阴极保护法所需的系统装置是十分相似的，都需要外加直流电源、阴极系统（混凝土内的钢筋）、辅助阳极系统和电解质溶液。二者的不同点在于阴极保护技术所用的辅助阳极系统一般埋设于混凝土保护层之内，是永久性的，而电化学脱盐技术所用的辅助阳极系统则是临时性的（一般 4～6 周），在电化学脱盐处理结束后即可完全拆除；另外，电化学脱盐处理过程中所施加的电流密度也远高于阴极保护系统。混凝土结构的电化学脱盐处理装置见图 3-3。

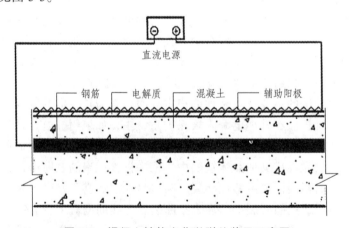

图 3-3　混凝土结构电化学脱盐装置示意图

当前电化学脱盐技术中最常用的临时性辅助阳极是涂层钛网阳极，钛金属是一种惰性金属，在处理过程中不会被腐蚀掉，缺点是价格较为昂贵。如果使用普通的低碳钢丝网作为阳极，则很容易在短期内被腐蚀损坏甚至断裂，在脱盐过程中经常需要更换金属网，且容易产生锈蚀产物污染混凝土表面，增加进一步处理的费用。

电解质溶液不仅将辅助阳极与混凝土构成回路，而且不同的电解质溶液对电化学脱盐处理的最终效果也会产生不同的作用。理论上普通的自来水溶液就可以作为增强辅助阳极同混凝土表面电接触性所用的电解质溶液，但普通自来水导电性较差，目前最常用的电解质溶液是氢氧化钙和氢氧化锂（或硼酸锂）两种溶液。两种电解质溶液在脱盐效果上并没有明显区别，但是研究表明氢氧化钙溶液有增大碱-骨料反应的风险，而氢氧化锂溶液能形成不膨胀的凝胶，不易产生碱-骨料反应，但是成本高于氢氧化钙溶液。

电化学脱盐处理的电流密度在 $1 \sim 3 \ A/m^2$ 时，对电化学脱盐的效率影响不显著。因为电流密度的增大，只是加快了 Cl^- 的迁移速度，缩短了脱盐周期。但是随着电流密度的增大，阴极电极反应主要为析氢反应，容易造成钢筋与混凝土间结合强度的降低，并增大钢筋"氢脆"的风险。故电化学脱盐处理的电流密度通常为 $0.5 \sim 1 \ A/m^2$。

在电化学脱盐处理之前首先应该确定钢筋周围所允许的 Cl^- 含量作为电化学脱盐处理的标准。由于钢筋的锈蚀不仅与 Cl^- 含量有关，还与钢筋周围的 OH^- 浓度有关，一般认为，当 $[Cl^-]/[OH^-]$ 小于 0.6 时，钢筋发生锈蚀的可能性较小。但是对于实际工程现场，测定 $[Cl^-]/[OH^-]$ 较为烦琐，为简化计算，可以使用水溶性氯离子与水泥含量的比值判定脱盐的终点。按照我国《混凝土结构设计规范》（GB 50010—2010）的规定，处于三类环境（使用除冰盐的环境、严寒和寒冷地区冬季水位变动的环境、滨海室外环境）混凝土结构最大氯离子含量为水泥质量的 0.1%，此值可以作为电化学脱盐处理的终点。

电化学脱盐的优点是处理时间短、成本低、无破损，处理后无须再继续维护。缺点是专业性较强，操作复杂，目前也没有明确的操作技术规程和标准，容易引起"氢脆"和增大混凝土碱-骨料反应的风险。所以对于预应力混凝土结构和采用碱活性较高的集料配制的混凝土结构要慎用。同时有研究表明，混凝土内的氯离子很难被彻底清除。电化学脱盐对外渗进去的氯离子清除有些作用，对内掺型氯离子的清除则起不到作用。

3.2.3　电化学再碱化处理

对于碳化引起的混凝土内钢筋锈蚀，重新恢复混凝土的碱度是解决混凝土内钢筋锈蚀的根本措施。电化学再碱化处理是 1992 年开发出的一种电化学防护新技术，主要用于由碳化引发钢筋锈蚀的混凝土结构的保护。

挪威已在 1995 年将该技术列为混凝土修补的国家标准，欧洲也于 1994 年制定了推荐标准。混凝土内的钢筋通常被高的碱性环境所保护，但是随着混凝土的碳化，混凝土孔隙液的 pH 值降低。从外加电源阴极保护的阴极反应，见式（3-1）、式（3-2）可以看出，电极的阴极反应可以生成新的 OH^- 从而使其周围混凝土的碱度上升，利用该原理专门来恢复和提高钢筋周围混凝土的碱度使得钢筋重新钝化以达到保护钢筋的目的方法即为电化学再碱化处理。电化学再碱化处理同电化学脱盐，无论是工作原理还是具体操作系统都非常相似，不同点主要在于处理的对象一个为碳化混凝土结构，一个为氯盐侵蚀的混凝土结构。电化学再碱化处理的阳极类型一般为带涂层的钛网或低碳钢丝网。由于处理的时间较短，低碳钢丝网不会被完全腐蚀而且价格相对较低，因而被广泛采用。

为提高混凝土内的碱度，电化学再碱化所用的电解质溶液经常采用不同浓度的碳酸钠溶液。在电场力作用下，Na^+、CO_3^{2-}渗透进入混凝土并与渗入的CO_2发生如式（3-7）的反应。

$$Na_2CO_3 + CO_2 + H_2O \longrightarrow 2NaHCO_3 \qquad (3\text{-}7)$$

电化学再碱化适宜的电流密度通常选定为 $0.8 \sim 2\ A/m^2$，处理时间取决于电解液的浓度，一般为 $1 \sim 4$ 周，通过的总电量为 $70 \sim 200\ A \cdot h/m^2$。

电化学再碱化终点确定通常的做法是根据试剂测定的混凝土碳酸化深度是否已减至零及钢筋周围的 pH 值是否已恢复到 12 以上。利用酚酞指示剂来检测混凝土的碳化时，当混凝土的 pH 值上升至 9 左右时酚酞指示剂的颜色由无色变为粉红色，而此时钢筋仍处于非钝化状态。所以，单纯利用酚酞指示剂的检测结果来确定再碱化处理的终点会产生一定的误差。

RI-8000 虹带指示剂可以使混凝土中 pH 值在 11 以上和以下的区域分别显示紫色和红色，其临界点更加接近钢筋去钝化的临界 pH 值，与传统的酚酞指示剂相比具有独特的优势。大量的实验研究和现场实践已经证实电化学再碱化技术对于恢复钢筋周围混凝土碱性环境以及进行腐蚀防护是行之有效的。电化学再碱化处理的优点是该方法属于非破损的修复方法，可以在不清理钢筋周围混凝土层或稍加清理的情况下，对混凝土结构实施无损修复，处理过程中不影响结构的正常使用，且处理周期短，操作简单，费用较低，处理后无需维护。缺点是专业性较强，有一定的技术难度，同时也有引发碱-骨料、氢脆现象的风险，故对预应力混凝土结构同样不适用。

3.3 混凝土表面涂层

混凝土表面涂层是保证地下工程混凝土结构耐久性的特殊防护措施之一。被涂装的混凝土结构，应是通过验收合格的，只有这样才能发挥涂层的防腐效果。混凝土结构表面进行防腐蚀涂料的保护，主要是起到封闭屏蔽作用，可以有效地阻止氯离子、水和氧气等腐蚀介质的进入，减缓对钢筋的腐蚀速度，同时也可降低反复热胀冷缩对钢筋混凝土的损坏。

3.3.1 基本要求

混凝土表面涂层系统应由底层、中间层、面层或底层和面层的配套涂料涂膜组成，底层涂料（封闭漆）应具有低黏度和高渗透能力，能渗透到混凝土内起封闭孔隙和提高后续涂层附着力的作用；中间层涂料应具有较好的防腐蚀能力，能抵抗外界有害介质的入侵；面层涂料应具有抗老化性，对中间层和底层起保护作用。各层的配套涂料要有相容性，即后续涂料涂层不能伤害前一涂料所形成的涂层。涂层系统的设计使用年限，不应少于 10 a。混凝土结构表面涂层对涂料的基本要求如下。

1. 耐碱性

混凝土的 pH>13，所以用于混凝土表面的涂料必须具有良好的耐碱性。

2. 渗透性

用于混凝土表面的涂料的渗透性能相当重要，它可以保证良好的附着力以及抵御外界侵蚀的能力。

3. 涂层厚度

用于混凝土表面的涂层必须达到一定的涂层厚度，这样才可以克服混凝土表面的不规则性和可能产生的涂层缺陷。涂层厚度达到 $300 \sim 500 \, \mu m$ 就可以有效地消除细小的收缩裂纹。涂层如果不能达到一定的厚度，也无法抵抗内应力。

4. 柔韧性

相比钢铁而言，混凝土具有一定的柔软性和延展性，所以用于混凝土表面的涂料也必须要有一定的柔软性和延展性，才能符合混凝土的收缩和膨胀要求。

5. 附着力

附着力是所有涂料的重要性能之一，但是用于混凝土表面的涂料的附着力性能与用于钢铁表面的涂料不同。由于混凝土可能处于潮湿环境，涂料必须具有很好的渗透性和润湿性来牢牢地附着在混凝土表面。而且，涂层必须有能力抵抗来自于背面的水压，以防止漆膜起泡。

6. 防碳化性能

由于二氧化碳是引起混凝土碳化的主要因素之一，所以表面使用的涂料要能有效地阻挡住二氧化碳的渗透。碳化后的混凝土由于体积变化，表面会产生微裂缝，成为氧气和水汽的通道，内部的钢筋就会锈蚀，混凝土结构的使用寿命就会缩短，涂料的防碳化性能就显得非常重要。

3.3.2　涂装工艺及质量控制

混凝土表面涂层的耐久性和防护效果，与混凝土涂装前的表面处理关系很大。良好的表面处理，能使涂层经久耐用，防护效果也显著。

高压无气喷涂容易控制和保证涂层厚度和均匀性，涂料飞散较少，且具有很高的涂装效率（高达 $200 \sim 600 \, m^2/h$），可确保涂装质量。

1. 混凝土表面处理

当采用涂层保护时，混凝土的龄期不应少于 28 d，并应通过验收合格。涂装前应进行混凝土表面处理。用水泥砂浆或与涂层涂料相容的填充料修补蜂窝、露石等明显的缺陷，用钢铲刀清除表面碎屑及不牢的附着物；用汽油等适当溶剂抹除油污；最后用饮用水冲洗，使处理后的混凝土表面无露石、蜂窝、碎屑、油污、灰尘及不牢附着物等。

2. 涂装工艺

为了保证材料的均匀一致性，不得在施工过程中随意变更设计确定的涂料品种及其生产厂牌号；当特殊情况需要变更时，应与设计部门共同重新设计及选定相应来源可靠的涂料品种，且不得降低设计使用年限要求。

对各种进场涂料应取样检验及保存样品，并应按现行国家标准《涂料比重测定法》（GB 1756—1979）和《涂料固体含量测定法》（GB1725—2007）的有关规定测定涂料的相对密度、固体含量和湿膜与干膜厚度的关系。

涂装方法应根据涂料的物理性能、施工条件、涂装要求和被涂结构的情况进行选择。宜采用高压无气喷涂，当条件不允许时，可采用刷涂或滚涂。

涂装前应在现场进行 10 m^2 面积试验区的试验，按相关规定要求处理表面，按涂层系统设计的配套涂料的要求进行涂装试验。涂装试验应测定各层涂料耗用量（L/m^2）和湿膜的厚度，涂层经 7 d 自然养护后用显微镜式测厚仪测定其平均干膜厚度和随机找 3 个点用拉脱式涂层黏结力测试仪测定其涂层的黏结强度。涂装试验的涂层黏结强度不能达到 1.5 MPa 时，需另找 20 m^2 试验区重做涂装试验。如果仍不合格，应重新做涂层配套设计和试验。涂装应在无雨的天气条件下进行。

3. 质量控制与检查

施工过程中，应对每一道工序进行认真检查。

应按设计要求的涂装道数和涂膜厚度进行施工，随时用湿膜厚度规检查湿膜厚度，以控制涂层的最终厚度及其均匀性。

涂装施工过程中应随时注意涂层湿膜的表面状况，当发现漏涂、流挂等情况时，应及时进行处理。每道涂装施工前应对上道涂层进行检查。

涂装后应进行涂层外观目视检查。涂层表面应均匀、无气泡、裂缝等缺陷。

涂装完成 7 d 后，应进行涂层干膜厚度测定。每 50 m^2 面积随机检测 1 个点，测点总数应不少于 30 个。平均干膜厚度应不小于设计干膜厚度，最小干膜厚度应不小于设计干膜厚度的 75%。当不符合上述要求时，应根据情况进行局部或全面补涂，直至达到要求的厚度为止。

4. 涂层管理及维修

涂装工程在使用过程中应定期进行检查，如有损坏应及时修补。修补用的涂料应与原涂料相同或相容。

当涂层达到设计使用年限时，应首先全面检查涂层的表观状态；当涂层表面无裂纹、无气泡、无严重粉化时，再检查涂层与混凝土的黏结力；当黏结力仍不小于 1 MPa 时，则涂层可保留继续使用，但应在其表面喷涂两道原面层涂料。喷涂前，涂层应以饮用水冲洗干净。当检查发现涂层有裂纹、气泡、严重粉化或黏结力低于 1 MPa 时，可认为涂层的防护能力已经失效。再做涂层保护时，应将失效涂层用汽油喷灯火焰灼烧后铲除，再用饮用水冲洗干净后方可涂装；涂料可使用原配套涂料，或重新设计配套涂料。

3.4　环氧涂层钢筋

地下工程主体构造一般为钢筋混凝土，以城市地铁为例，地铁运动中，地铁隧道地下水及土壤中的各种离子常会对地铁主体中的钢筋产生腐蚀，这种腐蚀作用表现非常明显。比如土壤中的氯离子就是一种非常强的去钝化剂，如果钢筋混凝土表面氯离子超出临界的浓度，会同钢筋中的铁离子发生化学反应。氯离子反应过程中虽然不会产生腐蚀物，然而却在钢筋腐蚀中起到了催化剂的作用。氯离子比较普遍，城市生活污水中多含有一定量的氯离子，此外一些硅酸盐水泥中本身也具有少量氯离子，这些氯离子长期存在会逐渐对钢筋混凝土造成腐蚀。所以钢筋进行腐蚀防护是十分有必要的。

环氧涂层钢筋是在普通钢筋表面制备环氧树脂薄膜保护层的钢筋，涂层厚 0.15 ~ 0.30 mm。它首先是通过对普通变形钢筋表面进行除锈、打毛等处理后加热到 230 ℃ 左右，再将带电的环氧树脂粉末喷射到钢筋表面。由于粉末颗粒带有电荷，便吸附在钢筋表面，并与其熔融结合，经过一定养护、固化后便形成完整、连续、包裹住整个钢筋表面的环氧树脂薄膜保护层。化学稳定性良好的环氧涂层钢筋，其表面涂层必然是连续完整的，能够在钢筋表面形成一种隔绝水、氧等侵蚀性介质的物理保护层，能够提高结构物抵御外界侵蚀的能力，延长其使用寿命。相对于普通钢筋来说，除了防腐、耐磨以外，环氧涂层钢筋的混凝土保护层更薄；而相对于其他涂层类型的钢筋来说，环氧涂层钢筋的制造成本较低，制造工艺更加简单，在耐磨性、防腐性、环保性方面表现更好；国外大量研究和多年的工程应用表明，采用这种钢筋能有效地防止处于恶劣环境下的钢筋被腐蚀，从而大大提高混凝土结构的耐久性，在工程应用方面具有无可比拟的优势。

3.4.1 产品质量控制

环氧涂层材料必须采用专业生产厂家的产品，涂层修补材料必须采用专业生产厂家的产品，其性能必须与涂层材料兼容、在混凝土中呈惰性。涂层材料和涂层修补材料的性能应符合以下相关性能指标的要求。

1. 抗化学腐蚀性

将无微孔及含有人为缺陷孔的涂层钢筋样品浸泡于下列各溶液中：蒸馏水、3 mol/L $CaCl_2$ 水溶液、3 mol/L NaOH 水溶液以及 $Ca(OH)_2$ 饱和溶液。人为缺陷孔应穿透涂层，其直径应为 6 mm；检验溶液的温度应为 (24±2) ℃，试验最短时间应为 45 d；在这段时间内，涂层不得起泡、软化、失去黏性或出现微孔，人为缺陷孔周围的涂层也不应发生回陷。

2. 阴极剥离

阴极剥离试验应符合：阴极应是一根长为 250 mm 的涂层钢筋；阳极应是一根长为 150 mm 直径为 1.6 mm 的纯铂电极或直径为 3.2 mm 的镀铂金属丝；参比电极应使用甘汞电极；电解液应是将 NaCl 溶于蒸馏水配制的 3% NaCl 溶液；电解液温度应为 (24±2) ℃；涂层人为缺陷孔的直径应为 3 mm；应施以 1.5 V 的电压。

应量测在 0°、90°、180° 及 270° 处人为缺陷孔的涂层剥离半径并计算其平均值。当从人为缺陷孔的边缘起始进行量测时，3 根钢筋的涂层剥离半径的平均值不应超过 4 mm。在第一个小时的试验中涂层不应发生损坏，即不应在阴极上生成氢气或在阳极上出现铁的腐蚀产物。

试验应进行 30 d 并应记录下出现第一批微孔所经过的时间。在试验过程中出现的任何微孔附近不应发生涂层的凹陷。如果 30 d 后没有出现微孔，就应在阴极和阳极处各做一个直径为 6 mm 的人为缺陷孔并再进行 24 h 试验，其间不应发生涂层凹陷。

3. 盐雾试验

涂层对热湿环境腐蚀的抵抗性应通过盐雾试验评定。沿每根试验钢筋的一侧制作 3 个直径为 3 mm 且穿透涂层的人为缺陷孔，孔心应位于肋间，孔距应大致均匀。将包含人为缺陷孔的长度为 250 mm 的涂层钢筋暴露在由 NaCl 和蒸馏水配制成的浓度为 5%的 NaCl 溶液所形成的盐雾中 (800±20) h，溶液的温度应为 (35±2) ℃；涂层钢筋水平放置在试验箱中，缺陷点朝向箱边（90°）；在两根试验钢筋的 9 个人为缺陷孔中，当从缺陷的边缘起始进行量测时，其剥离半径的平均值不应超过 3 mm。

4. 氯化物渗透性

应检测具有使用中规定的最小厚度的已固化涂层对氯化物渗透性。试验应在 (24±2) ℃ 条件下做 45 d，通过涂层渗透的氯离子的累积浓度应小于规定限值。

5. 涂层的可弯性

涂层的可弯性应通过弯曲试验评定。弯曲试验在弯曲试验机上进行，试样应处于 (24±2) ℃ 的热平衡状态下。将 3 根涂层钢筋围绕直径为 100 mm 的心轴弯曲达 180°（回弹后），弯曲应以均匀的速率在 15 s 内完成；应将试验样品的两纵肋（变形钢筋）置于与弯曲试验机上的心轴半径相垂直的平面内，以均匀的且不低于 8 r/min 的速率弯曲涂层钢筋；对于直径 d 不大于 20 mm 的涂层钢筋，应取弯曲直径不大于 $4d$；对于直径 d 大于 20 mm 的涂层钢筋，应取弯曲直径不大于 $6d$。

在 3 根经过弯曲的钢筋中，任意一根的弯曲段外半圆涂层不应有肉眼可见的裂缝出现。

6. 涂层钢筋的黏结强度

钢筋与混凝土的黏结弧度试验，应符合《混凝土结构试验方法标准》（GB50152—92）的有关规定。涂层钢筋的黏结强度不应小于无涂层钢筋黏结强度的 80%。

7. 耐磨性

涂层的耐磨性应达到在 1 kg 负载下每 1 000 周涂层的重量损失不超过 100 mg。

8. 冲击试验

钢筋涂层的抗机械损伤能力应由落锤试验确定。试验应在 (24±2) ℃ 温度下进行，可采用 SYJ40 所述的试验器械及一个锤头直径 16 mm、质量 1.8 kg 的重锤，冲击在涂层钢筋的横肋与脊之间，在 9 N·m 的冲击能量下，除了由重锤冲击引起永久变形的区域，涂层不应发生破碎、裂缝或黏结损失。

在制作环氧树脂涂层前，必须对钢筋表面进行净化处理，其质量应符合相关规范、标准的质量规定要求，并对净化处理后的钢筋表面质量进行检验，对符合要求的钢筋方可进行涂层制作。涂层制作应尽快在净化后清洁的钢筋表面上进行。钢筋净化处理后至制作涂层时的间隔时间不宜超过 3 h，且钢筋表面不得有肉眼可见的氧化现象发生。

环氧涂层钢筋出厂检验的检验项目应包括涂层的厚度、连续性和可弯性的检验等。其中，涂层厚度检验的每个厚度记录值为 3 个相邻肋间厚度量测值的平均值；应在钢筋相对的两侧进行量测，且沿钢筋的每一侧至少应取得 5 个间隔大致均匀的涂层厚度记录位。环氧涂层的连续性，应在进行弯曲试验前检查环氧涂层的针孔数，每米长度上检测出的针孔数不应超过 4 个，且不得有肉眼可见的裂缝、孔隙、剥离等缺陷。环氧涂层的柔韧性，应在环氧涂层钢筋弯曲后，检查弯曲外凸面的针孔数，每米长度上检测出的针孔数不应超过 4 个，且不得有肉眼可见的裂缝、孔隙、剥离等缺陷。

3.4.2 力学性能与构造

相关研究成果表明：与无涂层钢筋的钢筋混凝土构件比较，配涂层钢筋的混凝土构件，其承载力基本相同，刚度降低 0～11.3%，钢筋应变不均匀系数增大 6.2%，平均裂缝间距增大 10.8%。据此进行分析，并从偏安全方面考虑，配涂层钢筋的混凝土构件的承载力、裂缝宽度和刚度的计算法与无涂层钢筋构件相同，但裂缝宽度计算值应为无环氧涂层钢筋的 1.2 倍，刚度计算值应为无环氧涂层钢筋的 0.9 倍。

环氧涂层钢筋由于表面光滑，胶结-摩阻力降低，咬合作用也因容易滑脱而受影响，致使黏结性能减弱，黏结强度降低。相关研究成果表明：与无黏结涂层钢筋比较，涂层钢筋的黏结锚固强度降低约 10%，在最不利锚固条件下可降低 20%，锚固长度约增长 25%，搭接锚固强度约降低 13.8%。考虑到环氧涂层钢筋的工程应用经验尚少，故在实际施工中，可偏安全地将环氧涂层钢筋的黏结强度取为无涂层钢筋的 80%；涂层钢筋的锚固长度应为无涂层钢筋锚固长度的 1.25 倍；绑扎搭接长度，对受拉钢筋应为无涂层钢筋锚固长度的 1.5 倍，对受压钢筋应为无涂层钢筋的 1.0 倍，且不应小于 250 mm。

3.4.3 防护与施工

环氧涂层钢筋作为海工混凝土结构防腐蚀措施，国外虽已广泛成功地应用多年，但是，1987 年美国两座跨海混凝土桥的调查和以后若干海工混凝土结构应用该种钢筋的调查表明，制作和施工质量差的这种钢筋也会在使用仅 4～6 年的海工混凝土结构上引起异常严重的钢筋腐蚀破坏。为保证这种钢筋仍不失为盐污染环境中的一种可以显著提高护筋性的补充措施，美国、日本、欧洲各国又相继修订或制订了质量要求更高、更全面的有关标准。在实际施工中，应从材料选择、净化处理、涂覆、运输、吊装、修补、储存、加工、架立到浇筑混凝土等的施工全过程，全面严格遵照国内外现行有关标准的规定，加强全过程的质量控制，以尽量减少可避免的涂层损伤。

国内目前无缺陷环氧涂层钢筋产品的使用时间尚不足 20 年。因其一旦失效则无法更换，故在使用时决不能降低混凝土结构本身的耐久性要求，其与耐久混凝土或钢筋阻锈剂联合使用，可具有叠加的保护效果。

由于环氧涂层钢筋之间为绝缘的涂层所隔开，缺乏电连续性，如果采用外加电流阴极保护，不仅会降低保护效果，而且在环氧涂层局部损伤处由于产生杂散电流，还会引起严重的电腐蚀问题。因此环氧涂层钢筋与阴极保护联合使用时，必须先将未经喷涂的钢筋加工、组装成片（或成笼），再以流化床热溶粘工艺涂装环氧层，方可与阴极保护联合使用。先静电喷涂热溶粘环氧涂层，然后再加工、组装成笼的钢筋，不得与阴极保护联合使用。

架立环氧涂层钢筋时，不得同时采用无涂层钢筋，绑扎环氧涂层钢筋时，应采用尼龙环氧树脂、塑料或其他材料包裹的铁丝；架立环氧涂层钢筋的钢筋垫座、垫块应以尼龙、环氧树脂、塑料或其他柔软材料包裹。同一构件中，环氧涂层钢筋与无涂层钢筋不得有电连接。

环氧涂层钢筋在施工操作时应严密注意避免损伤涂层。浇筑混凝土时，宜采用附着式振动器振捣密实。当采用插入式振动器时，应用塑料或橡胶包覆振动器，防止振捣混凝土过程中损伤环氧涂层。现场多次浇筑成整体或预制构件的外露环氧涂层钢筋应采取措施，避免阳光曝晒。

3.5 钢筋阻锈剂

在地下工程混凝土结构中，钢筋锈蚀后的危害是非常严重的，直接结果是钢筋的截面面积减小，表面凹凸不平，产生应力集中现象，使钢筋的力学性能退化，如强度降低、脆性增大、延性变差以及钢筋与混凝土之间粘结锚固性能降低，导致构件更容易发生腐蚀，所以采取相应措施来阻止钢筋生锈是十分有必要的。

钢筋阻锈剂主要是通过化学、电化学作用来改善和提高钢筋的防腐蚀能力。在提高混凝土密实性的基础上，掺用钢筋阻锈剂是最简单、经济和效果好的附加技术措施。国外已经有30多年使用钢筋阻锈剂的经验。近些年来在国际上钢筋阻锈剂的研究和工程应用，得到了十分迅速的发展。在我国，钢筋阻锈剂产品也有十多年的应用实践。混凝土中加入钢筋阻锈剂能起到两方面的作用：一方面推迟了钢筋开始生锈的时间，另一方面减缓了钢筋锈蚀发展的速度。

3.5.1 定 义

钢筋锈蚀主要是由于氯盐的侵蚀发生电化学腐蚀反应，阻锈剂可通过提高腐蚀电位，降低铁基体阴阳极得失电子能力或增大电子转移通道中欧姆电阻，通过减小腐蚀电流密度来达到抑制或减缓电化学腐蚀的效果。

提高腐蚀电位可增强钢筋的耐腐蚀能力，使钢筋不易被腐蚀，增大欧姆电阻可减小腐蚀电流密度，降低腐蚀速率。通过掺入或迁移作用，阻锈剂在混凝土内钢筋界面发生反应，形成吸附膜或钝化膜，从而有效抑制电化学腐蚀反应过程。

因此，钢筋阻锈剂定义为：在混凝土加入少量的能有效抑制或延缓腐蚀发生并降低钢筋的腐蚀速率的化学物质。

3.5.2 作用机理

根据作用机理，阻锈剂可分为阳极型、阴极型和复合型阻锈剂，下面主要介绍这三类阻锈剂的作用机理和相关应用。

1. 阳极型阻锈剂

阳极型阻锈剂通过阻止或减缓电化学阳极失电子过程抑制钢筋腐蚀，主要是无机盐类有铬酸盐、钼酸盐和亚硝酸盐等。这类物质通常具有氧化性，可在金属表面反应生成致密的钝化膜增加膜电阻作用，减缓阳极的得失电子速率，进而抑制电化学腐蚀总反应过程。

如亚硝酸钙阻锈剂，失去电子的亚铁离子在碱性环境下和亚硝酸根离子发生化学反应，产生沉淀并在钢筋表面形成钝化膜 Fe_2O_3 或 $\gamma\text{-FeOOH}$，其抑制阳极过程发生反应如式（3-8）、式（3-9）：

$$2Fe_2+2OH^-+2\,NO_2^- \longrightarrow 2NO\uparrow+Fe_2O_3+H_2O \qquad (3\text{-}8)$$

$$Fe_2+OH^-+\,NO_2^- \longrightarrow ON\uparrow+\gamma\text{-FeOOH} \qquad (3\text{-}9)$$

上述反应只有在碱性环境下进行，随着氯离子侵蚀以及反应的消耗，OH^-减少，pH 值降低，此类阻锈剂失去阻锈作用，研究表明在 pH 值大于 6.0 时的碱性环境下亚硝酸盐才表现出很好的阻锈效果。氯离子的侵蚀可导致 pH 值降低并影响到亚硝酸盐的阻锈效果，因此 $[Cl^-]/[NO_2^-]$的比值与阻锈效果密切相关。

在海洋环境下或氯盐较高的条件下，这类阻锈剂应保证足够的用量，否则可能引起加速腐蚀现象。因此，此类阻锈剂又被称为"危险性"阻锈剂，而且亚硝酸盐是致癌物质，其使用受到一定的限制，在德国、瑞士已禁止使用亚硝酸盐阻锈剂。

2. 阴极型阻锈剂

阴极型阻锈剂通过阻止或减缓电化学阴极得电子能力抑制钢筋腐蚀，主要是表面活性剂有磷酸盐、锌酸盐和高级脂肪酸铵盐等。

这类阻锈剂主要通过与混凝土液相中某些离子发生反应生成不溶性盐在阴极区表面成膜或吸附有效隔离水、气和有害离子的侵入保护钢筋。如单氟磷酸钠，Na_2PO_3F 与 $Ca(OH)_2$ 反应生成不溶性磷灰石 $Ca_5(PO_4)_3F$ 覆盖在阴极表面减缓氧的溶解，抑制腐蚀的阴极反应。其抑制阴极过程发生反应如下：

$$5\,Ca(OH)_2+3Na_2PO_3F+3H_2O \longrightarrow Ca_5(PO_4)_3F+2NaF+4NaOH+6H_2O \qquad (3\text{-}10)$$

阴极型阻锈剂无毒无危害，但如果要达到明显的阻锈效果就必须有足够的不溶性盐成膜或吸附在阴极区表面，阻锈剂的用量比较大且价格比较昂贵。阴极型阻锈剂单独使用时阻锈效果不佳，不利于市场应用和推广。

3. 复合型阻锈剂

复合型阻锈剂主要是通过阻止或减缓电化学阴、阳极得失电子能力抑制钢筋腐蚀，主要由几种氧化型、可生成难溶盐型、抑制电子转移型等物质经过合理搭配复合而成。

复合型阻锈剂的阻锈效果与各组分的构成相关，其有效成分可牢固地吸附在金属表面形成一层致密的分子层保护膜，不仅抑制阳极的溶解，还为阴极提供保护屏障，可有效阻止钢筋的腐蚀。

如迁移型阻锈剂（MCI），其有效成分通过扩散迁移至钢筋表面，其含 N 的亲水基团与 Fe 离子形成螯合物分子层保护膜吸附在钢筋表面，非极性基团形成疏水屏障，将有害离子、水、氧与基体隔离。图 3-4 为 MCI 有效组分的化学吸附成膜过程。

复合型阻锈剂兼有单一组分的优点，但克服了单一型阻锈剂的不足，其阻锈效果较单一型阻锈剂效果更加优异，并在工程实践中得到推广和应用。特别是 MCI 阻锈剂，因简单经济有效等优点被广泛应用于修复工程。但是复合型阻锈剂的作用机理比较复杂，分子组分设计基础研究相对较少，研究开发环保、高效复合型阻锈剂仍是今后研究发展的主要方向。

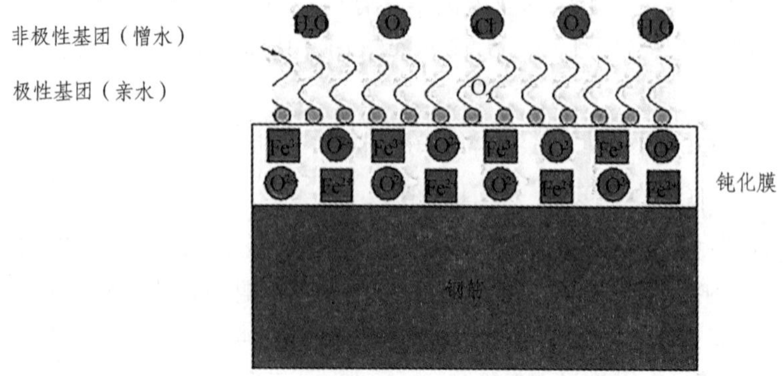

图 3-4 MCI 有效组分的化学吸附成膜过程

3.5.3 使用要求

对于严重腐蚀性环境，在保证混凝土结构优质设计与施工的基础上可掺加钢筋阻锈剂，以适当提高混凝土的护筋性；而保证掺阻锈剂长期维持可靠的补充防腐蚀效果，仍有赖于混凝土保护层本身具有长期的高抗氯离子扩散性。因此，不能单纯依靠掺阻锈剂来代替保证混凝土结构耐久性的各种基本措施，而掺阻锈剂的同时采用高性能混凝土，则是克服这种不足，显著提高混凝土护筋性的合理对策。

钢筋阻锈剂可与高性能混凝土、环氧涂层钢筋、混凝土表面涂层、硅烷浸渍等联合使用，并具有叠加保护效果。采用阻锈剂溶液时，混凝土拌和物的搅拌时间应延长 1 min；采用阻锈剂粉剂时，应延长 3 min。

钢筋阻锈剂质量验证试验应符合表 3-4 的规定。

表 3-4 阻锈剂质量验证试验标准

试验项目	方　法
钢筋在砂浆中的阳极极化试验	电极通电后 15 min，电位跌落值不得超过 50 mV。先进行新拌砂浆中的试验，若不合格再进行硬化砂浆中的试验，若仍不合格则应判为不合格
盐水浸烘试验	浸烘 8 次后，掺阻锈剂比未掺阻锈剂的混凝土试件中钢筋腐蚀失重率减少 40% 以上
掺阻锈剂与未掺阻锈剂的优质或高性能混凝土抗压强度比	≥90%
掺阻锈剂与未掺阻锈剂的水泥初凝时间差和终凝时间差	均在 ±60 min 内
阻锈剂与未掺阻锈剂的优质混凝土的抗氯离子渗透性	不降低

浓度为 30% 的亚硝酸钙阻锈剂溶液推荐掺量，可按表 3-5 的规定值选取。所选定的亚硝

酸钙掺量，应符合盐水浸烘试验的质量合格标准。其他阻锈剂的掺量，应按生产厂家建议值和预期的氯化物含量，通过盐水浸烘试验确定。

表 3-5　浓度为 30% 的亚硝酸钙溶液阻锈剂的推荐掺量

钢筋周围混凝土的酸溶性氯化物含量预期值/（kg/m³）	阻锈剂掺量/（L/m³）	钢筋周围混凝土的酸溶性氯化物含量预期值/（kg/m³）	阻锈剂掺量/（L/m³）
1.2	5	4.8	20
2.4	10	5.9	25
3.6	15	8.2	30

在特殊情况下，混凝土拌和物的氯化物含量超过预期的规定值需掺加阻锈剂时，应进行阻锈剂掺量的验证试验，并应将预期渗入的氯化物含量加上该混凝土拌和物已有的氯化物含量，作为验证试验所采用的氯化物掺量。

3.6　其他腐蚀防护措施

在地下工程混凝土结构的腐蚀防护中，考虑地铁结构中钢筋混凝土所处环境比较特殊，视环境作用与结构功能要求等的不同，也可采用混凝土表面硅烷浸渍、水泥基渗透结晶型防水剂、聚合物改性水泥砂浆以及混凝土防腐面层等防护措施。

3.6.1　混凝土表面硅烷浸渍

与阴极保护、环氧涂层钢筋相比，浸渍硅烷较经济，施工简便，憎水效果可保持 15 年以上。混凝土表面的硅烷浸渍宜采用异丁基硅烷作为硅烷浸渍材料，其他硅烷浸渍材料经论证也可采用。考虑到异丁基硅烷分子量较异辛基硅烷小，渗入深度较大，对于受到较大磨耗作用的部位，采用异丁基硅烷将具有较高的耐久性。硅烷系液态憎水剂浸渍混凝土表面，即使这种憎水剂渗入混凝土毛细孔中的深度只有数毫米，但是，由于它与已水化的水泥发生化学反应，反应物使毛细孔壁憎水化，使水分和水分所携带的氯化物都难以渗入混凝土。特别是元溶剂的异丁烯三氧基硅烷单体，与其他硅烷系材料相比，它阻止水与氯化物被混凝土吸收的效果，特别是被孔隙率较低的混凝土建筑材料吸收的效果更加显著，更加持久。

硅烷浸渍施工前的喷涂试验，应对在试验区随机钻取的芯样分别进行吸水率、硅烷浸渍深度和氯化物吸收量的降低效果测试。

硅烷的浸渍深度宜采用染料指示法评定。浸渍硅烷前的喷涂试验可采用热分解气相色谱法，当硅烷喷涂施工中对染料指示法的检测结果有疑问时，也可采用热分解色谱法进行最终结果的评定。

3.6.2　水泥基渗透结晶型防水剂

水泥基渗透结晶型防水剂适用于混凝土结构的表层防水处理，特别是渗水裂缝宽度不大于 1 mm 的混凝土。这种化学活性物质，以水为载体，向所涂覆或掺入的混凝土内部逐渐渗透可深达 300 mm，形成不溶于水的蔓枝状非溶性晶体，堵塞毛细孔道，使混凝土致密，整体防水。对于结构使用过程中新产生的宽度为 0.44 ~ 1 mm 的细裂缝，会遇水产生新的晶体，对裂缝具有自我愈合密封的功能。

水泥基渗透结晶型防水剂施工的方法与质量要求可参照现行建筑工程防水涂料的施工规范要求（也可以干粉料撒覆并压入未完全凝固的混凝土表面），从水泥终凝后 3 ~ 4 h 起，即应对施工面开始湿养护，24 h 后可转为直接水养护。在养护期间，应避免雨淋、霜冻、日晒及 4 ℃以下低温。

3.6.3　聚合物改性水泥砂浆

聚合物改性水泥砂浆层，顾名思义，即掺入了有机聚合物的水泥砂浆，聚合物的加入改善了水泥砂浆的很多性能，比如可以改善砂浆的保水性，改善失水开裂风险，提高砂浆对基层的粘接性或者附着力，提高砂浆的抗折强度。另外，还可以提高水泥砂浆的耐水性、防水抗渗性、耐氯离子渗透性、抗碳化性、耐冻融性、耐介质性等等。聚合物改性水泥砂浆的性能，跟添加的有机聚合物关系和所用的水泥品种很大，不同的聚合物砂浆，性能有天壤之别，需要根据需求选择。聚合物改性水泥砂浆，特别适合做钢筋混凝土结构的破损修复，其与基层的附着力强，而且与后续的各种涂层或者其他处理工艺，相容性良好。改性砂浆表面可以刷防水剂，做有机硅烷浸渍，也可以用作保护涂层。

聚合物改性水泥砂浆工艺简单，成本不高，适合做地下工程混凝土结构修复。

3.6.4　混凝土防腐面层

混凝土防腐面层是一种较直观的防腐蚀防护构造，并易于检查和修复。通常在新建工程中实施的造价比既有工程的修复低 60% ~ 80%（主要由施工支架费用引起）。采用聚酯类玻璃钢等聚合物复合材料，施工的质量控制简便但造价较高；采用聚合物水泥砂浆材料，施工的质量控制要求较高但造价较低。

用于严重腐蚀性环境，特别是酸性腐蚀环境中的防腐蚀面层应采用聚酯类玻璃钢等聚合物复合材料，在中等腐蚀性环境下则可采用聚合物水泥砂浆等材料。

聚合物水泥砂浆面层的施工，可参照现有水泥砂浆抹面的有关规定。聚合物复合材料面层的施工，需在混凝土构件的表面达到足够干燥时才能进行，并应满足相应规范标准的规定要求。

3.7　思考题

3-1　什么是高性能混凝土？

3-2　由杂散电流引起的地下工程混凝土结构腐蚀，可采取哪些措施防治？

3-3　混凝土表面涂层对涂料有何要求？

3-4　环氧涂层钢筋较普通钢筋在防腐方面有何优势？

3-5　结合某一具体地下工程（可以是公路隧道、铁路隧道、地铁等），谈一谈其采用了哪些防腐措施。

第4章　地下结构耐久性相关检测与试验方法

地下结构耐久性检测与试验的主要任务是对结构实施各种检测与试验方法，并运用各种试验手段和相关理论对结构进行观测和分析，确定结构内在质量、病害原因及其变化规律，进而准确判断结构的实际状态、评定结构耐久性。地下结构耐久性检测与试验同地面结构相同，均可通过不同方法从不同方面评定结构耐久性。一方面，我国对地下结构工程施工质量越来越重视，重要的、新型的结构都要经过检验后才投入使用和运营；另一方面，既有结构可靠性鉴定及改扩建工程也越来越多，这些都必须以检测与试验结构为依据。因此，地下结构耐久性试验与检测评定占据了越来越重要的地位。由于地下结构与地面结构一样，钢筋混凝土是最主要的材料，本章主要介绍钢筋混凝土结构相关耐久性试验与检测常用方法，也对地下工程中使用的锚杆和钢拱架的相关耐久性检测进行了介绍。

4.1　地下结构环境调查

同地面结构一样，环境作用是影响地下结构耐久性的重要因素，外界大气环境同样对地下结构如山岭交通隧道洞口段及洞身结构产生显著影响，地下结构的内部空间环境也与当地大气环境有关；地下结构外部处于围岩中及地下水赋存的腐蚀介质环境，内部为运营环境，共同构成地下结构的工作环境。

4.1.1　气象环境调查

环境温度、湿度等气象条件对混凝土耐久性问题有显著影响，因此有必要通过当地气象部门了解地下结构所在地区的气象资料，主要包括：
（1）年平均气温、年平均最高和最低气温。
（2）年平均空气相对湿度，年平均最高、最低湿度。
（3）年降雨量及雨季时间。
（4）年降雪量及冰冻、积雪时间。
（5）常年风向、风速。

4.1.2　工作环境调查

地下结构工作环境检测时，应着重了解围岩中主要的侵蚀性物质成分、浓度及其影响范围，海洋环境下要求明确水位变化规律及海水中各种侵蚀物。一般大气环境下工作环境的检测内容，主要有环境中 CO_2 气体浓度、环境内有无有害气体。低温环境下，还需掌握所处环境温度变化规律。地下水流或气流环境下还需了解混凝土构件表面承受的冲刷、磨耗、空蚀、扫流等作用。因此，根据地下结构实际所处环境的不同，工作环境的调查与检测主要包括以下内容：

（1）侵蚀性气体：CO_2、SO_2、H_2S、HCl、酸雾等百分比含量和扩散范围。

（2）侵蚀性液体：天然水中的 pH、氯化物、硫酸盐、硫化物等，油类、酸、碱、盐、有机酸、工业废液的成分、浓度、流经路线或影响范围。

（3）侵蚀性固体：硫酸盐（如 Na_2SO_4，$CaSO_4$，$MgSO_4$，$ZnSO_4$）、氯盐、硝酸盐以及有侵蚀性灰尘成分及影响范围。

（4）工作环境的平均温度、相对湿度以及受干湿交替影响情况。环境相对湿度宜采用构件所处部位的实际相对湿度，对于经常处于潮湿状态的部位，其环境相对湿度一般大于 75%。

（5）受冻融交替影响情况。

（6）承受地下水冲刷情况。

4.2　地下结构混凝土耐久性检测与试验方法

4.2.1　混凝土强度检测与评定

结构混凝土强度的现场检测主要包括无损、半破损及综合检测等。

无损检测是以某些物理量与混凝土标准强度之间的相关性为基本依据，在不破坏结构的前提下，测出混凝土的某些物理特性，并按相关关系推算出混凝土的特征强度作为检测结果。回弹法和回弹-超声综合法已被广泛用于工程检测，主要依据的标准为《回弹法检测混凝土抗压强度技术规程》（JGJ/T 23）。半破损检测是在不影响结构物承载能力的前提下，在结构物上直接进行局部的破损性试验，或直接取样，将试验所得的值换算成特征强度，作为检测结果。目前，在工程中应用较多的半破损检测方法是钻芯法试验，主要依据如《钻芯法检测混凝土强度技术规程》（JGJ/T 384）。还有半破损法与非破损法的结合使用，这两者的合理综合可同时提高检测效率和检测精度，因而受到广泛重视。

1. 回弹法

回弹法是国内进行现场检测混凝土实体强度使用较多的一种非破损检测方法。它利用一个弹簧驱动的重锤，通过弹击杆（传力杆）弹击混凝土表面，并测出重锤被反弹回来的距离，以回弹值（反弹距离与弹簧初始长度之比）作为与强度相关的指标，来推定混凝土强度。

结构或构件混凝土强度检测首先应具有以下主要资料：结构或构件名称、外形尺寸、数量；水泥品种、配合比、混凝土强度等级；施工时材料计量情况、模板浇筑养护情况、成型日期；检测原因等。

测量过程中应注意：

（1）测区的分布应选择有代表性的区域，充分考虑风化程度较大的区域。测区的面积不宜大于 $0.04\ m^2$，测点宜在测区范围内均匀分布，相邻两测点的净距不宜小于 20 mm，实际操作中采用网格法确保测区的大小和测点的均布性。

（2）在构件的表面选定测区后，用粉笔在测区外画 200 mm×200 mm 的方框，然后将方框纵横均分 4 份，形成 16 个小方格，每个方格的中心点就是一个测点的位置。

（3）每一个测区记取 16 个回弹值。读取回弹值时，除按回弹仪的一般操作规定操作之外，尤其是要注意使用回弹仪的轴线始终垂直于测试表面，并在施压时缓慢均匀。

（4）在进行回弹值的计算时，应去除每一个测区 3 个最大值和 3 个最小值的回弹值，对剩余的 10 个回弹值计算平均值。

$$R_\mathrm{m} = \frac{\sum\limits_{i=1}^{10} R_i}{10} \qquad (4\text{-}1)$$

式中　R_m——测区平均回弹值，精确至 0.1；

　　　R_i——第 i 个测点的回弹值。

检测时，当回弹仪为非水平方向且测试面为非混凝土的浇筑侧面时，应对回弹值进行角度修正后再进行浇筑面修正。

结构或构件的测区混凝土强度平均值，可根据各测区的混凝土强度换算值计算。构件的每一测区的混凝土强度换算值是由每一测区的平均回弹值及平均碳化深度值按统一测强曲线查出，如有地区测强曲线或专用测强曲线则应按相应测强曲线使用。当测区数为 10 个及以上时应计算强度标准差平均值及标准差。

当该结构或构件测区数不少于 10 个或按批量检测时，应按式（4-2）计算结构或构件的混凝土强度推定值 $f_{\mathrm{cu,e}}$：

$$f_{\mathrm{cu,e}} = mf_{\mathrm{cu}}^{\mathrm{c}} - 1.645 sf_{\mathrm{cu}}^{\mathrm{c}} \qquad (4\text{-}2)$$

式中　$mf_{\mathrm{cu}}^{\mathrm{c}}$——结构或构件测区混凝土强度换算值的平均值（MPa），$mf_{\mathrm{cu}}^{\mathrm{c}} = \dfrac{\sum\limits_{i=1}^{n} f_{\mathrm{cu},i}^{\mathrm{c}}}{n}$，精确至 0.1 MPa；

　　　n——对于单个检测的构件取一个构件的测区数，对批量检测的构件取被抽检构件测区数之和；

　　　$sf_{\mathrm{cu}}^{\mathrm{c}}$——结构或构件测区混凝土强度换算值的标准差（MPa），$sf_{\mathrm{cu}}^{\mathrm{c}} = \sqrt{\dfrac{\sum (f_{\mathrm{cu},i}^{\mathrm{c}})^2 - n(mf_{\mathrm{cu}}^{\mathrm{c}})^2}{n-1}}$，精确至 0.01 MPa。

2. 钻芯法

钻芯法试验是使用专用钻机直接从结构上钻芯取样，并根据芯样的抗压强度推定结构混凝土立方抗压强度的一种半破损现场检测方法。由于钻芯法的测定值就是圆柱状芯样的抗压强度，及参考强度或现场强度，它与立方体试件抗压强度之间，除了需要进行必要的形状修正之外，无须进行某种物理量与强度之间的换算。

1）现场取样

按单个结构检测时，工地现场钻取芯样的数量不应少于 3 个；对于较小构件，有效芯样试件的数量不得少于 2 个。钻取的芯样应为标准芯样试件，即公称直径为 100 mm，且不宜小于骨料最大粒径的 3 倍；当采用小直径芯样试件时，其公称直径不应小于 70 mm，且不得小于骨料最大粒径的 2 倍。

为了避免钻芯给结构带来影响，在采用钻芯法检测混凝土强度时，对芯样尺寸需根据构件的实际情况，灵活机动。

2）芯样的加工及养护

（1）芯样在加工时，应测量芯样直径、高度、端面平整度，这四项指标是芯样的重要指标，其高径比（H/d）宜为 1.00。

（2）芯样端面处理，一般采用环氧胶泥或聚合物水泥砂浆补平。补平时，应先将芯样清洗干净，然后进行补平。

（3）芯样在补平后，应在室内静放 12 h 后送入养护室进行养护，养护时间为 3 ~ 4 d。

3）芯样试件的试验和抗压强度值的计算

为了使芯样试件与被检测结构混凝土所处的环境和温度在基本一致的条件下进行试验，《钻芯法检测混凝土强度技术规程》（JGJ/T 384）规定了芯样试压的两种状态：若检测结构混凝土工作条件比较干燥，芯样试件应以自然干燥状态进行试验，即芯样试件在受压前应在室内自然干燥 3 d；当结构工作条件比较潮湿，需要确定潮湿状态下混凝土的强度时，芯样试件宜在 20 ℃±5 ℃ 的清水中浸泡 40 ~ 48 h，从水中取出后立即进行试验。

芯样的抗压强度可按式（4-3）计算：

$$f_{cu,cor} = \frac{F_c}{A}$$
（4-3）

式中　$f_{cu,cor}$——芯样试件的混凝土抗压强度值（MPa），精确至 0.1 MPa；

F_c——芯样试件的抗压试验测得的最大压力（N）；

A——芯样试件抗压截面面积（mm²）。

4）钻芯确定混凝土强度推定值

检验批的混凝土强度推定值应计算推定区间，推定区间的上限值和下限值应按下列公式计算：

上限值　$f_{cu,e1} = f_{cu,cor,m} - k_1 S_{cor}$

下限值　$f_{cu,e2} = f_{cu,cor,m} - k_2 S_{cor}$

平均值　$f_{cu,cor,m} = \dfrac{\sum\limits_{i=1}^{n} f_{cu,cor,i}}{n}$

标准差　$S_{cor} = \sqrt{\dfrac{\sum\limits_{i=1}^{n}(f_{cu,cor,i} - f_{cu,cor,m})^2}{n-1}}$

式中　$f_{cu,cor,m}$——芯样试件的混凝土抗压强度平均值（MPa），精确至 0.1 MPa；

$f_{cu,cor,i}$——单个芯样试件的混凝土抗压强度值（MPa），精确至 0.1 MPa；

$f_{cu,e1}$——混凝土抗压强度上限值（MPa），精确至 0.1 MPa；

$f_{cu,e2}$——混凝土抗压强度下限值（MPa），精确至 0.1 MPa；

k_1，k_2——推定区间上限值系数和下限值系数；

S_{cor}——芯样试件强度样本的标准差（MPa），精确至 0.1 MPa。

$f_{cu,e1}$ 和 $f_{cu,e2}$ 所构成推定区间的置信度宜为 0.85，$f_{cu,e1}$ 与 $f_{cu,e2}$ 之间的差值不宜大于 5.0 MPa

和 $0.1 f_{cu,cor,m}$ 两者的较大值。宜以 $f_{cu,e1}$ 作为检验批混凝土强度的推定值。

对间接测强方法进行钻芯修正时，宜采用修正量的方法，也可采用其他形式的修正方法。钻芯修正后的换算强度可按下列公式计算：

$$f_{cu,i0}^{c} = f_{cu,i}^{c} + \Delta f \qquad (4\text{-}4)$$

式中　Δf ——修正值，$\Delta f = f_{cu,cor,m} - f_{cu,mj}^{c}$ ；

　　　$f_{cu,i0}^{c}$ ——修正后的换算强度；

　　　$f_{cu,i}^{c}$ ——修正前的换算强度；

　　　$f_{cu,mj}^{c}$ ——所用间接检测方法对应芯样测区的换算强度的算术平均值。

由钻芯修正方法确定检验批的混凝土强度推定值时，应采用修正后的样本算术平均值和标准差。

3. 回弹法与钻芯法的对比

回弹法具有操作简单灵活、适用范围广及费用低廉等优点，但因其是通过测量混凝土构件的表面硬度而推算抗压强度，且本地区没有专用测强曲线等原因，其检测结果有时误差较大；钻芯法直观可靠，精确度高，但其成本较高，而且会造成结构或构件的局部破坏，因此不能在整个结构上普遍使用。

回弹-钻芯综合法则能弥补以上两种方法各自的缺点。在用回弹法对结构或构件的混凝土强度进行普查的基础上，针对个别有疑义或不合格的构件，用钻芯法进行复核和修正，有效避免了对混凝土强度的误判，大大提高了检测精确度，是混凝土强度检测的一个发展趋势。

4.2.2　混凝土保护层厚度检测

混凝土保护层为钢筋提供了良好的保护作用，必要的保护层厚度不仅能够推迟环境中的水汽、有害离子等扩散到钢筋表面的时间，而且还能够延迟钢筋开始锈蚀的时间。钢筋混凝土保护层厚度及其分布状况的无损检测方法有：电磁检测法、雷达探测法等。

用于检测钢筋位置和混凝土保护层厚度的仪器设备的工作原理，多为电磁感应原理或雷达波法。通常是将两个线圈的 U 形磁铁作为探头，给一个线圈通交流电，然后用检流计测量另一线圈中的感应电流，若线圈与混凝土中的钢筋靠近，感应电流将增大，探头输出的电信号增强，该信号经放大处理后，由电表直接指示检测结果。测区表面应清洁、平整，并避开接缝处、预埋件及钢筋交叉处。

1. 构件类型和数量

在《混凝土结构工程施工质量验收规范》（GB 50204）中，只对受弯构件梁、板进行检验，且抽检数量比例很小，为构件总数的 2%且不少于 5 件；当有悬臂构件时，其所占的比例不宜小于 50%。对于梁，检查全部纵向受力钢筋（箍筋、构造筋不查）；对于板，抽查 6 根纵向受力钢筋（不查分布筋）。具体抽查的结构部位，应尽量选择重要、有代表性、容易发生问题的部位，使检查能够起到监督施工质量、保证结构安全的作用。

2. 检查方法

钢筋保护层厚度可采用非破损或局部破损的方法进行，也可采用非破损方法，并用局部破损的方法进行校准，要求的检测误差不应大于 1 mm。《混凝土中钢筋检测技术规程》(JGJ/T 152—2019) 中指出：当检测精度满足要求时，雷达法也可用于钢筋的混凝土保护层厚度检测。

1) 局部破损方法

剔凿混凝土保护层直至露出钢筋，然后直接量测混凝土表面到钢筋外边缘的距离。这种方法是最直接、最准确的。同时，也能满足《混凝土结构工程施工质量验收规范》(GB 50204) 要求的精确度。当有争议时，应作为最终裁决的手段。

2) 非破损方法

采用钢筋保护层厚度测定仪量测。其原理是检测仪器发射电磁波，利用钢筋的电磁感应确定钢筋的位置。这种方法的优点是方便、快捷，但仪器的价格昂贵，不易普及，同时，量测具有一定的误差。仪器虽然在单筋试验时可以达到很高的精确度，但问题在于实际结构中很少单筋配置，箍筋、分布筋以及纵向钢筋密集配置时，由于电磁场干扰，量测精度大受影响，甚至发生很大的偏差。《混凝土结构工程施工质量验收规范》(GB 50204) 要求，当采用此种方法时，还必须用更准确的局部破损方法加以校准，即用对比量测的结果，对仪表的量测加以修正。

3) 验收界限

《混凝土结构工程施工质量验收规范》(GB 50204) 规定了钢筋保护层厚度实体检验的验收界限。首先，梁类构件和板类构件分别检验，不混合计算合格点率。前者的允许偏差为+10、-7 mm；后者为+8、-5 mm。这实际是钢筋分项工程检验中保护层厚度允许尺寸偏差适当扩大的结果。考虑施工扰动的特点，正向偏差增加的范围更大一些。

4.2.3 混凝土碳化试验与检测

1. 抗碳化性检测

混凝土抗碳化能力是耐久性的一个重要指标，尤其在评定（大气环境条件下）混凝土对钢筋的保护作用（混凝土的护筋性能）时起着关键作用。《普通混凝土长期性能和耐久性能试验方法标准》(GB/T 50082) 采用的混凝土快速碳化试验方法适用于测定在一定浓度的二氧化碳气体介质中混凝土试件的碳化程度，反映混凝土的抗碳化能力。碳化快速试验所用试件宜采用棱柱体混凝土试件，以 3 块为一组。棱柱体的长宽比不宜小于 3。试件一般应在 28 d 龄期进行碳化，但是掺粉煤灰等掺和料的混凝土水化比较慢，特别是大掺量掺和料混凝土水化更慢，如在 28 d 就进行强制碳化，则混凝土掺和料后期的水化效果在很大程度上被排除，影响了对粉煤灰等掺和料的正确评价，在这种情况下，碳化试验宜在较长的养护期后进行。

试验用碳化箱应符合现行行业标准《混凝土碳化试验箱》(JG/T 247—2009) 的规定，并应采用带有密封盖的密闭容器，容器的容积应至少为预定进行试验的试件体积的两倍。

采用在 (20±3)% 浓度的二氧化碳介质中进行快速碳化试验，原因如下：

（1）在 (20±3)% 浓度下混凝土的碳化速度，基本上还是保持自然碳化相同的规律，即碳化深度与时间成正比（$D=\alpha t$）的关系。如浓度过高（如达到 50%）则早期碳化速度很快，7 d 后速度明显减慢，碳化达到稳定。如浓度过低，如国外一般采用 1%～4%的浓度，这种情况与实际比较接近，但是碳化速度太慢，试验效率低。

（2）在 (20±3)%浓度下碳化 28 d，大致相当于在自然环境中 50 年的碳化深度，与一般耐久性的要求相符合。

碳化试验时，湿度对碳化速度有直接影响。湿度太高，混凝土中部分毛细孔被自由水所充满，二氧化碳不易渗入，因此试验中采用比较低的湿度条件。但是，混凝土的碳化过程是一个析湿的过程，尤其在碳化的前几天，析出的水分较多。因此要求试件在进入碳化箱前应在 60 ℃下烘干 48 h，以利于前几天箱内的湿度控制。

由于温度对混凝土碳化速度有很大影响，温度高，碳化速度快。快速碳化试验的温度条件为 (20±2) ℃。

碳化试验结果常用两个指标来表示，即平均碳化深度和碳化速度系数。碳化速度系数实际上只代表在该试验条件下的碳化速度与时间的平方根关系式中的系数，从数量上等于一天的碳化深度，由于这个系数实际使用价值不高，而且计算准确性也差，因此，不如直接用 28 d 的碳化深度来表示比较直观。

以碳化进行到 28 d 的碳化深度结果作为比较基准。以 3 个试件碳化深度平均值作为该组混凝土试件碳化深度的测定值，用以对比各种混凝土的抗碳化能力以及对钢筋的保护作用。应按照不同龄期的碳化深度绘制碳化深度与时间的关系曲线，用于反映碳化的发展规律。

系统的试验研究表明，在快速碳化试验中，碳化深度小于 20 mm 的混凝土，其抗碳化性能较好，一般认为可满足大气环境下 50 年的耐久性要求。在工程实际中，碳化的发展规律也基本与此相似。在其他腐蚀介质的共同侵蚀下，混凝土的碳化会发展得更快。一般公认的是，碳化深度小于 10 mm 的混凝土，其抗碳化性能良好。

依据《混凝土耐久性检验评定标准》（JGJ/T 193—2009），混凝土的抗碳化性能的等级划分应符合表 4-1 的规定。

表 4-1 混凝土抗碳化性能的等级划分

等 级	T- I	T- II	T- III	T- IV	T- V
碳化深度 d/mm	$d\geq30$	$20\leq d<30$	$10\leq d<20$	$0.1\leq d<10$	$d<0.1$

2. 碳化深度检测

混凝土碳化深度的检测可采用酚酞指示剂、热分析法、X 射线物相分析、电子探针显微分析法、$CaCO_3$ 晶体的偏光镜观察法、C-S-H 的定量分析法、C-S-H 碳化时含水二氧化硅（$SiO_2 \cdot H_2O$）的测定等方法。常用混凝土碳化的测定方法见表 4-2。

1）酚酞指示剂法

利用酚酞指示剂测定混凝土的碳化深度是较为常用的方法，可结合肉眼观察结果判定。酚酞指示剂常用 1%酚酞乙醚（或酒精）溶液。它以 pH=9 为界线，将酚酞溶液喷洒到混凝土劈裂面时未碳化区因碱性呈粉红色，碳化区呈中性不变色。混凝土表面到呈色界线的平均距离为碳化深度。

表 4-2 碳化检测方法的比较

试验方法	酚酞溶液喷洒法	热分析法	X射线物相分析法	电子探针显微分析法
目 的	简便和迅速测定碳化深度	评价水化物的碳化程度	测定碳化前后的矿物种类	测定微区碳化状态
特 点	1. 通过测定pH值，间接反映碳化程度； 2. 方法简单、方便	1. 直接反映水化矿物的碳化程度； 2. 可评价未完全碳化区碳化程度	1. 直接反映水化矿物的碳化程度； 2. 可评价未完全碳化区碳化程度	1. 彩图表示碳元素的分布状态； 2. 可测定微区碳化状态
存在的问题	不能确定混凝土中性化原因	1. 不能评价C-S-H的碳化； 2. 难以确定CaCO₃含量	定量精度差	1. 适用于截面尺寸小于5 cm的样品； 2. 应考虑树脂中碳元素的含量

2）热分析方法

按一定升温速度加热混凝土时，混凝土中的水化产物在不同温度范围内发生物理化学反应，造成混凝土重量的变化，并伴随着吸热与放热现象。通常，失重是由于吸附水、层间水、结构水或其他组分的分解所引起，增重则是由于在加热过程中的氧化、氧化物的还原所造成。混凝土的 $Ca(OH)_2$ 和 $CaCO_3$ 在一定温度下发生如下热分解反应：

$$Ca(OH)_2 \xrightarrow{400 \sim 500\,℃} CaO + H_2O \uparrow$$

$$CaCO_3 \xrightarrow{650 \sim 900\,℃} CaO + CO_2 \uparrow$$

记录混凝土重量与时间或温度关系以及混凝土和参比物质间的温差与温度（或时间）关系，联合使用差热分析和热重分析，可以获得有关碳化更完整的有用数据和资料。

3）X射线物相分析方法

根据晶体对波长为 λ 的X射线的衍射特征 $2d\sin\theta = n\lambda$（n 为整数），对晶体物质进行定性定量分析的方法称为粉末X射线物相分析法。混凝土水化与碳化过程中通过X射线物相分析，可准确判定碳化深度，并可确定酚酞指示剂呈无色的碳化深度和 $Ca(OH)_2$-$CaCO_3$ 浓度分布。

4）电子探针显微分析仪

电子探针显微分析仪（Electron Probe Micro Analyzer，EPMA）是试样表面照射电子束时的2次电子和反射电子来观察试样表面状态，并利用此时所产生的元素特有X射线来获取微区表面状态、化学元素的浓度及其空间分布的一种装置。混凝土碳化时，EPMA可以使微区元素分布的面分析结果以彩图形式表示，从而清楚地反映C、S、Na、K、Cl、Ca等各种元素在混凝土碳化时的存在和迁移行为。

一般构件表面都有粉刷层或装修层，当碳化测区同时又是回弹或超声的测区时，按规定应将面层敲除。对于仅测碳化的测区，不需大面积敲除面层，在测定碳化深度（含粉刷层厚度）的同时，用卡尺测量一下面层的厚度并扣除即可。

4.2.4 混凝土渗透性的检测

混凝土渗透性是反映混凝土耐久性的重要指标，是有抗渗要求的混凝土，如水工、港工、路桥工程、地下结构工程等的必检项目之一。

目前常规的混凝土渗透性快速检测技术主要有渗水法（包括渗水高度法、渗水标号法及渗水系数法等）、渗油法、表面透气法（氧气、氮气等）、表面吸水法、电量法（ASTM C1202方法及其改良方法等）、电导率法（包括直流和交流电法等）、氯离子扩散系数法[电化学分析法（Fick 第二定律）、电迁移法（Nernst-Planck 方程）]及饱盐电导率法（NEL 法）、RCM 非稳态电迁移法、NT BUILD492 非稳态迁移实验方法以及极限电压法等。

1. 电通量法（ASTM C1202）

列于《水运工程结构防腐蚀施工规范》（JTS/T 209—2020）和《普通混凝土长期性能和耐久性能试验方法标准》（GB/T 50082—2009）中的电通量法适用于测定以通过混凝土试件的电通量为指标来确定混凝土抗氯离子渗透性能，不适用于掺有亚硝酸盐和钢纤维等良导电材料的混凝土抗氯离子渗透试验。该试验方法是根据美国材料试验协会（ASTM）推荐的混凝土抗氯离子渗透性试验方法 ASTM C1202 修改而成，也可称为直流电量法（或库仑电量法、导电量法）。

该试验方法是将直径 100 mm 厚度 50 mm 的混凝土标准试样，经过真空饱水后，在标准夹具下，通过 0.3 mol/L NaOH 溶液和 3%质量百分比的 NaCl 溶液给混凝土试样施加 60 V 直流电压，通电 6 h，记录流过的电量。以库仑表示通过的总电量值，与试样的抗氯离子渗透性能有一定关系。

其试验的基本原理是：在直流电压的作用下，氯离子能通过混凝土试件向正极方向移动，以测量流过混凝土的电荷量来反映渗透混凝土的氯离子量。试验装置如图 4-1 所示。

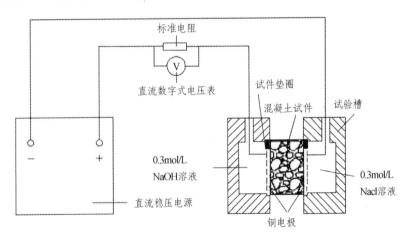

图 4-1　电通量法试验装置示意图

该试验方法用于有表面经过处理的混凝土时，例如采用渗入型密封剂处理的混凝土，应谨慎分析试验结果，因为该试验方法测试某些该类混凝土具有较低抗氯离子渗透性能，而采用 90d 氯离子浸泡试验方法测试对比混凝土板，却表现出较高抗氯离子渗透性能。

当混凝土中掺加亚硝酸钙时，该试验方法可能会导致错误结果。用该方法对掺加亚硝酸钙的混凝土和未掺加亚硝酸钙的对比混凝土测试结果表明：掺加亚硝酸钙的混凝土有更高库仑值，即具有更低的抗氯离子渗透性能。然而，长期氯离子浸泡试验表明掺加亚硝酸钙混凝土的抗氯离子渗透性能高于对比混凝土。

该试验方法未规定制作试件时允许使用的最大骨料粒径，研究表明骨料的最大粒径在工程常用的范围内（5～31.5 mm），用同一批次混凝土制作的试样，其试验结果具有很好的可重复性。

试件在运输和搬动过程中应防止受冻或者损坏。试件的表面受到改动处理，比如做过粗糙处理，用了密封剂、养护剂或者别的表面处理等，必须经过特殊处理使试验结果不受这些改动的影响，可切除改动部分，以消除表面影响。

由于试验结果是试样电阻的函数，试件中的钢筋和植入的导电材料对试验结果有很大影响，要注意试件中是否含有这种导电材料。当试件中存在纵向钢筋时，因为在试件的两个端头搭接了一个连续的电路通道，可能损坏试验装置，这种试验结果应作废。

影响混凝土抗氯离子渗透性的因素有水灰比、外加剂、龄期、骨料种类、水化程度和养护方法等，采用该方法试验结果进行比较时，应注意这些因素的影响。

《铁路混凝土结构耐久性设计规范》（TB 10005）依据混凝土强度等级及设计使用年限的不同，规定了不同强度等级混凝土的电通量要求，见表4-3。

表4-3　不同强度等级混凝土的电通量　　　　　　　　　　　　　　　　单位：C

混凝土强度等级	设计使用年限		
	100 年	60 年	30 年
<C30	<1 500	<2 000	<2 500
C30～C45	<1 200	<1 500	<2 000
≥C50	<1 000	<1 200	<1 500

依据《混凝土耐久性检验评定标准》（JGJ/T 193—2009），当采用电通量划分混凝土抗氯离子渗透性能等级时，应符合表4-4的规定，且混凝土测试龄期宜为28 d。当混凝土中水泥混合材与矿物掺和料之和超过胶凝材料用量的50%时，测试龄期可为56 d。

表4-4　混凝土抗氯离子渗透性能的等级划分（电通量法）　　　　　　　单位：C

等级	Q-I	Q-II	Q-III	Q-IV	Q-V
电通量 S	$S \geqslant 4\,000$	$2\,000 \leqslant S < 4\,000$	$1\,000 \leqslant S < 2\,000$	$500 \leqslant S < 1\,000$	$S < 500$

2. 非稳态迁移实验方法（NT BUILD 492）

氯离子迁移系数快速测定的试验原理和方法最早由唐路平等人在瑞典高校CTH提出，称CTH法（NT BUILD 492—1999.11）。《普通混凝土长期性能和耐久性能试验方法标准》（GB/T 50082—2009）中所列快速氯离子迁移系数法则以 NT BUILD 492—1999.11 "非稳态迁移试验得到的氯离子扩散系数法"的方法为蓝本，进行了适当的文字修改而成，基本上为等同采用。

该方法将直径 100 mm，厚度 50 mm 的混凝土标准试样，经过真空饱水后，在标准夹具下，在轴向施加外部电势，迫使外边的氯离子向试样中迁移。在实验经一定的时间后，将试样沿轴向劈开，在一个新鲜的劈开试件表面上立即喷涂 0.1 mol/L AgNO₃ 溶液。可在约 15 min 后观察到白色 AgCl 沉淀。若在劈开的试件表面喷涂显色指示剂，表面稍干后喷 0.1 mol/L AgNO₃ 溶液。喷 AgNO₃ 溶液的试件约 1 d，含氯离子的部分将变成紫罗兰色。测量显色分界线离底面的距离，将显色深度代入 Nernst-Planck 方程，即得到混凝土氯离子扩散系数。

采用该试验方法时，混凝土的非稳态氯离子迁移系数可表达为：

$$D_{RCM} = \frac{0.023\,9 \times (273+T)L}{(U-2)t} \left(X_d - 0.023\,8\sqrt{\frac{(273+T)LX_d}{U-2}} \right) \qquad (4\text{-}5)$$

式中　D_{RCM}——混凝土的非稳态氯离子迁移系数，精确到 $0.1 \times 10^{-12}\,\mathrm{m^2/s}$；

　　　U——所用电压的绝对值（V）；

　　　T——阳极溶液的初始温度和结束温度的平均值（℃）；

　　　L——试件厚度（mm），精确到 0.1 mm；

　　　X_d——氯离子渗透深度的平均值（mm），精确到 0.1 mm；

　　　t——试验持续时间（h）。

该方法所测定的氯离子迁移系数是对所检测的材料抗氯离子侵入性的一种量测。此标准适用于欧洲硅灰混凝土渗透性测量，对 C50～C70 的混凝土比较适合，其中测试 C60 的混凝土比较准确。这种非稳态迁移系数不能同非稳态浸泡试验或稳态迁移实验等其他量测方法得出的氯离子扩散系数相比较。

《铁路混凝土结构耐久性设计规范》（TB 10005）依据环境作用等级及设计使用年限的不同，规定了氯盐环境下混凝土的抗氯离子渗透性能指标，见表 4-5。

表 4-5　氯盐环境下混凝土抗氯离子渗透性能

评价指标	环境作用等级	设计使用年限	
		100 年	60 年
氯离子扩散系数 56 d D_{RCM}（56 d 龄期，$10^{-12}\,\mathrm{m^2/s}$）	L1	≤7	≤10
	L2	≤5	≤8
	L3	≤3	≤4

3. 非稳态电迁移实验方法（RCM 法）

该方法为参照 NT Build492 非稳态电迁移试验方法原理，由德国亚琛工业大学土木工程研究所对 CTH 法中一些细节进行了改动而制订的，如试件在试验前用超声浴而不用原来的饱和石灰水做真空饱水预处理，试件置于试验槽内的倾角为 32°而不是原来的 22°，且试验时采用的阴、阳极电解溶液也有所不同。这些差异对试验结果的影响尚待进一步的研究，但国内外已有的对比试验认为，改动后的方法对试验结果的影响并不明显。

该方法可定量评价混凝土抵抗氯离子扩散的能力，为氯离子侵蚀环境中的混凝土结构耐久性设计以及使用寿命的评估与预测提供基本参数。这种非稳态迁移方法测量得到的氯离子迁移（扩散）系数不能直接与用别的方法（如非稳态浸泡试验和稳态迁移试验方法）测量得到的氯离子迁移（扩散）系数相比较。

本试验方法适用于骨料最大粒径不大于 25 mm（一般不宜大于 20 mm）的试验室制作的或者从实体结构取芯获得的混凝土试件，标准试件尺寸为直径 $\phi(100\pm1)$ mm，高度 $h=(50\pm2)$ mm。试验数据可以用于氯离子侵蚀环境下耐久混凝土的配合比设计和作为混凝土结构质量检验评定的依据。进行抗氯离子渗透试验的龄期一般为 28 d，由于多数矿物掺和料都可以提高混凝土抗氯离子渗透能力，其试验龄期也可为 56 d、84 d，或者设计要求规定的期限，其试验仪器原理如图 4-2 所示。

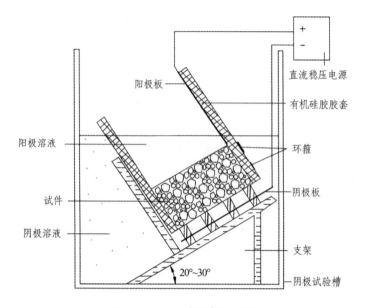

图 4-2 RCM 法测定仪原理

混凝土氯离子扩散系数按式（4-6）计算：

$$D_{\text{RCM,0}} = 2.872 \times 10^{-6} \frac{Th\left(x_{\text{d}} - \alpha\sqrt{x_{\text{d}}}\right)}{t} \tag{4-6}$$

式中　$D_{\text{RCM,0}}$——RCM 法测定的混凝土氯离子扩散系数（m²/s）；

T——温度（K）；

h——试件高度（m）；

x_{d}——氯离子扩散深度（m）；

$\alpha = 3.338 \times 10^{-3}\sqrt{Th}$；

t——通电试验时间（s）。

试验数据可作为氯离子侵蚀环境耐久混凝土的配合比设计和混凝土质量检验的评定依据，也可以用 Dura Crete 提出的方法用于结构使用寿命的评估。此方法目前已在国内被广泛采纳，并作为《公路工程混凝土结构耐久性设计规范》（JTJ/T 3310—2019）、《混凝土结构耐久性设计标准》（GB/T 50476—2019）所采用的试验检测标准。

《公路工程混凝土结构耐久性设计规范》（JTJ/T 3310—2019）基于环境作用等级及结构设计基准期的不同，规定了氯盐环境下混凝土 28 d 龄期氯离子扩散系数 D_{RCM} 值，见表 4-6。

表 4-6　混凝土中的氯离子扩散系数 D_{RCM}（28 d 龄期，10^{-12} m²/s）

环境作用等级		D	E	F
结构设计基准期	100 年	<8	<5	<4
	50 年	<10	<7	<5

注：表中的 D_{RCM} 值，是标准养护条件下 28 d 龄期混凝土试件的测定值，仅适用于氯盐环境下，建议采用的较大掺量和大掺量矿物掺和料的混凝土。对于其他组分的混凝土以及更长龄期的混凝土，应采用更低的 D_{RCM} 值作为抗氯离子侵入性能的评定依据。

《混凝土结构耐久性设计标准》（GB/T 50476—2019）基于环境作用等级及结构设计使用年限的不同，规定了混凝土的抗氯离子侵入性指标，见表 4-7。

表 4-7　混凝土的抗氯离子侵入性指标

设计使用年限	100 年		50 年	
作用等级	D	E	D	E
28 d 龄期氯离子扩散系数 D_{RCM}（10^{-12} m^2/s）	≤7	≤4	≤10	≤6

依据《混凝土耐久性检验评定标准》（JGJ/T 193—2009），当采用氯离子迁移系数（RCM 法）划分混凝土抗氯离子渗透性能等级时，应符合表 4-8 的规定，且混凝土的测试龄期应为 84 d。

表 4-8　混凝土抗氯离子渗透性能的等级划分（RCM 法）

等 级	RCM-Ⅰ	RCM-Ⅱ	RCM-Ⅲ	RCM-Ⅳ	RCM-Ⅴ
氯离子迁移系数 D_{RCM}（RCM 法）（10^{-12} m^2/s）	$D_{RCM} \geqslant 4.5$	$3.5 \leqslant D_{RCM} < 4.5$	$2.5 \leqslant D_{RCM} < 3.5$	$1.5 \leqslant D_{RCM} < 2.5$	$D_{RCM} < 1.5$

4. 混凝土氯离子扩散系数快速检测的 NEL 法

NEL 法是利用 Nernst-Einstein 方程建立的，通过快速测定混凝土中氯离子扩散系数来评价混凝土渗透性的新方法，既适用于普通混凝土，也适用于高性能混凝土。运用此方法可快速测定 C20～C100 的混凝土氯离子扩散系数。NEL 法已在众多的科研、质检、施工单位广泛使用，并列入 2004 中国土木工程学会标准《混凝土结构耐久性设计与施工指南》（CCES 01—2004）（2005 年修订版）。

5. 纤维混凝土抗氯离子渗透对比试验法

钢纤维混凝土由于钢纤维的存在，其导电性较普通混凝土显著提高，使抗氯离子渗透的电迁移法快速试验所得结果误差较大，不能真实反映钢纤维混凝土抗氯离子渗透能力，而采用氯盐溶液浸泡-加热干燥循环的测试方法较为合理。

《纤维混凝土试验方法标准》（CECS13：2009）建议的试验方法适用于钢纤维混凝土抗氯离子渗透性能的测定，主要用以比较钢纤维混凝土与参照混凝土抗氯离子渗透能力的差异。

该试验采用 100 mm×100 mm×200 mm 试件。一组纤维混凝土制作 3 个试件，一组对比混凝土试件制作 3 个。对比混凝土试件应与纤维混凝土具有相同的原材料、水灰比和砂率，略高的稠度，当稠度相差较大时可适当调整减水剂用量或单位用水量。试验龄期为 28 d。

试验步骤主要为：

（1）将试件在 80 ℃±5 ℃ 的温度下烘 24 h，再冷却至室温。

（2）将试件放入塑料箱中，用浓度为 3.5% 的氯化钠溶液浸泡，试件顶面朝上，两侧面应充分接触溶液。24 h 后取出，再放入烘箱，在 60 ℃±2 ℃ 的温度下烘 45 h。由烘箱中取出冷却 3 h，进行下一次循环。

（3）从开始泡盐水至烘毕共历时 72 h 为一次循环，以后照此循环不断往复，直到 10 个循环终止。

（4）在循环过程中应经常检查塑料箱中的氯化钠溶液浓度，保持溶液浓度恒定。

循环完成后，在试件两侧面分段沿不同深度钻取混凝土粉末，每个试件的每个深度粉末试样不宜少于 6 g。用高效磁铁吸取粉末试样中的铁屑，将除去铁屑的试样用于测定其中可溶性氯离子含量。应采用化学滴定法分析各试样中可溶性氯离子含量（氯离子重量占粉末重量的百分数），分析方法可参照《水运工程混凝土试验检测技术规范》（JTS/T 236—2019）的规定执行。专门研究渗透性时最好选用砂浆试件，这样可以避免钻取含氯离子粉末试样中由于粗骨料的影响而产生的试验结果的离散性。

计算每组试件每个深度的氯离子含量，取 3 个试件测试结果的平均值，试验结果可用图表形式给出纤维混凝土和对比混凝土不同深度氯离子含量的测试结果。

4.2.5 氯离子含量的检测

氯离子是诱发钢筋锈蚀的重要因素，为了避免钢筋过早锈蚀，对混凝土原材料中氯离子含量的控制相当严格。我国部分规范明确要求混凝土在选配砂子、骨料、水泥、外加剂、拌和水等混凝土原材料的时候，必须进行氯离子含量的测试，从根本上避免将过量氯离子带入混凝土中。结构混凝土中氯离子含量的测试，对于结构安全性的评估起到很大的作用，同时为旧结构的改造和修补提供极具参考价值的依据。

对氯离子侵蚀环境下的混凝土结构，在现场检测中，为分析混凝土结构中钢筋的腐蚀发展情况，需要测定结构混凝土中氯离子的含量，一般常采用硝酸银滴定法、BS1881Pt. 6 Nolhardt 容量滴定分析法、Quan-tab 氯离子滴定试纸、快速氯离子检验法以及 X 光谱测定法、离子选择电极法（ISE 法）等。应该注意的是，在上述方法中，都需要从结构中提取样品。其中，《建筑结构检测技术标准》（GB/T 50344—2019）明确提出，应先将混凝土试样（芯样）破碎，剔除石子，再进行研磨以测定混凝土中氯离子的含量。

常用的检测方法包括硝酸银滴定法与离子选择电极法（ISE 法）等。

1. 硝酸银滴定法

该试验方法基本原理是在混凝土试样的硝酸溶液中加入过量的硝酸银标准溶液，使氯离子完全沉淀以最终获得氯离子含量。氯离子含量可按式（4-7）计算：

$$W_{(Cl^-)} = \frac{C_{(AgNO_3)}(V_1 - V_2) \times 0.035\,45}{m_s \times 50.00 / 250.0} \times 100 \qquad (4\text{-}7)$$

式中 $W_{(Cl^-)}$——混凝土中氯离子的质量百分数；

$C_{(AgNO_3)}$——硝酸银标准溶液物质的量浓度（mol/L），$C_{(AgNO_3)} = \dfrac{m_{(NaCl)} \times 25.00 / 1\,000.00}{(V_1 - V_2) \times 0.058\,44}$；

V_1——硝酸银标准溶液的用量（mL）；

V_2——空白试验硝酸银标准溶液的用量（mL）；

0.035 45——氯离子的毫摩尔质量（g/mmol）；

0.058 44——氯化钠的毫摩尔质量（g/mmol）；

m_s——混凝土试样的质量（g）。

氯离子含量的测试结果以 3 次试验的平均值表示，计算精确至 0.001%。测试结果，可提供氯离子含量占试样质量的百分比，也可根据混凝土配合比将上述氯离子含量的测试结果换算成占水泥质量的百分比或氯离子含量占混凝土质量的百分比。

2. 离子选择电极法（ISE 法）

该方法通过配备的专业软件，在室温下快速测定水溶液中氯离子含量。适用于水溶液（包括污水）、混凝土及其外加剂、砂、石子、土壤等其他物质中的水溶性氯化物的氯离子含量的测定。

《混凝土结构耐久性设计标准》（GB/T 50476—2019）建议了各种材料中氯离子含量的测定方法及参照规范/标准，如表 4-9 所示。

表 4-9　氯离子含量测定方法

测试对象	试验方法	测试内容	参照规范/标准
新拌混凝土	硝酸银滴定水溶氯离子，1 L 新拌混凝土溶于 1 L 水中，搅拌 3 min，取上部 50 mL 溶液	氯离子百分含量	JTJ/T 322
硬化混凝土	硝酸银滴定水溶氯离子，5 g 粉末溶于 100 mL 蒸馏水，磁力搅拌 2 h，取 50 mL 溶液	氯离子百分含量	JTJ/T 322
砂	硝酸银滴定水溶氯离子，水砂比 2∶1，10 mL 澄清溶液稀释至 100 mL	氯离子百分含量	JGJ S2
外加剂	电位滴定法测水溶氯离子，固体外加剂 5 g 溶于 200 mL 水中；液体外加剂 10 mL 稀释至 100 mL	氯离子百分含量	GB/T 8077

4.2.6　硫酸盐侵蚀试验与检测

1. 混凝土抗硫酸盐侵蚀试验

混凝土在硫酸盐环境中，同时耦合干湿循环条件在实际环境中经常遇到，硫酸盐侵蚀再耦合干湿循环条件对混凝土的损伤速度较快。《普通混凝土长期性能和耐久性能试验方法标准》（GB/T 50082—2009）采用的抗硫酸盐侵蚀试验方法适用于处于干湿循环环境中遭受硫酸盐侵蚀的混凝土抗硫酸盐侵蚀试验，尤其适用于强度等级较高的混凝土抗硫酸盐侵蚀试验。混凝土抗硫酸盐侵蚀性能指标以能够经受的最大干湿循环次数（即抗硫酸盐等级）来表示，符号为 KS。

尺寸为 100 mm×100 mm×100 mm 的立方体混凝土试件可以测量抗压强度指标，而尺寸为 100 mm×100 mm×400 mm 的棱柱体试件则可以测量抗折强度指标。虽然在硫酸盐侵蚀试验中，抗折强度指标比抗压强度指标敏感，但抗压强度指标对结构受力计算和设计更有意义，且抗折强度试验结果离散性大，试验误差大，设备要求较高，操作不便，故在进行抗硫酸盐侵蚀试验时，应采用尺寸为 100 mm×100 mm×100 mm 的立方体混凝土试件。

在进行抗硫酸盐侵蚀试验时，除制作抗硫酸盐侵蚀试验用试件外，还应按照同样方法，同时制作抗压强度对比用试件。试件数量应符合表 4-10 的要求。

表 4-10 抗硫酸盐侵蚀试验所需的试件组数

设计抗硫酸盐侵蚀等级	KS15	KS30	KS60	KS90	KS120	KS150	KS150 以上
检查强度所需干湿循环次数	15	15 及 30	30 及 60	60 及 90	90 及 120	120 及 150	150 及设计次数
鉴定 28 d 强度所需试件组数	1	1	1	1	1	1	1
干湿循环试件组数	1	2	2	2	2	2	2
对比试件组数	1	2	2	2	2	2	2
总计试件组数	3	5	5	5	5	5	5

干湿循环试验装置：宜采用能使试件静置不动，浸泡、烘干及冷却等过程自动进行的自动干湿循环装置。设备的控制系统应能够满足对干湿循环设备进行自动控制、数据实时显示，并具备断电记忆、试验数据自动存储的功能。

抗硫酸盐侵蚀试验的龄期规定为 28 d。设计另有要求时按照设计规定进行。由于混凝土掺入粉煤灰等掺和料后，混凝土抗硫酸盐侵蚀能力一般都会有所提高，而掺和料发挥作用通常需要较长龄期，因此对于掺入较大量掺和料的混凝土，其抗硫酸盐侵蚀试验的龄期可在 56 d 进行。

大量试验研究结果表明，当抗压强度耐蚀系数低于 75% 时，混凝土遭受硫酸盐侵蚀损伤就比较严重了。当干湿循环次数达到 150 次时，如果各种指标均表明混凝土抗硫酸盐侵蚀能力较好，则可以停止试验。验证试验表明：混凝土在硫酸盐溶液中进行干湿循环试验时，多数情况下试件的质量是增加的，即使质量减少，也很难达到 5% 的质量损失率要求。因此，当干湿循环试验出现下列 3 种情况之一时，可停止试验：

（1）当抗压强度耐蚀系数达到 75% 时。

（2）当干湿循环次数达到 150 次。

（3）达到设计抗硫酸盐等级相应的干湿循环次数。

混凝土抗压强度耐蚀系数可表达为：

$$K_f = \frac{f_{cn}}{f_{c0}} \times 100 \qquad (4\text{-}8)$$

式中 K_f——抗压强度耐蚀系数（%）；

f_{cn}——N 次干湿循环后受硫酸盐腐蚀的一组混凝土试件的抗压强度测定值（MPa），精确至 0.1 MPa；

f_{c0}——与受硫酸盐腐蚀试件同龄期的标准养护的一组对比混凝土试件的抗压强度测定值（MPa），精确至 0.1 MPa。

混凝土抗硫酸盐等级应以混凝土抗压强度耐蚀系数下降到不低于 75% 时的最大干湿循环次数来确定。

《铁路混凝土结构耐久性设计规范》（TB 10005—2010）依据环境作用等级和设计使用年限的不同，规定了盐类结晶破坏环境下混凝土的抗硫酸盐结晶破坏性能指标，见表 4-11。

表 4-11　盐类结晶破坏环境下混凝土抗硫酸盐结晶破坏性能

评价指标	环境作用等级	设计使用年限		
		100 年	60 年	30 年
抗硫酸盐结晶破坏等级（56 d）	Y1	≥KS90	≥KS60	≥KS60
	Y2	≥KS120	≥KS90	≥KS90
	Y3	≥KS150	≥KS120	≥KS120
	Y4	≥KS150	≥KS120	≥KS120

2. 硫酸盐含量检测

目前硫酸根的化学分析检测方法主要有硫酸钡重量法、EDTA 容量法、茜素红法、比浊法、比色法等。后两种方法因要借助于专门的仪器和标准比色溶液，误差比较大；茜素红法若溶液中含有 Ca^{2+}、Na^+ 或 Cl^-，这些离子都会对测定产生干扰。因此，混凝土中硫酸根离子的检测可以选用硫酸钡重量法和 EDTA 容量法。

《混凝土结构耐久性设计标准》（GB/T 50476—2019）建议了混凝土及各类环境中硫酸根离子含量的测定方法，见表 4-12。

表 4-12　硫酸根离子含量测定方法

测试对象	试验方法	测试内容	参照规范/标准
硬化混凝土	重量法测量硫酸根含量，5 g 粉末溶于 100 mL 蒸馏水	硫酸根百分含量	GB/T 11899
水	重量法测量硫酸根含量	硫酸根离子浓度/（mg/L）	
土	重量法测量硫酸根含量	硫酸根含量/（mg/kg）	LY/T 1251

4.2.7　碱-骨料反应试验

骨料是否具有碱活性是混凝土发生碱骨料反应的先决条件，对结构混凝土是否采取预防措施及采取何种预防措施，须在掌握骨料是否具有碱活性之后才能做出决策。目前常用的骨料碱活性的检验方法主要有岩相法、化学法、砂浆棒法、混凝土法、压蒸法和岩石柱法等。

岩相法是指通过肉眼并借助光学显微镜鉴定集料的岩石种类、矿物组成及各组分含量，并依此判断集料的碱活性。岩相鉴定结果对其后选择合适的检测方法有重要指导作用，该方法的优点是速度快，缺点是只能定性而不能定量地评估含碱活性的骨料在混凝土中可能引起破坏的程度，且需要有相当熟练的操作技术。

化学法（ASTM C289）是传统的、曾经被广泛使用的骨料碱活性检测方法，主要和砂浆棒法配合使用。化学法的缺点首先在于非 SiO_2 物质对结果的干扰。大量实践指出，化学法能够成功鉴定高碱条件下快速膨胀的集料，但不能鉴定由于微晶石英或变形石英而导致的众多慢膨胀集料，因为这些集料的 SiO_2 溶出量和碱度降低值都很低。另外，化学法存在判据不确定的问题，这是由于不同的允许溶出 SiO_2 极限值的确定存在实际操作困难。化学法曾被广泛应用，但国内外大量的实践证明该方法在实际应用中存在一定的问题。

砂浆棒法最早是 1950 年制定的 ASTM C227 法，该方法以砂浆棒的膨胀率大小作为骨料碱活性的判据。砂浆棒法是鉴定骨料碱活性的经典方法，后来发展的快速砂浆棒法也依此为基础。砂浆棒法存在的问题主要表现在以下几个方面：

（1）结果受养护条件的影响，即湿度控制精度的影响。

（2）水泥碱含量的规定不科学。

（3）水灰比不确定，用水量靠控制流动度确定，易导致相反的结论。

另外，由于砂浆棒法试验周期长，不能满足大多数情况下工程的实际需要，而且广泛存在漏判错判实例，尤其是不能鉴定出许多慢膨胀集料的碱活性。因此各国研究者围绕快速、可靠、方便、可重复性好等目标进行研究改进，发展了高温、高碱条件下的快速砂浆棒法，但仍存在一定的问题。

混凝土棱柱体法本是用来检验碳酸盐的碱活性，后发现该方法也适用于硅质集料。该方法可直接用于粗集料，因而接近混凝土实际，但膨胀结果受水泥细度、水灰比、养护条件及配合比（粗细集料之比）的影响，试验周期长。

压蒸法是在高压的条件下，通过高温、高碱加速集料中的活性组分与碱反应，进一步缩短评定时间，可分为压蒸砂浆试体法和压蒸混凝土试体法。

岩石柱试验法专门检验碳酸盐岩石骨料的碱活性。

《普通混凝土长期性能和耐久性能试验方法标准》（GB/T 50082—2009）所采用的碱-骨料试验方法主要适用于检测骨料的碱活性。试验中将混凝土棱柱体在温暖潮湿的环境中养护 12个月，以此种严酷条件激发骨料潜在的 AAR 活性。我国《水运工程混凝土试验检测技术规范》（JTS/T 236—2019）中的碱-骨料反应（混凝土棱柱体法）也是根据相同的加拿大标准来制订的。

该试验方法主要通过检测在规定的时间、湿度和温度条件下，混凝土棱柱体由于碱-骨料反应引起的长度变化，该法可用来评价粗骨料或者细骨料或者粗细混合骨料的潜在膨胀活性。也可以用来评价辅助胶凝材料（即掺和料）或含锂掺和料对碱-硅反应的抑制效果。

使用该试验方法时，应注意区分碱-骨料反应所引起的膨胀和其他原因引起的膨胀，这些原因可能有（但不限于）以下几种：

（1）骨料中存在诸如黄铁矿、磁黄铁矿和白铁矿等，这些矿物可能会氧化并水化后伴随膨胀发生，或者同时产生硫酸盐，引发硫酸盐对水泥浆体或者混凝土的破坏。

（2）骨料中存在诸如石膏的硫酸盐，引发硫酸盐对水泥浆体或者混凝土的破坏。

（3）水泥或者骨料中存在游离氧化钙或者氧化镁，其可能不断水化或者碳化伴随发生膨胀，导致水泥浆或者混凝土的破坏。钢渣中存在游离氧化钙和氧化镁，其他骨料中也可能存在。

使用该方法判断骨料具有碱活性时，应进行其他补充试验以确定该膨胀方法确实由碱-骨料活性所致。补充试验可以在试验完毕后通过对混凝土试件进行岩相分析检测，以确定是否有已知的活性组分存在。

《铁路混凝土结构耐久性设计规范》（TB 10005—2010）建议了相应的试验方法，以用于评定矿物掺和料及外加剂抑制碱-硅酸反应的有效性。

4.2.8　混凝土抗冻性检测

混凝土的抗冻性可采用试件经历冻融循环后的动弹性模型损失、质量损失、伸长量或体积膨胀等指标进行评价。多采用动弹性模量损失或同时考虑质量损失来确定抗冻级别，但上述指标通常只用来比较混凝土材料的相对抗冻性能，不能直接用来进行结构使用年限的预测。

《普通混凝土长期性能和耐久性能试验方法标准》（GB/T 50082）的抗冻试验采用了慢冻法、快冻法和单面冻融法（盐冻法）。

1. 慢冻法

慢冻法适用于测定混凝土试件在气冻水融条件下，以经受的冻融循环次数来表示的混凝土抗冻性能。慢冻法抗冻性能指标以抗冻标号来表示，是我国一直沿用的抗冻性能指标，目前在建工、水工碾压混凝土以及抗冻性要求较低的工程中还在广泛使用。慢冻法采用的试验条件是气冻水融法，该条件对于并非长期与水接触或者不是直接浸泡在水中的工程，如对抗冻要求不太高的工业和民用建筑，以气冻水融"慢冻法"的试验方法为基础的抗冻标号测定法，仍然有其优点，其试验条件与该类工程的实际使用条件比较相符。目前，慢冻试验设备也有了相应的产品标准《混凝土抗冻试验设备》（JG/T 243—2009）。

慢冻法试验需成型 3 种试件：测定 28 d 强度所需要的试件、冻融试件以及对比试件，该标准将抗冻标号按照 D25、D50、D100、D150、D200、D250、D300、D300 以上等 8 种情况规定了相应的试件数量。

慢冻法试验对于设计抗冻标号在 D50 以上的，通常只需要两组冻融试件，一组在达到规定的抗冻标号时测试，一组在与规定的抗冻标号少于 50 次时进行测试。抗冻标号在 D300 以上的，在 300 次和设计规定的次数进行测试。再高的等级可按照 50 次递增，增加相应的试件数量。

慢冻法抗冻试验结束的条件有 3 个：规定的冻融次数（如设计规定的抗冻标号）、抗压强度损失率达到 25%、质量损失率达到 5%。3 个指标只要有 1 个被超出，即可停止试验。

苏联标准 ΓΟCΓ 10060.2—95 规定的冻融结束条件为抗压强度损失超过 15% 或质量损失超过 3%。我国水工标准 SD105—82 和国家标准 GBJ 82—85 分别规定为抗压强度损失达到 25% 或质量损失达到 5% 时停止试验。我国水工、公路、港口和建工的快冻法均规定质量损失达到 5% 时即停止试验，考虑到我国的实际情况和标准的连续性，修订后的该标准仍然采用质量损失达到 5% 或强度损失达到 25% 作为结束试验的条件。

慢冻试验结果得到 3 个指标：强度损失率、质量损失率和抗冻标号。根据混凝土试件所能经受的最大冻融循环次数，作为慢冻法试验时混凝土抗冻性的性能指标，该指标称为混凝土抗冻标号，用符号 D 表示。

2. 快冻法

快冻法适用于测定混凝土试件在水冻水融条件下，以经受的快速冻融循环次数来表示的混凝土抗冻性能。

快冻法采用的是水冻水融的试验方法，这与慢冻法的气冻水融方法有显著区别。该试验方法是在 GBJ 82—85 中快冻法的基础上，参照美国 ASTM C666—2003 和日本 JIS A 1148—2001 等标准修订而来，试验采用的参数、方法、步骤及对仪器设备的要求与美国 ASTM C666 基本相同。该方法在上述两国、加拿大及我国有着广泛的应用。在我国的铁路、水工、港工等行业，该方法已成为检验混凝土抗冻性的唯一方法。由于水工、港工等工程对混凝土抗冻要求高，其冻融循环次数高达 200～300 次，因此如以慢冻法检验所耗费的时间及劳动量较大，故一般采用水冻水融为基础的快速试验方法，以提高试验效率。ASTM C666—2003 中混凝土抗冻性试验方法有 A 法和 B 法两种。A 法要求试件全部浸泡在清水（或 NaCl 盐溶液）中快速冻融，B 法要求试件在空气中冻结，水中溶解，但最终两方法均依靠测量试件的动弹性模量变化来实现对试件抗冻性的评定。虽然 ASTM C666 中存在两种方法，但在实际应用中，人们习惯于采用 A 法来评价混凝土的抗冻性。原 GBJ 82—85 中快冻法就是主要参考了 A 法编制的。另外，日本规范 JIS A 1148—2001 中也是仅包含类似 ASTM C666—2003 中 A 法的部分。

我国公路行业标准《公路工程水泥及水泥混凝土试验规程》（JTG E30—2005）、电力行业标准《水工混凝土试验规程》（DL/T 5150—2017）以及水利行业标准《水工混凝土试验规程》（SL 352—2006）等标准均规定试件冻结和融化终了时试件中心温度分别为（-18±2）℃ 和（-5±2）℃。这与美国 ASTM C666 标准规定的温度制度一致。为了使各行业的试验结果具有可比性，该标准将抗冻试验最高和最低温度进行了统一，与新修订的 ASTM C666 和公路、水工等标准规定的温度一致。

快冻法抗冻试验结束的条件有 3 个：规定的冻融次数（如设计规定的抗冻等级）、动弹性模量下降到初始值的 60%、质量损失率达到 5%。3 个指标只要有 1 个被超出，即可停止试验。

对于快冻法停止冻融循环试验的条件，《普通混凝土长期性能和耐久性能试验方法标准》（GB/T 50082—2009）参照 JIS A 1148—2001，规定为冻融循环已达到规定的次数、相对动弹模量已降到 60%以下或质量损失率达 5%时停止试验。而 ASTM C666 标准规定的停止试验条件为冻融已达 300 次循环、相对动弹模量已降到 60%以下即可停止，同时将试件长度增长达到 0.1%作为可选的停止条件，考虑到测长比称量质量的操作要复杂，该标准采用质量变化作为可选的停止试验条件。

抗冻等级确定有 3 个条件：一是相对动弹性模量下降到初始值的 60%；二是质量损失率达到 5%；三是冻融循环达到规定的次数。3 个指标任何一个被超出，则可停止试验，以此时的冻融循环次数作为抗冻等级。当以 300 次作为停止试验条件时，抗冻等级为≥F300。

《混凝土结构耐久性设计标准》（GB/T 50476—2019）建议基于设计使用年限，以抗冻耐久性指数来表征混凝土的抗冻性能，见表 4-13。

表 4-13　混凝土抗冻耐久性指数 DF

设计使用年限	100 年			50 年			30 年		
环境条件	高度饱水	中度饱水	盐或化学腐蚀下冻融	高度饱水	中度饱水	盐或化学腐蚀下冻融	高度饱水	中度饱水	盐或化学腐蚀下冻融
严寒地区	80	70	85	70	60	80	65	50	75
寒冷地区	70	60	80	60	50	70	60	45	65
微冻地区	60	60	70	50	45	60	50	40	55

注　1. 抗冻耐久性指数为混凝土试件经 300 次快速冻融循环后混凝土的动弹性模量 E_1 与其初始值 E_0 的比值，DF=E_1/E_0；如在达到 300 次循环之前 E_1 已降至初始值的 60%或试件重量损失已达到 5%，以此时的循环次数 N 计算 DF 值，DF=$0.6×N/300$。
　　　2. 对于厚度小于 150 mm 的薄壁混凝土构件，其 DF 值宜增加 5%。

《铁路混凝土结构耐久性设计规范》（TB 10005—2010）依据环境作用等级和设计使用年限的不同，规定了冻融破坏环境下混凝土的抗冻性能指标，见表 4-14。

表 4-14　类结晶破坏环境下混凝土抗硫酸盐结晶破坏性能

评价指标	环境作用等级	设计使用年限		
		100 年	60 年	30 年
抗冻等级（56 d）	D1	≥F300	≥F250	≥F200
	D2	≥F350	≥F300	≥F250
	D3	≥F400	≥F350	≥F300
	D4	≥F450	≥F400	≥F350

3. 单面冻融法（或称盐冻法）

盐冻法适用于测定混凝土试件在大气环境中且与盐接触的条件下，以能够经受的冻融循环次数或者表面剥落质量或超声波相对动弹性模量来表示的混凝土抗冻性能。

GBJ 82—85 中原有的混凝土抗冻性试验方法（快冻法）源自 ASTM C666，较适宜用于评价长期浸泡在水中并处于饱水状态下的混凝土抗冻性。在我国北方地区，冬季大量使用除冰盐对道路进行除冰，此时的混凝土道路及周边附属建筑物遭受的冻融往往不是饱水状态下水的冻融循环，而是干湿交替及盐溶液存在状态下冻融循环；冬季海港及海水建筑物，水位变动区附近的混凝土也并不是在饱水状态下遭受水的冻融。对于上述情况下混凝土的抗冻性，用原有的混凝土抗冻性试验方法可能无法进行准确评估。

1995 年，德国 Essen 大学建筑物理研究中心的 M. J. Setzer 教授提出了较为成熟的评价混凝土抗冻性的试验方法 RILEM TC 117-FDC，其中包括 CDF(CF) test（全名为 Capillary Suction of Deicing Chemicals and Freeze-thaw test）。2002 年，在进一步研究的基础上，又提出了 RILEM TC 117-IDC，该方法中在对 CDF(CF) test 的标准偏差和离散值进行了补充后提出了改进后的 CIF(CF) test（全名为 Capillary Suction, Internal Damage and Freeze-thaw test，毛细吸收、内部破坏和冻融试验）。

CIF(CF) test 可以对处于不饱水盐溶液冻融情况下的混凝土抗冻性进行评价。该试验方法的制订参考了 RILEM TC 117-IDC 2002 中的 CIF(CF) test。由于该试验中试件只有一个面接触冻融介质，故将其定名为单面冻融法。

试验测试中，每组试件的数量不应少于 5 个，且总的测试面积不得少于 0.08 m^2。试件的密封很重要。只有对所有侧面密封，才能保证试件处于单面吸水状态，这是单面冻融试验方法名称的由来。注意试件的侧面必须密封，否则在冻融的过程中有可能因为侧面的剥蚀而对试验结果产生影响。

每 4 个冻融循环应对试件的剥落物、吸水率、超声波相对传播时间和超声波相对动弹性模量进行一次测量。如果测量过程被打断，应将试件保存在盛有试验液体的试验容器中。

单面冻融试验停止的条件有 3 个：达到 28 次冻融循环；试件表面剥落量大于 1 500 g/m^2；试件的超声波相对动弹性模量降到初始值的 80%。满足 3 个条件中的任何 1 个，即可停止试验。

吸水率、超声波相对传播时间和超声波相对动弹性模量等参数与试件的内部损伤一般有大概的对应关系，见表 4-15。

表4-15　吸水率、超声波相对传播时间和超声波相对动弹性模量等参数与试件的内部损伤的对应关系

混凝土损伤	轻微损伤	中等损伤	严重损伤
超声波相对传播时间/%	>95	95~80	80~60
超声波相对动弹性模量/%	>90	90~60	<60
混凝土吸水率/%	0~0.5	0.5~1.5	>1.5

4.2.9　混凝土早期抗裂试验

原国标 GBJ 82—85 的收缩试验方法属于测量混凝土自由收缩的方法，难以直接评价或反映出混凝土的抗裂性能。研究收缩率的意义并不在于收缩数值大小本身，而是为了确定混凝土收缩对混凝土开裂趋势的影响。约束收缩试验方法实际上是评价混凝土抗裂性能的试验方法，引入约束收缩试验方法，可以模拟工程中钢筋限制混凝土的状态，更加贴近工程现场的实际情况。

关于混凝土在约束状态下早期抗裂性能的试验方法，国内外的研究人员都做了一些研究工作，形成了一系列的方法，综合起来可以分为三大类，它们为平板法、圆环法及棱柱体法。如美国混凝土协会 ACI-544 推荐的平板法，ICBO 推荐的平板法，美国道路工程师协会 AASHTO 推荐的圆环法，RILEM TC119-TCE 推荐的棱柱体法。

《普通混凝土长期性能和耐久性能试验方法标准》（GB/T 50082—2009）所采用的早期开裂试验方法是在 ICBO 的基础上，将其改进，并经过试验验证的方法。该方法采用刀口诱导开裂，故可称其为刀口法。

混凝土早期抗裂试验装置应采用钢制模具，具体试验装置示意如图 4-3 所示。

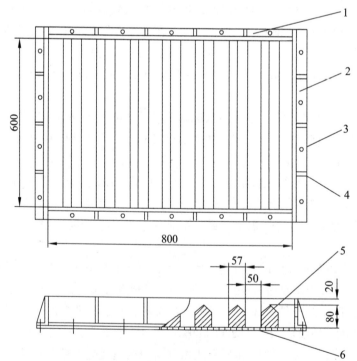

1，2—槽钢；3—螺栓；4—槽钢加强肋；5—裂缝诱导器；6—底板。

图 4-3　混凝土早期抗裂试验装置示意图（单位：mm）

试验宜在恒温恒湿室进行，以保证试验条件一致。条件不具备时，可在温度、湿度变化不大的大房间内进行试验。试件成型制作时需注意平整度和试件厚度，试件太厚和太薄均影响试验结果。实际操作时应注意风扇是否满足规定的风速要求。风速可采用手持式风速仪进行测定。检测裂缝的时间统一规定为 24 h。从混凝土搅拌加水开始计算时间，通常 24 h 后裂缝即发展稳定，变化不大。

由于采用刀口诱导开裂，经过验证试验表明，裂缝基本上为直线，多数刀口上只有一条裂缝，个别刀口上有两条裂缝，此时可将两条裂缝的长度分别测量后相加，折算成一条裂缝的长度。裂缝的宽度以最大宽度为准。需要计算的开裂指标有 3 个，分别为：平均开裂面积、单位面积裂缝数目、单位面积总开裂面积。

每组试件应分别以 2 个或多个试件的平均开裂面积（单位面积上的裂缝数目或单位面积上的总开裂面积）的算术平均值作为该组试件平均开裂面积（单位面积上的裂缝数目或单位面积上的总开裂面积）的测定值。

依据《混凝土耐久性检验评定标准》（JGJ/T 193—2009），混凝土早期抗裂性能的等级划分应符合表4-16的规定。

表 4-16　混凝土早期抗裂性能的等级划分

等　级	L-Ⅰ	L-Ⅱ	L-Ⅲ	L-Ⅳ	L-Ⅴ
单位面积上的总开裂面积 c / (mm^2/m^2)	$c \geq 1\,000$	$700 \leq c < 1\,000$	$400 \leq c < 700$	$100 \leq c < 400$	$c < 100$

4.3　地下结构钢筋锈蚀检测

混凝土结构内部钢筋锈蚀检测有破损和无损检测方法。非破损检测方法主要有分析法、物理法、电化学法及光电化学法等，其中电化学方法最常用。电化学方法通过测定钢筋混凝土腐蚀体系的电化学特性来确定混凝土中钢筋锈蚀程度或速度。混凝土中钢筋锈蚀是一个电化学过程，电化学测量是反映其过程本质的有力手段。与分析法、物理法比较，电化学方法还有测试速度快、灵敏度高、可连续跟踪和原位测试等优点，因此电化学检测得到了更多的重视与发展。该类方法在实验室已经成功地用于检测混凝土试样中钢筋的锈蚀状况和锈蚀速度，并已开始试用于现场检测。电化学检测方法主要有半电池电位法、混凝土电阻率法、直流线性极化法、交流阻抗、恒电量法、电化学噪声法和谐波法等。根据现场的实际应用情况，最常用的方法有半电池电位法、混凝土电阻率检测法、线性极化电阻法以及交流阻抗谱法等。

4.3.1　半电池电位法

钢筋电位的测量用来评定混凝土中钢筋的锈蚀情况，其理论基础是：在阳极和阴极区之间一定存在着电位差以使电子流动并导致钢筋的锈蚀。这种方法一般是通过量测钢筋和一个放在混凝土表面的参考电极（称作半电池，如铜/硫酸铜）之间的电位差来完成的，如图 4-4所示。参考电极的电位必须是固定及稳定的。一般现场常用的参考电极是银/氯化银电极或铜/硫酸铜电极。

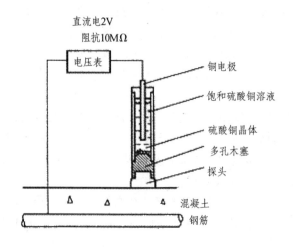

图 4-4　标准半电池电位法（铜/硫酸铜电极）

半电池电位法的基本理论是利用"Cu + CuSO₄ 饱和溶液"形成的半电池与"钢筋+混凝土"形成的半电池构成的一个全电池系统。由于"Cu + CuSO₄ 饱和溶液"的电位值相对恒定，而混凝土中钢筋因锈蚀产生的化学反应将引起全电池的变化。通过测定钢筋混凝土与混凝土表面上的参考电极之间连成的系统所反映的电位差，评定钢筋的锈蚀状态。

针对半电池电位法，不论从理论还是实践，各国学者都已经做了大量的工作，并且已经开发出了相应设备，可以在现场电位检测时进行相应数据的采集。对电位检测方法的主要要求就是要与钢筋有一个良好的电接触以及一个高量度范围的电压表。另外，在实际检测中，钢筋的电位还受到以下因素的影响：

（1）钢筋的类型及其金属特性。

（2）检测环境（如 pH 值、盐类以及有害介质含量等）。

（3）氧气含量。

（4）杂散电流的影响（直流或交流）。

（5）环境温度及混凝土表面情况。

美国 ASTM C876—91 标准对混凝土结构中钢筋的电位量测结果与发生腐蚀的可能性的关系给出了相应的解释，见表 4-17。需要指出的是，该标准是基于美国受化冰盐腐蚀的公路、桥板情况获得的，有其自身的局限性，在应用于不同环境下的不同结构时，应根据实际情况进行调整。《混凝土中钢筋检测技术标准》（JGJ/T 152—2019）采用铜/硫酸铜电极，对半电池电位法检测结果的评判采用 ASTM C876—91 中的判据，给出了相应的评判标准，见表 4-18。

表 4-17　ASTM C876—91 中的解释

钢筋电位（Cu/CuSO₄）	发生腐蚀的可能性
>-200 mV	10%
-200 ~ -350 mV	50%
<-350 mV	90%

表 4-18　电池电位值评价钢筋锈蚀状况的判据

电位水平/mV	钢筋锈蚀性状
>-200	不发生锈蚀的概率>90%
-200~-350	锈蚀性状不确定
<-350	发生锈蚀的概率>90%

《建筑结构检测技术标准》(GB/T 50344—2019)建议钢筋锈蚀状况的电化学测定方法和综合分析判定方法宜配合剔凿检测方法的验证，并给出了相应的评判标准，见表 4-19。原交通部公路研究所给出了不同的评定参考标准，见表 4-20。由此可以看出，钢筋腐蚀状态的判别标准的不统一与地区、行业的差异性。

表 4-19　钢筋电位与钢筋锈蚀状况判别

钢筋电位状况/mV	钢筋锈蚀状况判别
-350~-500	钢筋发生锈蚀的概率为95%
-200~-350	钢筋发生锈蚀的概率为50%，可能存在坑蚀现象
>-200	无锈蚀活动性或锈蚀活动性不确定，锈蚀概率5%

表 4-20　电位水平与钢筋锈蚀状况关系

序号	电位水平/mV	钢筋状态	评定等级
1	0~-200	锈蚀活动性或锈蚀活动性不确定	I
2	-200~-300	有锈蚀活动性，但锈蚀状态不确定，可能有坑蚀	II
3	-300~-400	有锈蚀活动，发生锈蚀概率大于90%	III
4	-400~-500	有锈蚀活动，严重锈蚀可能性极大	IV
5	<-500	构件存在锈蚀开裂区域	V

注：1. 表中电位水平为采用铜-硫酸铜电极时的量测值。
　　2. 混凝土湿度对量测值有明显影响，量测时构件应为自然状态，否则不能使用此标准。

半电池电位法虽然已被广泛地应用以确定钢筋腐蚀的区域，但其不足之处是不能提供有关钢筋腐蚀速度的定量信息。

对于常规的半电池电位法，若参考电极处于钢筋上方时，钢筋的实际腐蚀电位一般应为 -700 mV。但由于参考电极位于混凝土表面且在钢筋和混凝土表面之间存在一定的电阻，实际检测得到的电位为-350 mV，如图 4-5 所示。

因此，量测得到的电位值并非钢筋的实际腐蚀电位值。这一问题在已有的电位评定标准中已经得到考虑，并且如果在整个混凝土表面都进行电位检测，并获得了相应的等电位图，则即使该值并非钢筋的实际腐蚀电位值，仍有如下参考价值：

（1）若在不同区域电位检测值差别较大，则钢筋在很大程度上已发生腐蚀。

（2）检测值负值最大的区域是钢筋剧烈腐蚀的最可能的区域。

在实际工程的现场检测中，可采用改进的半电池电位法（两个参考电极），以避开与结构中钢筋的连接问题。

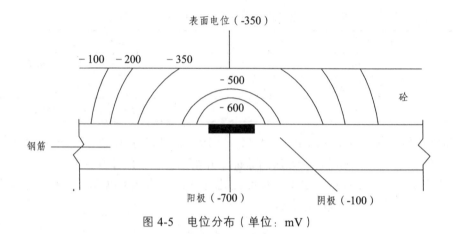

表面电位（-350）

－100　－200　　－350

－500

－600

砼

钢筋

阳极（-700）　　　　阴极（-100）

图 4-5　电位分布（单位：mV）

4.3.2　混凝土电阻率法

电位监控只能给出一些钢筋是否可能发生腐蚀的信息，而不能表明钢筋锈蚀的速率，应考虑将电位量测及混凝土电阻率的量测联系起来。如果量测到的电位表明钢筋发生了剧烈的腐蚀，就可以进一步通过混凝土电阻率的量测得到有关钢筋锈蚀速率的更多信息。腐蚀是一个电化学的过程，它包括以离子形式流动于阳极与阴极反应区域之间混凝土的电流，而混凝土电阻率能较好地反映与渗透性密切相关的混凝土密实度和孔结构，因此，混凝土的电阻率越大，则离子电流越低，锈蚀速率越低。

如图 4-6 所示量测混凝土电阻率的方法，称之为 Wenner 方法。

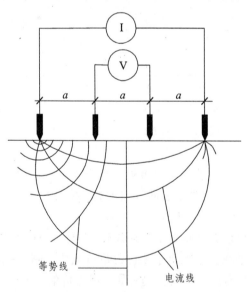

等势线　　　　　　电流线

图 4-6　混凝土电阻率检测（4 探头）

在混凝土表面放置 4 个等距探头，在最外边两个触头之间加 1 ~ 20 Hz 的可变电流，这样就量测到了最里边两个触头之间的电位差。如果相邻触头之间的距离为 a，则混凝土电阻率 ρ 可通过式（4-9）得出：

$$\rho = 2\pi a \frac{V}{I} \qquad\qquad (4\text{-}9)$$

另外，也可采用两探头的方法对混凝土的电阻率进行检测，其工作原理基本相同。

国外相关研究在混凝土结构实际检测工作的基础上，给出了钢筋的可能腐蚀速率与混凝土电阻率之间的关系，见表 4-21。《建筑结构检测技术标准》（GB/T 50344—2019）给出了混凝土电阻率与钢筋锈蚀状况的判别标准，见表 4-22。

表 4-21　混凝土电阻率与钢筋腐蚀速率间的关系

混凝土电阻率/（kΩ·cm）	钢筋可能的腐蚀速率
<5	很高
5~10	高
10~20	中等/低
>20	很低

表 4-22　混凝土电阻率与钢筋锈蚀状态判别

混凝土电阻率/（kΩ·cm）	钢筋锈蚀状态判别
>100	钢筋不会锈蚀
50~100	低锈蚀速率
10~50	钢筋活化时，可出现中高锈蚀速率
<10	电阻率不是锈蚀的控制因素

原交通部公路研究院也给出了相应的参考标准，见表 4-23。由此可以看出，腐蚀速率与混凝土电阻率之间的关系同样存在着评判标准的不统一和地区的差异性。

表 4-23　混凝土电阻率对钢筋锈蚀的影响

序号	电阻率/（kΩ·cm）	可能的锈蚀程度	评定等级
1	>20	很慢	I
2	15~20	慢	II
3	10~15	一般	III
4	5~10	快	IV
5	<5	很快	V

注：混凝土湿度对量测值有明显影响，量测构件应为自然状态，否则不能使用此评判标准。

在实际检测中，保证仪器和混凝土之间良好的电接触性是很重要的。这一般可通过采用一种可导性乳剂或冻胶来保证，有时还须采用在混凝土表面钻孔的方法。

为了最大限度地降低具有不同电阻率的混凝土面层对量测精确度的影响，触头之间的距离至少需要 4 cm。触头之间的间距不应超过混凝土厚度的 1/4，这是由于盐分的渗入或炭化作用会产生这样的表面层。在下雨或其他情形下，当混凝土表面有水覆盖层时对其进行混凝土电阻率的量测，也会造成不精确的结果，应尽量避免。

4.3.3 线性极化电阻法

除了半电池电位法和混凝土电阻率法等定性检测技术，还可采用进一步的定量检测技术来确定混凝土中钢筋的锈蚀速率，即对混凝土中钢筋加一个很小的电化学扰动并量测其反应，从量测到的反应可以得到受扰动钢筋的腐蚀速率。运用扰动来量测腐蚀速率的最常用方法是线性极化电阻法。当所加电位不超过 20 mV 时，腐蚀电流心 I_{corr} 可以通过式（4-10）得出。

$$I_{corr} = \beta_a\beta_c \times \frac{1}{2.3(\beta_a + \beta_c)} \cdot \frac{1}{R_p} = \frac{B}{R_p}$$ （4-10）

式中　β_a，β_c——阳极和阴极的 Tafel 常数；

　　　B——Stern-Geary 常数，对混凝土中发生腐蚀的钢筋，B 一般可取 25 mV，对钝化钢筋一般可取 50 mV。

这样一来，就可以通过线性极化电阻量测得到的腐蚀电流密度来求得混凝土中钢筋的腐蚀速率，如式（4-11）所示，即：

$$P = \frac{Mi_{corr}t}{\rho ZF}$$ （4-11）

式中　i_{corr}——腐蚀电流密度；

　　　t——时间；

　　　ρ——钢筋的密度，为 7.95 g/cm^3；

　　　Z——传递电子数（如 $Fe \rightarrow Fe^{2+} + 2e^-$）；

　　　M——铁的原子量，为 55.85 g/mol；

　　　F——法拉第常数，为 96 500 C/mol=96 500 A·s/mol。

线性极化电阻的量测可采用 3 种不同的方法，即 Potentiostatic 法、Galvanostatic 法和 Po-tentiodynamic 法，其工作原理分别如图 4-7、图 4-8 和图 4-9 所示。

线性极化电阻检测方法的优点在于它能够直接给出钢筋在检测时的腐蚀速率，市场上已经开发出了一些便携式的 LPR 检测设备以用于现场的数据量测和腐蚀度的计算。在采用这些商业设备进行现场量测时，仍存在着一些实际的困难，尽管针对这一方面已经做了大量的试验工作，但并未很好地解决这些问题。

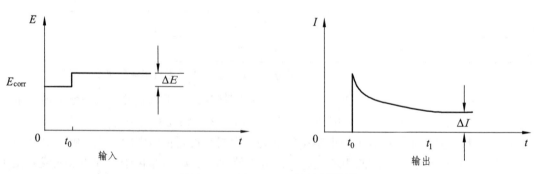

图 4-7　Potentiostatic 法检测原理

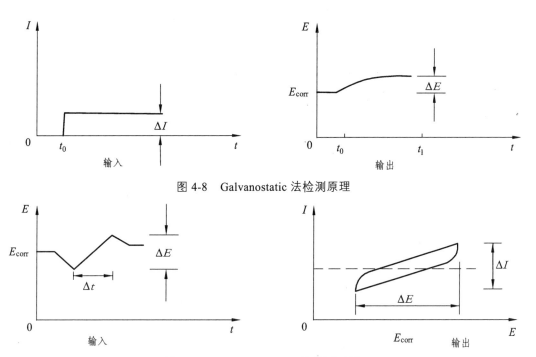

图 4-8　Galvanostatic 法检测原理

图 4-9　Po-tentiodynamic 法检测原理

其中首要的问题是极化电阻的量测值并非钢筋-混凝土接触面真正的量测值。这是由于混凝土形成的所谓"溶液电阻"R_s 所造成的，如图 4-10 所示。

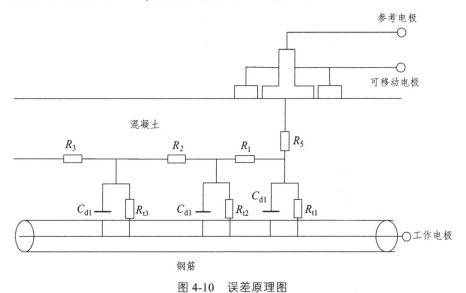

图 4-10　误差原理图

即实际极化电阻 R_P 应为：

$$R_P = \frac{\Delta E}{\Delta I} - R_s \qquad (4\text{-}12)$$

混凝土的 R_s 对极化电阻量测值的影响可以通过一个 300 Hz 交流电下的量测得到。在钢筋-混凝土接触面，有一个与接触面电阻平行的电容。这个电容被称为双层电容，是由于接触面上分子的双极排列所造成的。在 300 Hz 交流电下，这个电容会通过接触面发生短路，这样就可以量测到混凝土的 R_s 电阻。将这个电阻值从量测到的线性极化电阻中减去，就可以得到钢筋-混凝土接触面电阻的一个真实值。

由于双层电容的存在，在线性极化电阻的量测过程中，电流对电位的变化并非保持为一常数，因此必须确定电流的量测时刻，这也是造成不精确的一个原因。使用这种方法产生的另一种主要误差是由于受扰动钢筋面积的不确定所造成的，真正在量测时涉及的钢筋面积需要定量化。对一些大型结构来说这是非常困难的，这是由于电流是沿着钢筋向外发散扩展的。因此，需要采用一些方法来克服这一问题。如：可采用直径 40~50 mm 的相对较大的辅助电极；在辅助电极两边加保护环以减少通过辅助电极电流的扩张，从而确定钢筋的面积；预埋控制杆等方法。

4.3.4　交流阻抗谱法

交流阻抗谱法是一种暂态频谱分析技术，施加的交流信号对腐蚀体系的影响较小。它不仅可确定出电极过程的各种电化学参数，而且可以确定出电化学反应的控制步骤。通过交流阻抗谱随时间的演变也可以研究电极过程的变化规律。这种方法的基本原理是基于钢筋-混凝土简化模型，通过在不同频率上（频率范围一般为 1 kHz~10 MHz）外加振幅为 20 mV 左右的正弦波，来对钢筋的腐蚀情况进行量测。其中，在高频段的量测中，可获得混凝土的"溶液电阻"；在中频段，则可获得钢筋表面的双层电容 C_{dl}；在低频段，可获得 $R_{ct} + R_s$ 值。其中，R_{ct} 为控制钢筋腐蚀速率的实际极化电阻。该方法的工作原理如图 4-11 所示。

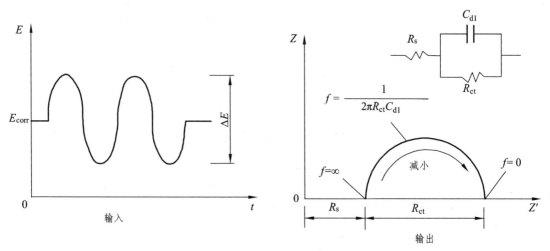

图 4-11　交流阻抗谱法工作原理

交流阻抗法可以提供钢筋-混凝土界面反应动力学的有关信息，包括反应阻抗、双电层电容和扩散过程特征等，并可采用等效电路解析腐蚀体系的电化学交流阻抗数据，定量描述腐蚀反应机理及动力学过程。

在浓差极化可以忽略的情况下，腐蚀体系通常可以简化为电阻电容串联的 Randle 模型电路，如图 4-12 所示。

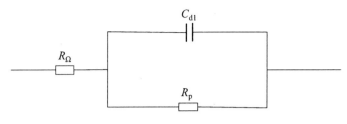

图 4-12　Randle 模型电路

通过对该电路施加一正弦交流电压信号 $I = A\sin(\omega t)$，在保证不改变电极体系性质的情况下，可以计算出等效电路的阻抗，即：

$$Z = \left(R_\Omega + \frac{R_p}{1+\omega^2 C_{dl}^2 R_p^2} \right) - i\frac{\omega C_{dl} R_p^2}{1+\omega^2 C_{dl}^2 R_p^2} \tag{4-13}$$

式中　R_p——钢筋混凝土界面的极化电阻；

　　　R_Ω——辅助电极与钢筋之间混凝土的欧姆电阻；

　　　C_{dl}——钢筋混凝土界面的双电层电容。

以上式的实部为 X 轴，虚部为 Y 轴作图，可得电路的阻抗谱图（Nyquist 图），并由此可以直接解出 R_p、R_Ω、C_{dl}，从而可以对研究对象的腐蚀状态作出评价。

交流阻抗谱法一般仅能测量某一固定时刻的钢筋锈蚀速率。实际中，混凝土钢筋的锈蚀速率在时间和空间的分布都是不均匀的：在初始阶段，由于钢筋表面存在钝化膜，因此钢筋锈蚀速率非常小；随着锈蚀时间的延长，钝化膜渐渐损坏，钢筋表面的局部腐蚀逐步扩大；由于钢筋表面的不均匀性，钢筋锈蚀往往仅在某些局部区域发生，而在发生这些点蚀的地方，钢筋锈蚀速率（即腐蚀电流密度）往往很大。

4.3.5　常用电化学检测方法的比较

综合以上各类电化学方法特点，表 4-24 给出电化学方法在应用情况、检测速度、测量参数、干扰程度、适用性等方面的比较。

表 4-24　常用电化学检测方法的比较

类　型	半电池电位法	混凝土电阻率法	直流线性极化法	交流阻抗法	恒电量法	电化学噪声法	谐波法
应用情况	最广泛	一般	广泛	一般	较少	较少	较少
检测速度	快	较慢	较快	慢	快	较慢	较慢
定性/定量	定性	定性	定量	定量	定量	半定量	定量
干扰程度	无	小	小	较小	微小	无	较小
测定参数	电位差	腐蚀电流密度	腐蚀电流密度	腐蚀电流密度	腐蚀电流密度	腐蚀电流密度	腐蚀电流密度

4.3.6　混凝土中钢筋锈蚀试验

1. 普通混凝土

在《普通混凝土长期性能和耐久性能试验方法标准》（GB/T 50082）中，通过快速碳化试验以对比不同混凝土对钢筋的保护作用，因此适合于大气条件下钢筋的锈蚀试验，不适用于氯离子环境条件下钢筋锈蚀试验。

该试验采用 100 mm×100 mm×300 mm 的棱柱体试件，每组 3 块。适用于骨料最大粒径不超过 31.5 mm 的混凝土。试件中埋置的钢筋应采用直径为 6.5 mm 的普通低碳钢热轧（Q235）盘条调直截短制成，其表面不得有锈坑及其他严重缺陷。试件成型前应将套有定位板的钢筋放入试模，定位板应紧贴试模的两个端板，为防止试模上的隔离剂污染钢筋，安放完毕后应使用丙酮擦净钢筋表面。钢筋定位板示意如图 4-13 所示。

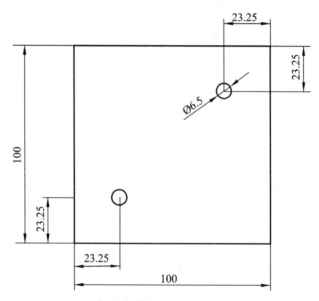

图 4-13　钢筋定位板示意图（单位：mm）

我国常用的钢筋锈蚀测量方法有两种，一是直接测量被检钢筋的锈蚀面积及失重情况，另一种是测量钢筋在电化学过程中的极化程度，并根据所测量得到的极化曲线来判别钢筋有无锈蚀情况，后者只适用于溶液及水泥砂浆（未硬化或已硬化）中钢筋锈蚀的定性检验。混凝土中钢筋锈蚀的极化试验虽然做过一些尝试，尚需要进一步完善和改进，故采用破型直接检验钢筋质量损失的试验方法。钢筋锈蚀面积表达法在锈蚀不大时很难分清锈蚀和未锈蚀的界限，而锈蚀严重时，却又不能反映它们程度上的差别。因此，可采用钢筋的锈蚀失重率作为评价指标。

由于测量钢筋锈蚀程度采用酸洗的方法，而酸对未锈蚀的钢筋也会有一定破坏，为了避免酸洗本身带来的影响，应用相同材质的未锈蚀钢筋作为基准校正。钢筋锈蚀失重率应按式（4-14）计算：

$$L_W = \frac{w_0 - w - \dfrac{(w_{01} - w_1) + (w_{02} - w_2)}{2}}{w_0} \times 100 \tag{4-14}$$

式中 L_W——钢筋锈蚀失重率（%），精确至 0.01；

w_0——钢筋未锈前质量（g）；

w——锈蚀钢筋经过酸洗处理后的质量（g）；

w_{01}，w_{02}——基准校正用的两根钢筋的初始质量（g）；

w_1，w_2——基准校正用的两根钢筋酸洗后的质量（g）。

2. 纤维混凝土

《纤维混凝土试验方法标准》（CECS 13：2009）参照《水运工程混凝土试验检测技术规范》（JTS/T 236—2019）规定的混凝土中钢筋快速腐蚀试验方法编制，选用氯盐溶液浸泡干湿循环的试验方法。其基本原理为模拟海水（含盐水）环境干湿交替，并且采用适当提高温度的方法，加速腐蚀速度。该方法适用于测定氯盐侵蚀环境下的纤维混凝土防止钢筋腐蚀的性能。

试验采用 100 mm×100 mm×200 mm 截面的棱柱体试件。一组纤维混凝土制作 4 个试件，一组对比混凝土试件制作 8～10 个。对比混凝土试件应与纤维混凝土具有相同的原材料、水灰比和砂率，略高或相近的稠度，当稠度相差较大时可适当调整减水剂用量或单位用水量。

试件的制作应采用拌好的纤维混凝土拌和物浇筑 100 mm×100 mm×100 mm 的中间段。浇筑时两头采用端头板和木楔固定钢筋，以保证试件各表面到钢筋表面的距离相等。纤维混凝土装入试模后，放在振动台上振动至出浆；卸去木楔和端头板，在试件两头浇筑水灰比小于中间纤维混凝土的富水泥砂浆，长度不小于 50 mm，振捣密实。

采用浓度为 3.5% 的氯化钠溶液浸泡经过一定循环次数（4～5 次）后，劈开一块对比试件观察钢筋锈蚀情况：若未生锈，则继续进行浸烘循环；若已生锈（锈积率大于 15%），则对试件进行锈蚀检查试验。沿钢筋方向劈开试件，测量钢筋两端的纤维混凝土保护层厚度（精确至 1 mm），取其平均值作为该试件的纤维混凝土保护层厚度值。若纤维混凝土保护层厚度小于原设计试件保护层厚度的 80%，该试件作废。

取出试件中钢筋，用玻璃纸描绘钢筋表面的锈蚀面积，然后复印在坐标纸上，计算钢筋锈蚀面积。钢筋锈蚀率按式（4-15）计算：

$$p = \frac{S_n}{S_0} \times 100\% \tag{4-15}$$

式中 p——钢筋锈蚀率（%）；

S_n——n 次循环后钢筋锈蚀面积（mm^2）；

S_0——未锈蚀钢筋表面积（mm^2）。

试件中钢筋应经过酸洗，以把锈蚀产物洗掉。酸洗时，洗液中放入两根尺寸相同的同类无锈钢筋作空白校正。钢筋失重率按式（4-16）计算：

$$m_L = \frac{m_0 - m - \frac{(m_{01} - m_1) + (m_{02} - m_2)}{2}}{m_0} 100\% \tag{4-16}$$

式中 m_L——钢筋失重率（%）；

m_{01}，m_{02}——空白校正用的两根钢筋的初始质量（g）；

m_1，m_2——空白校正用的两根钢筋酸洗后相应的质量（g）；

m_0——试验钢筋初始质量（g）；

m——试验后钢筋质量（g）。

根据试验所得同组 4 个试件的钢筋锈蚀率平均值和失重率平均值，比较纤维混凝土试件组与混凝土对比试件组的防止钢筋锈蚀的性能。

4.4 地下工程锚杆锚固和钢拱架耐久性检测

4.4.1 锚杆锚固锈蚀耐久性检测

锚杆施工属于隐蔽工程，不易发现其施工质量是否能达到设计或相关规范的要求。而在地下工程施工过程中经常会出现锚杆长度达不到设计要求、锚杆的数量小于设计数量、锚杆注浆饱满度达不到设计要求等。当锚杆施工质量不能满足要求时，将会产生非常不利的后果。因此，锚杆锚固质量检测对保证地下结构耐久性十分重要。现场检测步骤及注意事项如下：

（1）接受检测任务后，应收集下列资料：① 工程项目用途、规模、结构、地质条件，项目锚杆的设计类别及功能、设计数量、设计长度范围等；② 工程项目的锚杆设计布置图、施工工艺、施工记录、监理记录。

（2）锚杆无损检测实施前，检测单位应编写锚杆无损检测方案。按照当前国内建设项目检测、试验的一般程序，检测或试验方应针对检测对象、检测人的情况，在检测前编制检测实施细则或方案，以便监理方或其他相关方监督、了解检测工作，一般独立的小项目不作此要求。

（3）检测前应对检测仪器设备进行检查调试。现场检测期间，检测现场周边不得有机械振动、电焊作业等对检测数据有明显干扰的施工作业。现场振动、强电磁场等干扰会严重影响记录质量，应采取施工协调、轮休等措施予以规避。

（4）单项或单元工程被检锚杆宜随机抽样，并应重点检测下列部位：工程的重要部位；局部地质条件较差部位；锚杆施工较困难的部位；施工质量有疑问的锚杆。当出现实测信号复杂、波形不规则，无法对其进行锚固质量评价以及对无损检测结果有争议情况时，宜采用其他方法进行验证。

（5）现场检测宜在锚固 7 d 后进行。现场检测应具备高处作业、照明、通风等条件及必要的安全防护措施。检测前应清除外露端周边浮浆，分离待检锚杆外露端与喷护体的连接。对被测锚杆的外露自由段长度和孔口段锚固情况应进行测量记录。

按照国际、国内检验认证的一般规定，锚杆无损检测属于现场原位试验，应注重检测样品的描述及相关资料的收集与分析，这种收集对检测过程的追溯、对检测成果的正确判断都非常重要。

检测数据与分析应按照《锚杆锚固质量无损检测技术规程》（JGJ/T 182）进行。

锚杆杆体长度计算时，锚杆杆底反射信号识别可采用时域反射波法、幅频域频差法等。当杆底反射信号较清晰时，可直接采用时域反射波法和幅频域频差法识别；当杆底反射信号微弱难以辨认时，宜采用瞬时谱分析法、小波分析法和能流分析法等方法识别。

杆底反射波与杆端入射首波波峰间的时间差即为杆底反射时差，若有多次杆底反射信号，则应取各次时差的平均值。

时间域杆体长度应按下式计算：

$$L = \frac{1}{2} C_{\mathrm{m}} \times \Delta t_{\mathrm{e}} \qquad (4\text{-}17)$$

式中　L——杆体长度；

　　　C_{m}——同类锚杆的波速平均值（m/s），若无锚杆模拟试验资料，应按下列原则取值：当锚固密实度小于 30%时，取杆体波速（C_{b}）平均值；当锚固密实度大于或等于 30%时，取杆系波速（C_{t}）平均值；

　　　Δt_{e}——时域杆底反射波旅行时间。

频率域杆体长度应按下式计算：

$$L = \frac{C_{\mathrm{m}}}{2\Delta f} \qquad (4\text{-}18)$$

式中　Δf——幅频曲线上杆底相邻谐振峰间的频差。

杆体波速和杆系波速平均值的确定应符合下列规定：

应以现场锚杆检测同样的方法，在自由状态下检测工程所用各种材质和规格的锚杆杆体波速值，杆体波速应按下列公式计算平均值：

$$C_{\mathrm{b}} = \frac{1}{n} \sum_{i=1}^{n} C_{\mathrm{b}i} \qquad (4\text{-}19)$$

$$C_{\mathrm{b}i} = \frac{2L}{\Delta t_{\mathrm{e}}} \qquad (4\text{-}20)$$

或　　　　　$$C_{\mathrm{b}i} = 2L \cdot \Delta f \qquad (4\text{-}21)$$

式中　C_{b}——相同材质和规格的锚杆杆体波速平均值（m/s）；

　　　$C_{\mathrm{b}i}$——相同材质和规格的第 i 根锚杆的杆体波速值（m/s），且$|C_{\mathrm{b}i}-C_{\mathrm{b}}|/C_{\mathrm{b}} \leqslant 5\%$；

　　　L——杆体长度（m）；

　　　Δt_{e}——杆底反射波旅行时间（s）；

　　　Δf——幅频曲线上杆底相邻谐振峰间的频差（Hz）；

　　　n——参加波速平均值计算的相同材质和规格的锚杆数量（$n \geqslant 3$）。

缺陷判断及缺陷位置计算应符合下列要求：

时间域缺陷反射波信号到达时间应小于杆底反射时间；若缺陷反射波信号的相位与杆端入射波信号反相，二次反射信号的相位与入射波信号同相，依次交替出现，则缺陷界面的波阻抗差值为正；若各次缺陷反射波信号均与杆端入射波同相，则缺陷界面的波阻抗差值为负。频率域缺陷频差值应大于杆底频差值。锚杆缺陷反射信号识别可采用时域反射波法、幅频域频差法等。缺陷反射波信号与杆端入射首波信号的时间差即为缺陷反射时差，若同一缺陷有多次反射信号，则应取各次缺陷反射时差的平均值。

缺陷位置应按下列公式计算：

$$x = \frac{1}{2} \cdot \Delta t_x \cdot C_{\mathrm{m}} \qquad (4\text{-}22)$$

$$x = \frac{1}{2} \cdot \frac{C_{\mathrm{m}}}{\Delta f_x} \qquad (4\text{-}23)$$

式中　x ——锚杆杆端至缺陷界面的距离（m）；

　　　Δt_x ——缺陷反射波旅行时间（s）；

　　　Δf_x ——频率曲线上缺陷相邻谐振峰间的频差（Hz）。

4.4.2　钢拱架质量检测

钢架是从木支撑演变而来的。目前钢架大体上分为型钢钢架和格栅钢架两类。钢架的采用与国情和习惯有关，日本主要采用型钢钢架，而欧美则主要采用格栅钢架，我国则是型钢钢架和格栅钢架兼用。

一般来说，在初期支护中，钢架很少单独应用，多数场合是与喷射混凝土或锚杆一道使用。在不良围岩中，钢架是必不可少的支护构件之一，特别是型钢钢架如安装合理、及时，就能立即发挥其支护效果，是其他支护构件不可比拟的。

不管采用哪种开挖方法，不管开挖如何精心，开挖面都是凹凸不平的，型钢钢架很难与围岩紧密地、全面地直接接触，即使有接触也是局部的；再加上架设不到位，可以说型钢钢架与围岩是不密贴的，存在局部或全部悬空的状态。在这种情况下，型钢钢架多数受局部集中荷载或偏压荷载的作用，因此，型钢钢架是易于变形（易于弯曲或屈服）的支护构件。为此，钢架质量的检测是地下工程结构检测中的重要一环。钢架的质量主要涉及加工和安装两个方面，具体如下。

1. 保护层厚度

保护层厚度的传统检测方法是凿槽法，即凿除待检断面的保护层再用钢卷尺量出保护层的厚度。这种方法会对初支结构造成破坏。同样，基于雷达检测的原理，可以采用地质雷达法进行钢支撑保护层厚度的检测，该法方便且对初支结构无损伤。通常根据工程具体要求，在拱顶、拱腰布设 3~5 条测线，可测出位于测线上的实际保护层厚度。

2. 安装倾斜度

钢架在平面上应该垂直于隧道中线，其检测主要是通过现场量测的方法。在平面上的检测可用直角尺，在纵断面上可用坡度规进行检测。

3. 安装偏差

安装偏差的检测亦是用钢卷尺测量。

要求对每榀钢架进行检查，且每榀钢架均要求测量横、竖两个方向。

4. 拼装偏差

在加工现场进行尺量，注意加工完成后在堆放和运输过程中尽量不损坏原有拼装。

5. 外观鉴定

外观是一个直观的因素，外观鉴定是施工时现场管理人员检查、监理现场监督，做好现场记录。

4.5 思考题

4-1 工作环境的调查与检测主要包括哪些内容?

4-2 混凝土强度检测包括哪些内容?

4-3 检测混凝土耐久性的方法有哪些?

4-4 简述混凝土耐久性检测中氯离子含量的检测方法。

4-5 试说明钢筋锈蚀速率检测的 6 种方法各有什么优劣性。

4-6 为什么要对锚杆锚固和钢架进行耐久性检测?

第5章　地下工程施工工艺对结构耐久性的影响

我国既有地下结构耐久性普遍不足，许多地下结构运营后不久就出现了开裂、渗漏水、溶蚀结晶甚至出现掉块，造成结构耐久性不足，其原因有设计原因也有施工方面的原因。相关试验及工程实践也表明，好的施工条件有利于保证混凝土结构的耐久性。本章主要从施工角度，阐述施工过程中的施工质量、围岩稳定性、爆破扰动、施工水化热和围岩劣化对地下结构耐久性的影响，并介绍了地下工程结构耐久性施工保障措施。

5.1　地下工程施工质量问题对结构耐久性的影响

5.1.1　混凝土质量对结构耐久性的影响

混凝土施工质量直接影响隧道衬砌混凝土的耐久性。混凝土质量好、养护得当，混凝土内部结构就密实，其耐久性就好；若施工质量差、养护不到位，混凝土表面会出现麻面、蜂窝、裂纹以及内部结构不密实等缺陷，就会给含有腐蚀性物质的地下水提供通道，导致混凝土劣化、耐久性降低。若对混凝土施工质量控制不严、保障措施不力，隧道衬砌结构耐久性就差。目前，侵蚀环境下隧道衬砌混凝土耐久性不足在施工方面的原因主要表现为以下几个方面。

1. 胶凝材料成分单一、级配差

目前，我国隧道衬砌混凝土胶凝材料以普通硅酸盐水泥为主，部分隧道使用了矿渣水泥，采用双掺矿物掺合料的胶凝材料很少，多掺矿物掺合料的胶凝材料还没有使用过。由于胶凝材料成分单一、微观级配差且品质不高，混凝土密实度和耐久性能差。胶凝材料是混凝土最主要的材料，混凝土的性能很大程度上取决于胶凝材料的性能与用量，胶凝材料的颗粒级配和表面形貌对混凝土工作性能影响很大，进而影响混凝土的耐久性能。如果胶凝材料的颗粒微观级配不好、混凝土孔隙率大，其密实性就差，影响混凝土的耐久性。

2. 原材料控制不严

混凝土的密实度不仅取决于胶凝材料的微观级配，还取决于砂、石料的宏观级配，其中任何一方面满足不了，就无法保证混凝土具有良好的连续级配。砂、石料质量控制得好，不仅可以减少胶凝材料用量，还可以保证混凝土的性能；反之，既不经济又不耐用。此外，减水剂的性能和质量也尤为关键，好的减水剂不仅可以提高混凝土的工作性能，还可以降低水胶比、提高混凝土的性能。

3. 灌注、振捣工艺不完善

隧道衬砌混凝土在灌注时，往往由于操作不当造成衬砌混凝土灌注、振捣不密实，特别

是拱顶混凝土的灌注工艺不易控制，表面易产生蜂窝麻面，混凝土局部有空洞，影响衬砌结构耐久性。

4. 拆模时间过早

隧道衬砌混凝土拆模太早，一般在灌注后不到 24 h 就拆模了。若初期支护变形尚未完全收敛，则会造成衬砌混凝土过早受力，混凝土没有硬化而被损伤，使衬砌过早开裂，严重影响其耐久性。

5. 养护环节严重缺失

在我国大多数隧道中，衬砌结构均没有进行特别的养护，一般采用同条件养护方法。长大隧道洞口段和洞内温湿度变化较大，短隧道受外界环境温湿度影响较大，很难满足养护条件，故隧道结构混凝土的质量得不到保证。隧道修建时，混凝土结构会不同程度地出现初裂，强度得不到保证，隧道衬砌结构耐久性问题突出。

5.1.2 隧道开挖及周边围岩稳定性对结构耐久性的影响

"围岩"通常指隧道开挖影响范围内的地质体，或者是开挖后和应力重分配影响范围内的地质体，即所谓的周边围岩隧道的稳定性取决于隧道周边围岩的稳定性，而周边围岩的稳定性又取决于施工技术及其自身的工程特性。

隧道周边围岩不稳定则无法施工。因此，以稳定和利用隧道周边围岩为重点，来规划隧道的设计和施工是隧道工作者追求的永恒目标。

隧道的围岩分级将开挖后围岩的稳定性分为长期稳定、基本稳定、暂时稳定和不稳定四种状态。稳定性通常是指开挖后在一定时间内无支护地段的周边围岩的稳定状态。而周边围岩不仅指开挖面周边横向一定范围内的围岩，也包括掌子面前方（纵向）一定范围内的围岩。隧道开挖后，周边围岩不需要进行特别的处理，而在一定时间内能保持不发生有害变异（如大变形、崩塌、掉块、挤入等）的自支护能力称为围岩稳定性，也有称之为围岩自稳性或开挖面自稳性的。

开挖和支护是隧道施工的两大基本工序，开挖的基本原则就是把对周边围岩的松弛降低到最小限度，弹性变形和少许塑性变形是容许的，超过围岩极限应变变形（过度变形或松弛）的场合需要依靠各种支护对策。开挖和支护有先挖后支和先支后挖两种模式，一般采用前者，当开挖后隧道围岩不稳定时，采用后者。随着施工技术的进步、采用大型施工机械的要求和大断面隧道的出现，对隧道开挖方法选择的观点有了极大变化：

（1）在选定开挖方法时，要以大断面开挖为指向，围岩条件不是唯一的决定因素。

（2）尽可能不采用施工中含有需要废弃的和临时性作业的分部开挖法。

（3）把机械开挖法与分部开挖法相结合，如 TBM 导坑超前扩挖法，在欧洲和日本等国已经成为大断面隧道施工的基本方法。

（4）在同一座隧道，开挖方法频繁变化，既不经济也不安全，主张在全隧道中（除洞口段外）采用同一种开挖方法——全地质型开挖方法，如全断面法或台阶法，当围岩条件剧烈变化时，采用注浆、超前支护等应对措施。

日本、美国和欧洲等国规范、指南推荐的隧道开挖方法概况：

（1）日本从隧道围岩级别、洞口段和洞身段等方面分类，给出隧道相应的开挖方法，基本以全断面法和台阶法为主；在断面比较大、比较长的隧道，采用 TBM 导坑超前扩挖法。

（2）美国把围岩分为岩质围岩和土质围岩两大类，其推荐的开挖方法基本相同，即全断面法、台阶法和中隔壁法，仅采用的支护方法不同。

（3）欧洲各国由于围岩条件总体比较好，多采用全断面法和台阶法。

归纳选择开挖方法的基本条件：施工条件、围岩条件、隧道断面面积、埋深、工期和环境条件。

（1）施工条件。

实践证实，施工条件是决定施工方法的最基本因素，它包括一个施工队伍所具备的施工能力（机械化施工水平）、素质（施工作业的专业化）以及管理水平（管理体制和精细化管理的程度等）。

（2）围岩条件。

围岩条件也就是地质条件，实质上是指开挖后围岩的稳定状态，包括围岩级别、地下水及不良地质现象等。过去围岩级别是对围岩工程性质的综合判定，对施工方法的选择起着重要的甚至决定性的作用。

（3）隧道断面面积。

隧道的尺寸和形状对施工方法的选择也有一定的影响。目前隧道有向大断面方向发展的趋势。

（4）埋深。

隧道埋深与围岩的初始应力场及多种因素有关，通常将埋深分为浅埋和深埋两类，有时又将浅埋分为超浅埋和浅埋两类。在同样的地质条件下，由于埋深不同，开挖方法也将有很大差异。为了控制地表下沉，在软弱围岩大断面浅埋隧道中，国外更多的是采用机械开挖小断面超前导坑，而后扩挖成全断面的方法。

（5）工期。

作为设计条件之一的工期，会在一定程度上影响开挖方法的选择。因为工期决定了在均衡生产的条件下，对开挖、运输等综合生产能力的基本要求，即施工均衡速度、机械化水平和管理模式的要求。

（6）环境条件。

当隧道施工对周围环境产生不良影响时，环境条件也应成为选择隧道施工方法的重要因素之一，在城市条件下，甚至会成为选择施工方法的决定性因素，这些影响包括爆破振动、地表下沉、噪声和地下水条件的变化等。

5.1.3 爆破扰动对结构耐久性的影响

隧道的施工开挖技术和方法是隧道工程发展的关键，目前最为常见的施工开挖方法为钻爆法。在隧道的爆破开挖过程中，爆破所产生的振动效应会对围岩及早期的支护结构体造成一定程度的损伤。对围岩而言，炸药爆破时产生的应力波，除了一小部分作用于岩体的破碎和介质的搬运，其很大一部分能量转化为空气冲击波等向隧道四周的围岩扩散，引发撑子面附近围岩的振动，造成围岩裂隙节理的发展，对周围围岩的稳定性产生一定程度上的破坏和损伤；锚喷支护结构是依附于围岩上的，混凝土喷层与锚杆和围岩共同作用形成一个承载结构。并且在实际的隧道开挖过程中，在进行下一个进尺的爆破开挖时，前期的混凝土喷层通常是达不到规范所规定的养护强度的，为了满足施工的要求及施工进度，隧道的开挖和混凝土的喷射通常是交叉进行的。因此在爆破开挖下个进尺时，依附于围岩上的支护结构同样受到了爆破所产生地震波的冲击作用，对早期混凝土喷层的强度成长和锚杆的稳定造成一定的影响，使混凝土喷层达不到设计规范要求的强度，直接影响了支护结构体限制围岩变形的能力，造成其承载能力下降，影响地下结构的耐久性。

实际的隧道爆破开挖不可能经过一次爆破就开挖成功，一般需要进行多次的爆破开挖，这样就产生了多次爆破荷载。一般而言，距爆破撑子面中远区的岩体和支护结构不会因为一次爆破所产生的应力波就发生破坏，但在循环爆破荷载作用下，爆破振动的累积效应会使岩体中已存在的裂隙不断地扩展延伸，使得岩体从微扰动的状态逐渐向强扰动状态转变，最终造成岩体失稳；对依附于岩体结构上的锚喷支护结构同样产生爆破振动的累积效应，使支护结构达到其振动速度的临界值，造成支护结构体失稳，从而降低结构的耐久性。

5.1.4 围岩劣化对结构耐久性的影响

隧道施工完成后，隧道结构与围岩即产生相互作用关系，围岩的劣化程度间接的反映在隧道结构的稳定性、耐久性方面，进而影响隧道服役性能。当隧道开挖时，地层劣化随之开始，围岩物理力学性质、天然应力场状态发生较大变化，围岩发生应力重分布和结构调整，力求达到新的平衡状态。由于围岩所特有的结构性、水敏性，其在地下水作用下强度大幅下降，尤其是富水黄土隧道围岩因饱和或湿陷，其承载力几乎全部丧失，围岩劣化程度极高。在此情况下，围岩荷载全部作用于隧道结构上，使得富水黄土隧道结构承载力过大且目前工程界对于富水黄土形成机理认识不足，其防治措施极为有限，从而导致富水黄土隧道在施工及运营过程中结构稳定性及耐久性差，病害频发。

隧道围岩性状是隧道服役性能劣化的主要影响因素，地层的结构、地应力、物理力学性质、含水量等因素均会对隧道结构稳定性、耐久性产生显著的影响。目前，学者们针对隧道围岩工程性质开展了大量的研究工作，其主要从微细观及宏观角度出发，揭示其性状演化规律。土的宏观性质主要表现为土的结构性、抗压强度、基质吸力、土拱效应、土体侧压力系数等方面，其与工程实际应用联系极为紧密。

当隧道衬砌背后接触紧密时，衬砌结构与围岩相互作用过程中，围岩可为衬砌结构提供充足的地层反力，使得支护结构处于良好的受力状态；而当衬砌背后接触状态不良时，隧道衬砌结构的力学状态受到影响，极易产生应力不均衡现象，尤其是当隧道衬砌背后空洞规模较大时，在车辆荷载、地下水等因素的作用下，空洞周边围岩极易产生松动，造成围岩整体稳定性降低，影响隧道衬砌耐久性及安全性。

5.2 混凝土施工水化热对地下结构的影响

5.2.1 温度应力产生的原因

大体积混凝土地下结构在施工过程中，温度作用必然引起混凝土结构中材料的不均匀变形，从而在结构内部产生温度应力，大体积混凝土传热性能比较差，在结构内产生不均匀温度场，当受拉区混凝土材料的拉应变超过其极限拉应变时，该处的材料将发生破坏，从而导致混凝土结构出现裂缝。裂缝的产生将给结构带来一系列的劣化效应，如降低混凝土结构的整体性能、引起隧道渗漏等。因此，温度及裂缝问题已成为大体积混凝土的重要研究领域。大体积混凝土的特点除体积较大外，更主要是由于混凝土的水泥水化热在地下不易散发，在围岩或混凝土内力的约束下，极易产生温度收缩裂缝，因此仅用混凝土的几何尺寸大小来定义大体积混凝土，就容易忽视温度收缩裂缝以及为防止裂缝而应采取的施工要求。至于用混凝土结构可能出现的最高温度与围岩温度之差达到某规定值来定义大体积混凝土，也是不够严密的。实际上，除去最小断面尺寸和内外温差对大体积混凝土的裂缝产生有影响之外，结构的平面尺寸也有影响，因为结构平面尺寸过大，基础约束作用就强，产生的温度应力也愈大。各种温差只有在"约束"条件下才能产生温度应力及随之而来的温度裂缝，要避免出现裂缝的允许温差还需由约束力的大小来决定，当内外约束较小时，混凝土的允许温差就大，反之则小。因此，以下列定义大体积混凝土应该更能反映大体积混凝土的工程性质：现场浇筑混凝土结构的几何尺寸较大，且必须采取技术措施解决水泥水化热及随之引起的体积变形问题，以最大的限度减少开裂，这类结构称为大体积混凝土。

5.2.2　地下结构混凝土温度裂缝产生的主要影响因素

一些地下结构由于截面大，水泥用量大，水泥水化释放的水化热会产生较大的温度变化，由此形成的温度应力是导致产生裂缝的主要原因。这种裂缝分为两种：

（1）混凝土二次衬砌浇筑初期，水泥水化产生大量水化热，使混凝土的温度很快上升。但由于围岩的保温作用，混凝土表面散热条件较差，热量无法散发，因而温度上升较快；而隧道内部由于通风措施，热量散发快，因而温度上升小，内外形成温度梯度，形成内外约束。结果混凝土内部产生压应力，面层产生拉应力，当该拉应力超过混凝土的抗拉强度时，混凝土表面就产生裂缝。

（2）混凝土二次衬砌浇筑后数日，水泥水化热基本上已释放，混凝土从最高温逐渐降温，降温的结果引起混凝土收缩，再加上由于混凝土中多余水分蒸发、碳化等引起的体积收缩变形，受到围岩和初支护等约束（外约束），不能自由变形，导致产生温度应力（拉应力），当该温度应力超过混凝土抗拉强度时，则从约束面开始向上开裂形成温度裂缝。如果该温度应力足够大，严重时可能产生贯穿裂缝。美国 A. Edward 和 Abdun-Nur 以他们从事各种类型混凝土结构工程 60 年的经验，指出混凝土裂缝的原因很简单，就是由于它的抗拉强度和延性低。混凝土为骨料、水泥石、气体、水分等所组成的非均质材料，在硬化过程中就已存在宽度为 0.05 mm 以下的微观裂缝。混凝土中存在的微观裂缝等缺陷是混凝土呈现非线性变形及抗拉强度远低于抗压强度的主要原因之一。

地下结构施工阶段产生的温度裂缝，是其内部矛盾发展的结果。一方面是混凝土由于内外温差产生应力和应变，另一方面是结构的外约束和混凝土各质点间的约束（内约束）阻止这种应变。一旦温度应力超过混凝土能承受的抗拉强度，就会产生裂缝。上述混凝土温度应力的大小取决于水泥、水化热、拌和浇筑温度、围岩温度、收缩变形及当量温度等因素，同时它与混凝土的降温散热条件和混凝土升降温速密切相关的，而混凝土抗拉强度的提高与混凝土本身材料性能有关，此外还与施工方案及配筋等因素有关。

5.2.3 大体积混凝土温度裂缝控制措施

1. 大体积混凝土施工的主要措施

在进行大体积混凝土浇筑施工过程中，应最大程度地减少用水量和水泥用量，以有效减少水泥水化热产生的热量和混凝土的收缩。同时，也可以采用掺加粉煤灰的方法来减小混凝土中的水化热，同时也可以减少水泥的用量。在夏季温度较高的情况下，浇筑施工时也可以采用温度较低的冰水进行混凝土的搅拌，尽可能地降低混凝土的出机温度。

另外，还应采取一些有效的技术和构造措施，加强浇筑施工过程中对混凝土的养护，并且其养护时间最低不能低于 14 d，避免由于施工不当或者温度差过大而导致混凝土产生的贯穿性裂缝，提高结构的使用性能和耐久性。

在大体积混凝土的施工过程中，还可以采用不同层次和不同阶段等浇筑方法，区分层次地浇筑混凝土并采取针对性强的养护措施等，以保证混凝土内部的热量能够快速地散发。在此基础上，也可以使用再次振捣等方法，以有效增加混凝土在凝固过程中的密实度，提高混凝土抵抗裂缝的能力。当前科学有效的方法是采用先进的设备仪器，对大体积混凝土施工过程中的温度场和应力场进行现场实时监测与评价，从而采取有效措施和方法，实时控制混凝土各个部位的温度变化和应力变化，确保大体积混凝土的施工质量，避免混凝土在施工过程中出现各种影响其正常使用、安全和耐久性的裂缝。

2. 大体积混凝土浇筑与养护工艺

在施工过程中，要严格按照施工方案进行施工。对于混凝土的浇筑，一定要采用"由南向北，斜向分层，薄层浇筑，一次到底"的连续施工方法，并且根据规范要求，随时预留要求数量的混凝土试块同时进行同条件养护。养护方法和养护措施也要根据有限元分析结果和现场的实时监测结果进行动态调整。另外，在进行混凝土浇筑时，对于地板应该使用振捣器均匀地振捣密实，并将表面进行多次抹平抹广。混凝土表面要保持绝对平整，其差值应控制在 10 mm 以内，并且在每米的范围内，高度差值不能大于 5 mm。抹平作业完成以后要将混凝土表面进行覆盖，以达到保温降低温差和保湿的作用。混凝土结构内外的温度差，应该保持在不能高于 25 °C 的范围内，同时在养护的过程中，应安排专门值班人员进行混凝土养护。

5.3 地下工程结构耐久性的施工质量保证措施

5.3.1 混凝土施工质量保证措施

1. 控制胶凝材料用量

水泥石凝胶是硬化混凝土中的薄弱环节，过高的胶凝材料用量不仅可使混凝土开裂趋势增大，而且易造成混凝土的泛浆分层，对混凝土的耐久性不利。因此胶凝材料用量在满足工作性和胶结强度需要的前提下，应尽量减少。一般规定为：C30 及以下混凝土的胶凝材料用量不宜高于 400 kg/m^3，C35 ~ C40 混凝土不宜高于 450 kg/m^3，C50 及以上混凝土不宜高于 500 kg/m^3。

2. 掺加矿物掺和料

混凝土中宜适量掺加符合技术要求的粉煤灰、矿渣粉或硅灰等矿物掺和料，具体掺量应通过试验确定。一般情况下，矿物掺和料掺量不宜小于胶凝材料总量的 20%，当混凝土中粉煤灰掺量大于 30% 时，混凝土的水胶比不宜大于 0.45。粉煤灰、矿渣粉、硅粉的技术要求应分别满足表 5-1 ~ 5-3 的要求。

表 5-1 粉煤灰的技术要求

序号	项 目	技术要求（C50 以下混凝土）
1	细度	≤20
2	Cl$^-$ 含量/%	不宜大于 0.02
3	需水量比/%	≤105
4	烧失量/%	≤5.0
5	含水率/%	≤1.0（干排灰）
6	SO$_3$ 含量/%	≤3
7	CaO 含量/%	≤10（硫酸盐侵蚀环境）

表 5-2 矿渣粉的技术要求

序号	项 目	技术要求
1	MgO 含量/%	≤14
2	SO$_3$ 含量/%	≤4
3	烧失量/%	≤3
4	Cl$^-$ 含量/%	不宜大于 0.02
5	比表面积/（m^2/kg）	350 ~ 500
6	需水量比/%	≤100
7	含水率/%	≤1.0
8	活性指数/%，28 d	≥95

表 5-3 硅粉的技术要求

序号	项 目	技术要求
1	烧失量/%	≤6
2	Cl$^-$ 含量/%	不宜大于 0.02
3	SiO$_2$ 含量/%	≥85
4	比表面积/（m^2/kg）	≥18 000
5	需水量比/%	≤125
6	含水率/%	≤3.0
7	活性指数/%，28 d	≥85

3. 合理掺加外加剂

外加剂对混凝土具有良好的改性作用，掺用外加剂是制备高性能混凝土的关键技术之一，如掺加引气剂等。外加剂应采用减水率高、坍落度损失小、适量引气、能明显提高混凝土耐久性且质量稳定的产品。外加剂须经国家相关部门鉴定和检验合格，外加剂与水泥之间应有良好的相容性。外加剂的性能应满足表 5-4 的要求。

表 5-4　外加剂的性能

序号	项目		指标
1	水泥净浆流动度/mm		≥240
2	硫酸钠含量/%		≤10
3	氯离子含量/%		≤0.2
4	碱含量（$Na_2O+0.658K_2O$）/%		≤10.0
5	减水率/%		≥20
6	含气量/%	用于配制非抗冻混凝土时	≥3.0
		用于配制抗冻混凝土时	≥4.5
7	坍落度保留值/m	30 min	≥180
		60 min	≥150
8	常压泌水率比/%		≤20
9	压力泌水率比/%		≤90
10	抗压强度比/%	3 d	≥130
		7 d	≥125
		28 d	≥120
11	对钢筋锈蚀作用		无锈蚀
12	收缩率比/%		≤135
13	相对耐久性指标/%，200 次		≥80

4. 氯离子含量

钢筋混凝土结构的混凝土氯离子总含量不应超过胶凝材料总量的 0.10%，预应力混凝土结构的混凝土氯离子总含量不应超过胶凝材料总量的 0.06%。

5. 搅　拌

搅拌混凝土前应严格测定粗细骨料的含水率，以便及时调整施工配合比。

应严格按照经批准的施工配合比准确称量混凝土原材料，其最大允许偏差应符合（按重量计）：胶凝材料为±1%；外加剂为±1%；粗、细骨料为±2%；拌和用水为±1%，混凝土原材料计量后，宜先向搅拌机投入细骨料、水泥和矿物掺合料，搅拌均匀后加水并将其搅拌成砂浆，再向搅拌机投入粗骨料，充分搅拌后再投入外加剂，并搅拌均匀。

自全部材料装入搅拌机开始搅拌起，至开始卸料时止，延续搅拌混凝土的最短时间可参考表 5-5。

表 5-5　混凝土搅拌时间参考表

搅拌机容器/L	混凝土坍落度/min		
	<30	30 ~ 70	>70
≤500	1.5	1.0	1.0
>500	2.5	1.5	1.5

6. 运　输

混凝土运输设备的运输能力应适应混凝土凝结速度和浇筑速度的需要，保证浇筑过程连续进行。运输过程，应确保混凝土不发生离析、漏浆、严重泌水及坍落度损失过多等现象，运至浇筑地点的混凝土应仍保持均匀和规定的坍落度。在满足泵送工艺要求的前提下，拌合物的坍落度应尽量小，以免在运输过程中出现离析、泌水等现象。混凝土在到达浇筑现场时，应高速旋转 20 ~ 30 s，混凝土宜在 60 min 内泵送完毕，且在 1/2 初凝时间内入泵，全部混凝土应在初凝前浇筑完毕。

7. 浇　筑

制定浇筑工艺，明确结构分段分块的间隔浇筑顺序（尽量减少后浇带和连接缝）、钢筋保护层厚度的控制措施。浇筑温度应严格控制：入模温度应控制在 5 ~ 30 ℃，浇筑混凝土与介质间的温差不得大于 15 ℃，混凝土的内外温差及表层与环境温差最大不得超过 20 ℃，适当延缓混凝土的初凝时间可以避免混凝土水化温差引起的开裂。混凝土应分层进行浇筑，其分层厚度应根据搅拌机的搅拌能力、运输条件、浇筑速度、振捣能力和结构要求等条件确定。混凝土最大摊铺厚度一般不宜大于 400 mm，泵送混凝土不宜大于 600 mm。

8. 振　捣

混凝土浇筑过程中，应随时对混凝土进行振捣并使其均匀密实。一般应遵循"快进慢出"的原则，混凝土不下沉，表面有浮浆即可。振捣棒距模板距离 10 cm 为宜，插入下层 50 cm 即可。

隧道衬砌混凝土灌注前应采用与混凝土同样配比的水泥砂浆对运送和灌注设备进行涮膛；灌注时应在台车两侧分层对称浇注，灌注要连续；注意仰拱和边墙的灌注缝、边墙和拱部的灌注缝的连接；泌浆水应从设在堵头板上的排水孔处排除。从检查窗进行灌注时，可从邻接的检查窗和上面的检查窗进行捣固，采用高频振捣器振实，遵循"快插、慢拔"的原则，且垂直点振，不得平拉；采用高流动性混凝土灌注拱顶，避免产生空隙；混凝土灌注中断时，应设置水平灌注缝（插钢筋），灌注混凝土时应完全清除旧混凝土面上的杂物、品质差的混凝土及松动的骨料。

9. 养　护

混凝土养护期间，应重点加强混凝土的湿度和温度控制，尽量减少表面混凝土的暴露时间，及时对混凝土暴露面进行紧密覆盖（可采用篷布、塑料布等进行覆盖），防止表面水分蒸发。暴露面保护层混凝土初凝前，应卷起覆盖物，用抹子搓压表面至少 2 遍，使之平整后再次覆盖，此时应注意覆盖物不要直接接触混凝土表面，直至混凝土终凝为止。

目前，国内外隧道衬砌混凝土养护方法主要有：标准养护、汽雾养护、自然养护和同条件养护。由于隧道内环境条件千变万化，衬砌混凝土采用适宜的养护方法对控制混凝土的初裂、提高混凝土力学和耐久性能是非常必要的。

由于我国隧道分布地域较广，隧道内环境条件差异较大，采用标准养护难度大，也不经济，建议在隧道内衬砌混凝土采用密闭衬砌表面汽雾养护技术。

密闭衬砌表面的养护方法是：在衬砌模板后方连接一个相当 3 个衬砌环节的移动式简易养护台架，在台架的两端设有充气膜，台架内侧安装保温隔热材料。在一定时间内，温度控制在 20 ℃ 左右，湿度保持在 90% 左右，使混凝土表面处于恒温、湿润状态下进行养护。

混凝土带模养护期间，应采取带模包裹、浇水、喷淋洒水等措施进行保湿、潮湿养护，保证模板接缝处不致失水干燥。为了保证顺利拆模，可在混凝土浇筑 24～48 h 后略微松开模板，并继续浇水养护至拆模后再继续保湿至规定龄期。

混凝土终凝后的持续保湿养护时间应按规范中的规定执行。

在任意养护时间，若淋注于混凝土表面的养护水温度低于混凝土表面温度时，二者间温差不得大于 15 ℃。

混凝土养护期间应注意采取保温措施，防止混凝土表面温度受环境因素影响（如曝晒、气温骤降等）而发生剧烈变化。养护期间混凝土的芯部与表层、表层与环境之间的温差不宜超过 20 ℃。

大体积混凝土施工前应制订严格的养护方案，控制混凝土内外温差满足设计要求。比如隧道进行仰拱施工时，在混凝土内部埋设冷却管，可以大大缓解水泥水化热引起的温度升高，有效地抑制仰拱混凝土的开裂。

混凝土在冬季和炎热季节拆模后，若天气产生骤然变化，应采取适当的保温（寒季）隔热（夏季）措施，防止混凝土产生过大的温差应力。

当昼夜平均气温低于 5 ℃ 或最低气温低于-3 ℃ 时，应按冬季施工处理。当环境温度低于 5 ℃ 时，禁止对混凝土表面进行洒水养护。此时，可在混凝土表面喷涂养护液，并采取适当保温措施。确定合理拆模和养护时间。

在隧道初期支护变形稳定前施做的二次衬砌，拆模时混凝土强度应达到设计强度的 100%；在隧道初期支护变形稳定后施做的二次衬砌，拆模时混凝土强度应达到 5 MPa 以上，并应保证其表面及棱角不受损伤。

衬砌混凝土应尽可能推迟拆模时间并做到模板的保湿，以免混凝土过早暴露于空气之中，避免上、下部位因混凝土凝固时间的不同而产生干缩裂缝。另外，混凝土由于水化热的影响在其内部产生热胀变形，衬砌模板会为混凝土提供预压力，减少混凝土的热胀变形；当模板拆除后混凝土收缩变形也会减少，进而控制了混凝土的初裂。

至于拆模的准确时间，应该通过隧道施工现场试验并结合混凝土初裂试验来确定。一般来说，承重模板，如曲墙和单线隧道的拱圈等，达到设计强度的 70% 以上时方可拆模；围岩压力很大的单线、双线和多线隧道的拱圈，都应达到设计强度的 100% 才能拆模。

研究分析和实践证明，在一般隧道环境下，标准养护 7 d 的混凝土，其各龄期的干缩基本相同，养护时间过长并不能保证混凝土性能的持续提高，而且由于水泥水化程度的提高，反而可能使混凝土的不可逆收缩增大；水泥凝胶中如若水泥全部水化，其生成物在使水泥石强度增长的同时，还会使其产生极大的收缩，严重时甚至可引起开裂，降低混凝土的强度和耐久性。特别是高性能混凝土，水胶比较小，虽需及早加强外部补水供给，但浇水保湿养护的持续时间不宜太长，建议一般环境下隧道衬砌混凝土养护时间为 7 d，对洞口段衬砌混凝土养护时间适当延长。

5.3.2 隧道开挖及周边围岩稳定性保证措施

（1）尽可能地选择大断面或全断面开挖的方法，这是当前隧道施工技术发展的主流。过去一直认为全断面法是在硬岩围岩中采用的方法，而不适用于软弱围岩以及土砂围岩；但现在由于围岩补强方法的开发、大型施工机械的应用以及开挖断面及早闭合的要求，在软弱围岩中采用全断面法的情况越来越多。为了提高隧道的施工效率，特别是确保隧道结构的质量，最好尽可能采用大型机械施工，以提高施工效率和施工质量，确保施工安全，也需要能够提供较大的施工空间。因此，在选定开挖方法时，也要以大断面开挖为指向。这说明在选择隧道开挖方法时，围岩条件不是唯一的决定因素，如新意法就是在软弱围岩中采用全断面法开挖的一个明显例证。

（2）尽可能不采用那些施工中含有需要废弃的、临时性作业的分部开挖法，如双侧壁导坑法和中隔壁法等。众所周知，在隧道施工中，分割掌子面开挖，会增加围岩松弛的机会，这是不希望看到的。此外，在小断面的隧道施工中，大型施工机械的使用受到极大限制，施工效率大幅降低；而且每次扩大断面都需要拆除部分已经承载的支护结构，如临时仰拱、辅助的锚杆、喷混凝土和钢架等，在拆除过程中支护荷载是交替变化的，极易引发安全事故。现代隧道施工技术已经可以不采取这样的对策进行施工。因此，除在超大断面隧道中有所应用外，已基本上被淘汰。这些观点的变化，都是立足于尽可能地减少隧道开挖对围岩松弛的影响的基础上的。因此，为了减少围岩的松弛，最好选择开挖分部少、一次开挖断面大且开挖断面闭合距离短的开挖方法。

（3）把机械开挖与分部开挖相结合的方法。采用 TBM 或盾构掘进超前导坑，如遇不良地质，可在超前导坑中进行预处理，而后用矿山法进行扩挖，这在欧洲、日本等国家已经成为大断面隧道施工的基本方法。

（4）作为线状结构物的隧道，围岩状况是随开挖推进而变化的。根据围岩变化频繁改变开挖方法，既延误工期，也不安全、不经济。因此，考虑整座隧道围岩条件的变化，选定能够适应围岩变化的开挖方法是必要的。也就是说，采用全地质型的开挖方法，在全隧道中（除洞口段外）从头到尾采用一种开挖方法，在围岩发生急剧变化时，采取相应的措施（如注浆、超前支护等），使之能够适应围岩条件的变化，而不改变开挖方法，是比较理想的策略。例如台阶法，就属于此种类型的开挖方法：当围岩条件比较好时，可采用长台阶法；随着围岩条件变差，可以缩短台阶的长度。全断面法也是如此：围岩条件良好时，可以全断面一次掘进；围岩条件变差时，可以采用超短台阶的全断面法（日本称之为带辅助台阶的全断面法，属于全断面法的种），使开挖断面尽早闭合。

因此，从当前隧道施工技术的发展趋势来看，全地质型的开挖方法，如全断面法、超短台阶全断面法以及台阶法等已成为主流的开挖方法。采用大断面或全断面开挖的场合，围岩条件变差时，可不改变开挖方法，而采取事先补强围岩的措施，确保掌子面的稳定。

5.3.3　地下结构爆破扰动安全控制措施

对于大断面隧道爆破,有以下特点:

(1)距离爆破掌子面近的衬砌段,高段别爆破产生的爆破震动能比较大;距离爆破掌子面比较远的衬砌段,其中的爆破震动能主要来自低段别爆破。

(2)爆破震动能量峰值或者震速峰值不一定是由最大段药量产生,这与爆破震动传播的距离有关。因此,在考虑减震措施的时候,要充分考虑这个特点。

隧道远区衬砌中承受的爆破震动能主要来自掏槽眼爆破,近区衬砌中承受的爆破震动能主要来自周边眼和辅助眼爆破。在考虑减震的时候,应该对掏槽眼和周边眼均做相应的改进。

1. 钻凿空孔

在掏槽眼附近钻凿中空炮眼,以增加掏槽爆破的临空面积,减小岩石夹制,空孔深度与掏槽眼深度相通。并且掏槽眼深度比辅助眼深 10 cm 左右,以减小辅助眼和周边眼的夹制,降低辅助眼和周边眼的爆破震动效应。

2. 改变钻爆设计

从钻爆设计着手进行降震研究,包括调整炮孔起爆顺序、改变起爆方式等等,其根本目的都是控制最大段药量和爆破规模,减小对围岩和衬砌的损伤。

另外,在起爆方式上,也可以根据围岩条件做一些变化和调整。例如,当爆破掌子面正好经过断层时,由于爆破震动的影响,拱顶的围岩有可能会垮塌下来,为了减小拱顶围岩垮塌的可能性,可以分两次起爆,先起爆掏槽眼、抬炮眼、辅助眼以及拱脚眼,然后再对拱顶的周边眼装药,一次起爆。这样有助于保护围岩,并且使得爆破震动对拱顶的围岩影响减小。

3. 改变上台阶核心土尺寸

核心土的尺寸对爆破震动效应其实有相当大的作用,当核心土预留比较多的时候,爆破掌子面面积就相应地减小一些,当掌子面推进一段距离以后,再炸掉一部分核心土。这样的起爆方式对爆破地震波的产生和传播都会有一定的影响。

有关研究表明,有自由面爆破的震动速度一定比离自由面较远的夹制爆破产生的震动速度小,而且基本上是离自由面越远,夹制作用越大,产生的爆破震动越强。因此改善临空面条件、减小最小抵抗线也能起到降低爆破震动的作用。

根据这一原理,可以将核心土的高度增高一些(如图 5-1),拱顶部分的爆破面积就会相应地减小一些,爆破药量也会相应地减小,从而起到减小爆破震动的作用。另一方面,核心土爆破具有 3 个自由面,几乎没有夹制作用,产生的爆破震动不大而且只有很少一部分会传播到衬砌上。因此,增大核心土的比重,将原本属于爆破掌子面爆破的部分分布给核心土,在一定程度上可以起到降低爆破震动的作用。

4. 改变周边眼装药结构

实践证明,在炸药量相通的情况下,在钻眼爆破中采用小直径的不耦合装药和在大爆破中采用空室条形药包,都比集中装药有明显的降低地震效应的作用;装药越分散,地震效应越小;排成一排的群药包,在药包中心的连线方向比垂直于连线方向的震速可降低 40% ~ 45%。

图 5-1　改变核心土高度示意图

　　不耦合作用是利用药包和孔壁之间存在的空隙，以降低炸药爆炸后，爆轰产物作用在孔壁的初始压力，使孔壁不压缩破坏，由于岩石的抗拉强度远小于其抗压强度，所以，爆破后产生的冲击波张拉应力，仍然可以使炮孔周围产生径向裂缝（其强度减弱）。实际上，因为预裂孔间距较小，以及相邻空的存在和同时起爆的条件等因素的影响，爆破后孔周围很少产生径向裂缝，而是如同应力集中样沿孔中心形成一条欲裂缝隙。显然，这是不耦合作用和合理布置炮孔的结果。在一定的岩石与炸药和岩石条件下，采取径向或轴向间隔装药结构、混合装药等措施，可有效调控岩体中爆炸应力波参数，提高炸药能量的利用率，改善爆破效果。

5. 采用聚能药卷预裂爆破

　　利用药包一端的空穴（也叫聚能穴）使得炸药爆轰的能量在空穴方向集中起来以提高炸药局部破坏作用的效应，称为聚能效应。

　　聚能预裂爆破是将聚能爆破应用于预裂爆破的一种新技术。利用聚能效应可在预裂炮孔连线方向造成裂缝，其爆破孔距可比一般的预裂爆破孔距大，从而减少了钻孔数量，降低了炸药单耗，节约了更多成本，同时也更好地保护了围岩。聚能预裂爆破实例：采用中国水利水电第八工程局、国防科大、长江科学院研发的椭圆双极线性聚能药包，结构如图 5-2 所示。椭圆双极线性聚能药柱是聚氯乙烯为主原料加热后利用特质模具，注塑拉伸形成双聚能槽管，管内采用耦合、连续装药形成椭圆双极线性聚能药柱。双聚能槽管标准长度为 3 m，采用连接套管接长。其工作原理是从上往下起爆，在炮孔连线方向形成聚能射流气刃，贯穿炮孔连线方向，从而形成预裂面。其优点是爆破后预裂面成形好，壁面残留的眼痕率高。曾在溪洛渡电站 15 m 台阶强卸荷带强风化玄武岩边坡预裂爆破及小湾水电站微风化花岗岩 15 m 段水平预裂爆破工程中成功地应用，均取得了良好的预裂效果。

　　对于中下台阶的爆破减震措施，由于中台阶和下台阶爆破掌子面面积小，自由面多，夹制少，所以对中台阶和下台阶的爆破，不必做过多的减震措施。但是当遇到隧道做仰拱时，隧道改道的情况，中台阶和下台阶爆破规模会增大一些，这时，中台阶和下台阶最好不要一起起爆，可以先起爆下台阶，再起爆中台阶，减小单次爆破规模，就可以很好地控制爆破震动。

　　正常施工的时候，行车道在中间，中台阶和下台阶分别分布在行车道两侧。当需要做仰拱的时候，就需要将行车道改到一侧，中台阶和下台阶在另一侧。这个时候，中台阶和下台阶的爆破面积相当于原来的两倍，因此要分两次爆破以减小单次爆破规模。

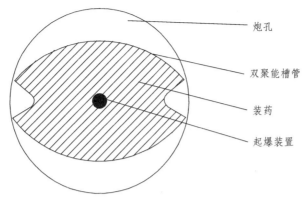

图 5-2　双向聚能预裂爆破药包结构

　　对于隧道爆破的减震问题，除了对爆源做一些改变（即调整钻爆设计，控制最大段药量）外，还要根据具体的施工情况来调整爆破方式，以控制爆破规模，使质点震速控制在安全范围内。

5.3.4　明挖回填隧道施工安全控制措施

　　明挖回填隧道的技术难题主要为：不同回填材料与回填方式产生的施工荷载，会对明挖隧道结构产生不同的力学效应，影响其安全性与耐久性。应该从运营特点要求和结构耐久性考虑，采用不同回填材料相组合、分区分段设置的分层回填方案。回填方式通常为对称回填与不对称回填，如图 5-3。

（a）左右对称回填　　　　　　　　　　　　　（b）单侧回填

图 5-3　不同回填方式示意图

　　回填材料与回填方式的选择时，首先考虑各材料与回填方式的安全性与耐久性，若多种方案均满足安全性与耐久性要求时，可从经济角度考虑，使其安全性和经济性均具相对优势。

　　质量保证措施如下：

　　（1）回填应在外墙防水保护层强度达到设计要求后开始回填，土方回填过程中不要损害保护层。

　　（2）当填方用土采用透水性良好的土料时，回填时可不受含水量的限制，但应分层填筑、摊铺、压实。

　　（3）当填方用土采用透水性不良及不透水的土料时，除必须分层填筑、摊铺、压实外，还应控制其含水量接近最优含水量（相差±2%）时，方可进行填筑。

　　（4）分层摊铺，每层松铺厚度应根据现场压实试验确定，一般来说，顶板以上 1.0 m 范围内的回填土采用人工使用小型机具夯填，松铺厚度 200 mm，夯实方法为一夯压半夯，施工时不允许大型机械通过。结构边墙 1.0 以外及结构顶板 1.0 m 以上部分的土方回填采用大型土方机械进行，其松铺厚度一般为 300 mm 左右。

（5）填筑土方时，在自卸车将土运到现场倾倒后，用推土机将土均匀地摊铺开，且大致平整，以保证对土方的均匀压实。每层填土压实之前均要在现场按规定取样测试填土含水量。当土料含水量超过最优含水量 2% 时，应翻晒土料降低含水量；当土料含水量低于最优含水量 2% 时，应洒水使其含水量接近最优含水量。只有当土料含水量在最佳含水量的 ±2% 范围内时，才可进行碾压。

（6）填土可分区大面积分层进行，各区之间的高差不大于 500 mm。每天的完工面应平整压实，做好流水坡，不得积水。

（7）填筑过程中不得有翻浆、弹簧、起皮、波浪、积水等现象。

（8）土方回填施工每天须详细记录填筑范围及厚度，每层填土压实后均应经监理工程师检验合格后才可进行上一层的填土施工。

（9）土方回填不能连续进行时，应留有接茬。接茬呈阶梯状，长约 1.0 m，高 200～300 mm，以便下一次回填土方时便于衔接。

隧道仰拱填充素混凝土的开裂，受基岩性质影响最显著。当基岩劣化程度很大时，还未回填至拱顶，填充层就已经出现开裂；地下水位恢复对开裂有缓滞作用，随水位线上升，开裂发生的时间滞后。故实际施工时，不仅需要对隧道结构正下方的土体进行加固，对两侧的土体也必须加固，这样可以有效避免过早出现开裂；并且回填施工过程中须关注水位线高度的变化。

5.3.5　隧道施工水化热控制

水泥在水化过程中要产生一定的热量，是大体积混凝土内部热量的主要来源。由于大体积混凝土截面厚度大，水化热聚集在结构内部不易散失，所以会引起急骤升温。水泥水化热引起的绝热温升，与混凝土单位体积内的水泥用量和水泥品种有关，并随混凝土的龄期按指数关系增长，一般在 10 d 左右达到最终绝热温升，但由于结构自然散热，实际上混凝土内部的最高温度，大多发生在混凝土浇筑后的 3～5 d。

热量在混凝土内传递的能力反映在其导热性能上。混凝土的导热系数越大，热量传递率就越大，则其与外界热交换的效率也越高，从而使混凝土内最高温升降低。同时也减小了混凝土的内外温差。可以预计，导热性能越好，热峰值出现的时间也相应提前。中部最高温度的热峰值及热峰值出现的时间与板厚密切有关。显见，板越厚，中部点散热较少，热峰值也越高，中部受外界温降影响所需时间就越长，峰值出现的时间也要晚一些。混凝土的导热性能较差，浇筑初期，混凝土的弹性模量和强度都很低，对水化热急剧温升引起的变形约束不大，温度应力较小。随着混凝土龄期的增长，弹性模量和强度相应提高，对混凝土降温收缩变形的约束愈来愈强，即产生很大的温度应力，当混凝土的抗拉强度不足以抵抗该温度应力时，便开始产生温度裂缝。

隧道大体积混凝土的温控施工中，除应进行水泥水化热的测试外，在混凝土浇筑过程中还应进行混凝土浇筑温度的监测，在养护过程中还应进行混凝土浇筑块体升降温、里外温差、降温速度及环境温度等监测，其监测的规模可根据所施工工程的重要程度和施工经验确定。

测温的办法可以采用先进的测量方法，如有经验也可采用简易测温方法。这些试验与监测工作会给施工组织者及时提供信息反映大体积混凝土浇筑块体内温度变化的实际情况及所采取的施工技术措施效果，为施工组织者在施工过程中及时准确采取温控对策提供科学依据。施工经验证明：在进行了温度应力分析的基础上，在大体积混凝土施工过程中，加强现场监测与试验，是控温、防裂的重要技术措施，也都取得了良好的效果，实现了信息化施工。

隧道大体积混凝土浇筑块体里外温差、降温速度及环境温度的测试，每昼夜应不少于 2 次。

大体积混凝土浇筑块体温度监测点的布置，以真实地反映出混凝土块体的里外温差、降温速度及环境温度为原则，一般可按下列方式布置：

（1）温度监测点的布置范围以所选混凝土浇筑块体平面图对称轴线的半条轴线为测温区（对长方体可取较短的对称轴线），在测温区内温度测点呈平面布置。

（2）在测温区内，温度监测的位置与数量可根据混凝土浇筑块体内温度场的分布情况及温控的要求确定。

（3）在基础平面半条对称轴线上，温度监测点的点位宜不少于 4 处。

（4）沿混凝土浇筑块体厚度方向，每一点位的测点数量，宜不少于 5 点。

（5）保温养护效果及环境温度监测点数量应根据具体需要确定。

（6）混凝土浇筑块体的外表温度，应以混凝土外表以内 50 mm 处的温度为准。

（7）混凝土浇筑块体底表面的温度，应以混凝土浇筑块体底表面以上 50 mm 处的温度为准。

隧道大体积混凝土工程的模板宜采用木模板或钢木混合模板，钢模板对保温不利，应根据温控要求采取保温措施。

隧道大体积混凝土工程施工前，应对施工阶段大体积混凝土浇筑块体的温度、温度应力及收缩应力进行验算，确定施工阶段大体积混凝土浇筑块体的升温峰值、里外温差及降温速度的控制指标，制订温控施工的技术措施。其目的是确定温控指标（温升峰值、里外温差、降温速度）及制定温控施工的技术措施（包括混凝土原材料的选择、混凝土拌制运输过程中的降温措施、保温养护措施、温度监测方法等），以防止或控制有害温度裂缝（包括收缩）的发生，确保工程质量。

5.4　思考题

5-1　混凝土质量差会对结构的耐久性产生什么影响？

5-2　地下结构大体积混凝土温度裂缝产生的主要影响因素及控制措施有哪些？

5-3　地下工程结构耐久性的施工质量保证措施有哪些？

5-4　围岩劣化会对地下结构的耐久性产生什么影响，有什么防治措施？

第6章 地下工程混凝土衬砌结构的耐久性设计

地下工程混凝土结构的耐久性问题是由于环境对混凝土和钢筋的物理及化学作用，使其材性材质发生变质，引起混凝土能力的退化，从而不满足使用要求，最终影响结构的安全。鉴于混凝土材料的不均匀性、质量的不连续性、原料的不确定性及外界环境的复杂多变性，混凝土结构的耐久性问题一直都是工程界关注的热点问题。为此，本章对耐久性设计主要内容、基本原则、设计要求、定量方法以及基于可靠性、全寿命理念的耐久性设计进行介绍。

6.1 混凝土结构耐久性设计基本程序及主要内容

在对混凝土结构的耐久性设计时，对于结构的各个部分，必须保证耐久指数 T_p 大于或等于环境指数 S_p，即：

$$T_p \geqslant S_p \tag{6-1}$$

混凝土结构所要求的耐久性水准，应由结构的重要度、规模、使用条件、环境条件、经济性等多方面来决定。因此对于设计来讲，可以选择对应于这些条件的任意设计使用年限。耐久性设计的基本流程如图 6-1 所示。

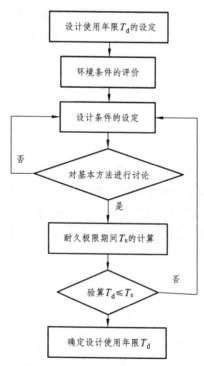

图 6-1 耐久性设计基本流程图

1. 设计使用年限的设定

混凝土结构的业主（或被业主委托的设计咨询公司），必须考虑各种因素来决定设计使用年限。通过增减设计使用年限，结构被赋予的耐久性也随之变化。

2. 环境条件的评价

对混凝土结构所设置的环境条件，是决定结构耐久性能高低的主要因素，鉴于此，必须对环境条件进行评价。当考虑混凝土结构的使用年限时，虽然所预测的环境条件必须是长期的，但预测精度一般来说会随预测期间的延长而降低。因此，为了耐久性设计具有时效，对环境条件随时进行监控是必要的，而且这种调查结果也有必要反映在耐久性设计上。

3. 设计条件的设定

设定了设计使用年限，评价了环境条件后，接着需要设定结构的设计条件。这里所说的设计条件，并不是指狭义上的"设计"的意思。而是指包括材料的选定、施工方法、设计的详细内容等与混凝土结构的耐久性有关的所有条件，指的是在进行结构的建造时必须具体决定的所有条件。

4. 对基本方法进行的讨论

基本方法指的是为了建造具有耐久性能的混凝土结构所必需的基本的方法，包括与使用的材料、材料的搭配、施工、设计有关的各个项目。基本方法可分为不管在什么情况下所必须遵守的最低限度的方法和为了建造具有耐久性能的混凝土结构所应该采用的标准方法。这些项目中的某几项，将考虑在劣化预测公式中，用于定量地预测混凝土的劣化。

当设定的设计条件不满足基本方法中的最低限度时，就必须改变设计条件。另外，尽量满足标准方法。

5. 耐久极限期间 T_s 的计算

与基本方法有关的分析讨论完成以后，接着是根据劣化预测公式，将该混凝土结构的耐久极限期间计算出来。耐久极限期间指的是混凝土结构建造完成后达到耐久极限状态所需要的期间。具体表示为混凝土结构建造完成后，由于钢筋的腐蚀，混凝土发展到产生有害裂缝所需要的期间。这之后将耐久极限期间 T_s，与设计使用年限 T_d 进行比较，如果 $T_s \geq T_d$ 即证明在设计使用年限内。

混凝土结构耐久性设计的基本内容包括：

（1）确定结构的设计使用年限、环境类别及其作用等级。

（2）采用有利于减轻环境作用的结构形式和布置。

混凝土结构耐久性设计的基本内容，强调耐久性的设计不限于确定材料的耐久性指标与钢筋的混凝土保护层厚度。适当的防排水构造措施能够非常有效地减轻环境作用，因此也是耐久性设计的重要内容。

（3）规定结构材料的性能与指标。

（4）确定钢筋的混凝土保护层厚度。

（5）提出混凝土构件裂缝控制与防排水等构造要求。

（6）针对严重环境作用采取合理的防腐蚀附加措施或多重防护措施；在严重环境作用下，仅靠提高混凝土保护层的材料质量、增加保护层的厚度，往往还不能保证设计使用年限，这时就应采取一种或多种防腐蚀附加措施组成合理的多重防护策略；对于使用过程中难以检测和维修的关键部件如预应力钢绞线，应采取多重防护措施。

（7）采用保证耐久性的混凝土成型工艺、提出保护层厚度的施工质量验收要求；混凝土结构的耐久性还在很大程度上取决于混凝土施工中的成型工艺质量与钢筋保护层厚度的施工误差，国内现行的施工规范较少考虑耐久性的要求，因此必须提出基于耐久性的成型工艺过程控制与保护层厚度的质量验收要求。

（8）提出结构使用阶段的检测、维护与修复要求，包括检测与维护必需的构造与设施；混凝土结构的设计使用年限是建立在预定的维修与使用条件下的。因此，耐久性设计需要明确结构使用阶段的维护、检测要求，包括设置必要的检测通道，预留检测维修的空间和装置等；这些构造和设施必须在设计阶段确定，这些构造设施需要支撑长期检测和维护，因此自身的长期耐久性也需要进行设计，确保其使用年限不低于检测和维护的结构或构件。从目前的工程实践来看，对于浪溅区的钢筋混凝土构件，必要的构造设施包括：在构件表面预留永久性检测与维护通道和栏杆，在构件内部除预应力钢筋（钢绞线）和预埋钢件外，钢筋之间通过点焊连接。对于重要工程，需要预置耐久性监测和预警系统。

（9）根据使用阶段的检测必要时对结构或构件进行耐久性再设计。

对于严重环境作用下的混凝土工程，为确保使用年限，除进行施工建造前的结构耐久性设计外，尚应根据竣工后实测的混凝土耐久性和保护层厚度进行结构耐久性的再设计，以便针对问题及时采取措施；在结构的使用年限内，尚需根据实测的材料劣化数据时结构的剩余使用年限作出判断，并针对问题继续进行再设计，必要时追加防腐措施或适时修复。

6.2 混凝土结构耐久性设计的基本要求

6.2.1 混凝土结构耐久性设计材料要求

1. 混凝土

根据《混凝土结构耐久性设计标准》（GB/T 50476—2019），混凝土材料的强度等级、水胶比和原材料组成应根据结构所处的环境类别、环境作用等级和结构设计使用年限确定。根据结构物所处的环境类别和作用等级以及设计使用年限，标准中规定不同环境中混凝土材料的最低强度等级和最大水胶比，对于混凝土原材料的选用，可在设计文件中注明由施工单位和混凝土供应商根据规定的环境作用类别与等级。原材料的限定范围包括硅酸盐水泥品种与用量、胶凝材料中矿物掺和料的用量范围、水泥中的铝酸三钙含量、原材料中有害成分总量（如氯离子、硫酸根离子、可溶碱等）以及粗骨料的最大粒径等。对于大型工程和重要工程，应在设计阶段由结构工程师会同材料工程师共同确定混凝土及其原材料的具体技术要求。

对重要工程或大型工程，应针对具体的环境类别和环境作用等级。常用的混凝土耐久性指标包括一般环境下的混凝土抗渗等级、冻融环境下的抗冻耐久性指数或抗冻等级、氯化物环境下的氯离子在混凝土中的扩散系数等。这些指标均由实验室标准快速试验方法测定，可用来比较不同配比混凝土之间耐久性能的相对高低，主要用于施工阶段的混凝土质量控制和质量检验。

标准快速试验中的混凝土龄期过短，因此得到的耐久性指标往往不能如实反映混凝土在实际结构中的长期耐久性能。某些在实际工程中长期耐久性能表现优良的混凝土，如低水胶比、粉煤灰掺量在30%以上的矿物掺和料混凝土，由于其水化速度比较缓慢，在快速试验中按标准龄期测得的抗氯离子扩散往往高于相同水胶比的无矿物掺和料混凝土；但实际上，前者的长期抗氯离子侵入能力比后者的要好得多。

其中，水压法抗渗等级适于评价低强度等级混凝土的抗渗性，对于密实的混凝土宜用氯离子扩散系数作为耐久性指标。另外，混凝土的气体渗透性和电阻率也都可以作为衡量混凝土材料致密程度的耐久性指标。

结构构件的混凝土强度等级应同时满足耐久性和承载能力的要求。规定混凝土结构设计中混凝土强度的选取原则。结构构件需要采用的混凝土强度等级，在许多情况下是由环境作用决定的，并非由荷载作用控制。因此在进行构件的承载能力设计以前，应该首先了解耐久性要求的混凝土最低强度等级。

配筋混凝土结构满足耐久性要求的混凝土最低强度等级应符合表6-1的规定。混凝土强度等级应根据28 d或设计规定龄期的立方体抗压强度，并应按现行国家标准《混凝土强度检验评定标准》（GB 50107）确定。

表6-1　满足耐久性要求的混凝土最低强度等级

环境类别与作用等级	设计使用年限		
	100 年	50 年	30 年
Ⅰ-A	C30	C25	C25
Ⅰ-B	C35	C30	C25
Ⅰ-C	C40	C35	C30
Ⅱ-C	C35, C45	C30, C45	C30, C40
Ⅱ-D	C40	C35	C35
Ⅱ-E	C45	C40	C40
Ⅲ-C, Ⅳ-C, Ⅴ-C, Ⅲ-D, Ⅳ-D, Ⅴ-D	C45	C40	C40
Ⅲ-E, Ⅳ-E, Ⅴ-E	C50	C45	C45
Ⅲ-F	C50	C50	C50

素混凝土结构满足耐久性要求的混凝土最低强度等级，一般环境不应低于C15。素混凝土结构不存在钢筋锈蚀问题，所以在一般环境和氯化物环境中可按较低的环境作用等级确定混凝土的最低强度等级。对于冻融环境和化学腐蚀环境，环境因素会直接导致混凝土材料的劣化，因此对素混凝土的强度等级要求与配筋混凝土要求相同。

预应力构件的混凝土最低强度等级不应低于C40。对于截面较大的墩柱等受压构件，为满足钢筋保护层耐久性要求而需要提高全截面的混凝土强度，如果导致成本的显著增加，可考虑增加钢筋保护层厚度或者在混凝土表面采取附加防腐蚀措施的方法。

2. 钢　筋

直径为 6 mm 的细直径热轧钢筋作为受力主筋，只限于在一般环境中使用。预应力筋的公称直径不得小于 5 mm。冷加工钢筋不应作为预应力筋使用。此处所指的预应力筋为在先张法构件中单根使用的预应力钢丝，不包括钢绞线中的单根钢丝。冷加工钢筋和细直径钢筋对锈蚀比较敏感，作为受力主筋使用时需要相应提高耐久性要求。细直径钢筋可作为构造钢筋。

同一构件中的受力普通钢筋，宜使用同牌号的钢筋。埋在混凝土中的钢筋，如材质有所差异且相互具有导电连接，则会因电位差而引发钢筋的锈蚀，因此宜采用同样牌号或代号的钢筋。不同材质的金属埋件之间（如镀锌钢材与普通钢材、钢材与铝材）尤其不能有导电连接。

使用不同牌号热轧钢筋的混凝土构件，其耐久性设计要求相同。不锈钢钢筋和耐蚀钢筋等具有耐腐蚀性能的钢筋可用于环境作用等级为 D、E、F 的混凝土构件，其耐久性要求应经专门论证确定。

现行国家标准《钢筋混凝土用钢第 1 部分：热轧光圆钢筋》（GB/T 1499.1）和《钢筋混凝土用钢第 2 部分：热轧带肋钢筋》（GB/T1499.2）规定钢筋混凝土用钢筋的品种和技术要求，其钢材按照成分涵盖了碳素钢和低合金钢。低合金钢筋的耐蚀性能具体取决于其合金成分和表面状态。但是，GB/T 1499.1 和 GB/T 1499.2 通过钢筋的屈服强度划分热轧钢筋强度级别，对相同级别钢筋的合金成分设定统一的上限值，没有区分合金含量，不同级别的钢筋交货状态均为热轧交货，产品没有明确表面状态的差异。目前，针对各种不同成分的合金钢钢筋的腐蚀试验与观测尚未有系统的数据。从目前积累的细晶粒钢钢筋的腐蚀试验数据来看，其腐蚀敏感性与普通碳素钢基本相当。这方面的数据有待进一步积累和完善。基于目前现有的数据，对国家标准中的不同牌号的热轧钢筋（碳素钢和低合金钢）采取相同的耐久性要求。

不锈钢钢筋通过改变钢筋的化学成分，增加了 Cr、Ni、Mo 等减少钢铁腐蚀的有效元素，可在钢筋表面形成一层致密的富铬氧化膜，阻止氯离子渗入而获得抗锈蚀能力，从根本上改善了钢材的耐蚀性能。自 20 世纪 30 年代不锈钢钢筋在工程中已有应用，墨西哥海港不锈钢筋混凝土桥梁、伦敦 Guildhall 工程使用的 316 奥氏休不锈钢、美国 Parkway 公路桥使用的 2205 双相不锈钢至今结构状态良好，已有 80 年的工程实践。近年来，我国在跨海工程建设中也采用了不锈钢钢筋作为严酷环境作用下的防腐蚀措施。不锈钢钢筋的耐腐蚀能力可以由耐点蚀当量 PREN 值来表示，不锈钢成分不同，其 PREN 值也有所不同。英国标准 BS 6744—2009 建议，较长设计年限或难以维护的结构宜采用 PREN<30 的不锈钢钢筋，氯离子可能发生沉积的部位宜采用 30<PREN≤40 的不锈钢钢筋。我国的不锈钢相关标准为《钢筋混凝土用不锈钢钢筋》（YB/T 4362）。

耐蚀钢筋同样通过在钢材中添加适量耐蚀合金元素（Cu、P、Cr、Ni、Mo、Re 等）来提高钢筋的耐腐蚀环境的能力，其耐蚀能力通过与普通碳素钢的抗腐蚀能力的比值来表示。我国相关标准为《钢筋混凝土用耐蚀钢筋》（YB/T 4361），其中要求耐蚀钢筋相对于 Q235 钢材的相对锈蚀率低于 70%。

使用不锈钢钢筋和耐蚀钢筋后，构件对环境作用的抵抗能力加强。相应地，针对相同的环境作用和设计使用年限，这些钢筋对混凝土保护层的耐久性要求也与普通钢筋有所不同。工程实践中，可保守地采用与普通钢筋相同的耐久性要求，将这些钢筋的耐蚀能力作为混凝土构件耐久性的裕度，也可通过专门研究和论证来确定这些钢筋的耐久性要求。

6.2.2 混凝土结构耐久性设计构造规定

混凝土构件中最外侧的钢筋会首先发生锈蚀，一般是箍筋和分布筋，在双向板中也可能是主筋，所以对构件中各类钢筋的保护层最小厚度提出相同的要求。欧洲 CEB-FIP 模式规范、英国 BS 标准、美国混凝土学会 ACI 规范以及现行的欧盟规范都有这样的规定。箍筋的锈蚀可引起构件混凝土沿箍筋的环向开裂，而墙、板中分布筋的锈蚀除引起开裂外，还会导致保护层的成片剥落，都是结构的正常使用所不允许的。

不同环境作用下钢筋主筋、箍筋和分布筋，其混凝土保护层厚度应满足钢筋防锈、耐火以及与混凝土之间粘结力传递的要求，且混凝土保护层厚度设计值不得小于钢筋的公称直径。保护层厚度的尺寸较小，而钢筋出现锈蚀的年限大体与保护层厚度的平方成正比，保护层厚度的施工偏差会对耐久性造成很大的影响。以保护层厚度为 20 mm 的钢筋混凝土板为例，如果施工允许偏差为 ±5 mm，则 5 mm 的允许负偏差就可使钢筋出现锈蚀的年限缩短约 40%。因此在耐久性设计所要求的保护层厚度中，必须计入施工允许负偏差。1990 年颁布的 CEB-FIP 模式规范、2004 年正式生效的欧盟规范以及英国历届 BS 标准等标准中，都将用于设计计算和标注于施工图上的保护层设计厚度称为"名义厚度"，并规定其数值不得小于耐久性要求的最小厚度与施工允许负偏差的绝对值之和。欧盟规范建议的施工允许偏差对现浇混凝土为 5~15 mm，一般取 10 mm。美国 ACI 规范和加拿大规范规定保护层的最小设计厚度已经包含了约 12 mm 的施工允许偏差，与欧盟规范名义厚度的规定实际上相同。我国《混凝土结构工程施工质量验收规范》（GB 50204）对梁类构件的允差规定为 +10 mm/-7 mm，板类构件为 +8 mm/-5 mm，对负偏差的要求较严。规定保护层设计厚度的最低值仍称为最小厚度，但在耐久性所要求最小厚度的取值中已考虑了施工允许负偏差的影响，并对现浇的一般混凝土梁、柱取允许负偏差的绝对值为 10 mm，板、墙为 5 mm。

为保证钢筋与混凝土之间粘结力传递，各种钢筋的保护层厚度均不应小于钢筋的直径。按防火要求的混凝土保护层厚度，可参照有关的防火设计标准，但我国有关设计规范中规定的梁板保护层厚度，往往达不到所需耐火极限的要求，尤其是预应力预制楼板。

保护层厚度过薄的平面构件容易在施工中因新拌混凝土的塑性沉降和硬化混凝土的收缩引起顺筋开裂；当顶面钢筋保护层过薄时，新拌混凝土的抹面整平工序也会促使混凝土硬化后的顺筋开裂。

预应力钢筋的混凝土保护层应符合下列规定：

具有连续密封套管的后张预应力筋，混凝土保护层厚度应取规定值与孔道直径的 1/2 两者的较大值；没有密封套管的后张预应力钢筋，其混凝土保护层厚度应在规定值的基础上增加 10 mm。

先张法构件中预应力钢筋在全预应力状态下的保护层厚度宜与普通钢筋相同，允许开裂构件的预应力筋的保护层厚度应比普通钢筋增加 10 mm。

直径大于 16 mm 的预应力螺纹筋保护层厚度可与普通钢筋相同。

此外，预应力筋的耐久性要求应高于普通钢筋。在严重的环境条件下，除混凝土保护层外还应对预应力筋采取多重防护措施，如将后张预应力筋置于密封的波形套管中并灌浆。对于单纯依靠混凝土保护层防护的预应力筋，其中保护层厚度应比普通钢筋的大 10 mm。工厂预制的混凝土构件，其普通钢筋和预应力筋的混凝土保护层厚度可比现浇构件减少 5 mm。工厂生产的混凝土预制构件，在保护层厚度的质量控制上较有保证，保护层施工偏差比现浇构件的小，因此设计要求的保护层厚度可以适当降低。

根据耐久性要求，在荷载作用下配筋混凝土构件的表面裂缝最大宽度计算值不应超过表6-2中的限值。对裂缝宽度无特殊外观要求的，当保护层设计厚度超过30 mm时，可将厚度取为30 mm计算裂缝的最大宽度。

表6-2　表面裂缝计算宽度限值 　　　　　　　　　　　　　　单位：mm

环境作用等级	钢筋混凝土构件	有黏结预应力混凝土构件
A	0.40	0.20
B	0.30	0.20（0.15）
C	0.20	0.10
D	0.20	按二级裂缝控制或按部分预应力A类构件控制
E，F	0.15	按一级裂缝控制或按全预应力类构件控制

注：1. 括号中的宽度适用于采用钢丝或钢绞线的先张预应力构件。
　　2. 裂缝控制等级为二级或一级时，按现行国家标准《混凝土结构设计规范》（GB 50010）的计算裂缝宽度；部分预应力A类构件或全预应力构件按现行行业标准《公路钢筋混凝土及预应力混凝土桥涵设计规范》（JTG 3362）的计算裂缝宽度。

其中，所指的裂缝为荷载造成的横向裂缝，不包括收缩和温度等非荷载作用引起的裂缝。0中的裂缝宽度允许值，更不能作为荷载裂缝计算值与非荷载裂缝计算值两者叠加后的控制标准。控制非荷载因素引起的裂缝，应该通过混凝土原材料的精心选择、合理的配比设计、良好的施工养护和适当的构造措施来实现。

表面裂缝最大宽度的计算值可根据国家现行标准《混凝土结构设计规范》（GB 50010）或《公路钢筋混凝土及预应力混凝土桥涵设计规范》（JTG 3362）的相关公式计算，后者给出的裂缝宽度与保护层厚度无关。研究表明，按照规范GB 50010公式计算得到的最大裂缝宽度要比国内外其他规范的计算值大得多，而规定的裂缝宽度允许值却偏严。增大混凝土保护层厚度虽然会加大构件裂缝宽度的计算值，但实际上对保护钢筋减轻锈蚀十分有利，所以在我国公路混凝土桥涵设计规范JTG 3362中，不考虑保护层厚度对裂缝宽度计算值的影响。

现有研究显示，裂缝表面宽度并不是影响内部钢筋锈蚀程度的唯一因素；南非学者Otieno等2012年对带有表面裂缝的钢筋混凝土梁内部钢筋锈蚀电流的监测表明，保护层厚度和裂缝表面宽度的比值能更加有效地表明带有裂缝的保护层对内部钢筋的保护程度；对同一种混凝土材料，保护层厚度与开裂宽度的比值与锈蚀电流遵从确定的规律。这方面的研究需要进一步积累。

此外，不能为了减少裂缝计算宽度而在厚度较大的混凝土保护层内加设没有防锈措施的钢筋网，因为钢筋网的首先锈蚀会导致网片外侧混凝土的剥落，减少内侧箍筋和主筋应有的保护层厚度，对构件的耐久性造成更为有害的后果。荷载与收缩引起的横向裂缝本质上属于正常裂缝，如果影响结构物的外观要求或防水功能应及时进行灌缝与封闭。

对于有自防水要求的混凝土构件，其横向弯曲的表面裂缝计算宽度不应超过0.20 mm。混凝土结构构件的形状和构造应有效地避免水、汽和有害物质在混凝土表面的积聚，并应采取下列构造措施：

（1）受雨淋或可能积水的混凝土构件顶面应做成斜面，斜面应消除结构挠度和预应力反拱对排水的影响。

（2）受雨淋的室外悬挑构件外侧边下沿，应做滴水槽、鹰嘴等防止雨水淌向构件底面的构造措施。

（3）屋面、桥面应专门设置排水系统等防止将水直接排向下部构件混凝土表面的措施。

（4）在混凝土结构构件与上覆的露天面层之间，应设置防水层。

（5）环境作用等级为 D、E、F 的混凝土构件，应采取下列减小环境作用的措施：

① 减少混凝土结构构件表面的暴露面积。

② 避免表面的凹凸变化。

③ 宜将构件的棱角做成圆角。

棱角部位受到两个侧面的环境作用并容易造成碰撞损伤，在可能条件下应尽量加以避免。可能遭受碰撞的混凝土结构，应设置防止出现碰撞的预警设施和避免碰撞损伤的防护措施。碰撞等会造成结构物的损伤，影响结构的安全性、适用性和耐久性。耐久性设计措施不能抵抗碰撞的作用；对于使用期间可能遭受碰撞的结构，结构设计应该设置专门的防碰撞措施。预警设施包括城市立交桥的限高标志等，防护措施包括城市桥墩上的防撞墙等。

施工缝、伸缩缝等连接缝的设置宜避开局部环境作用不利的部位，当不能避开不利部位时应采取防护措施。混凝土施工缝、伸缩缝等连接缝是结构中相对薄弱的部位，容易成为腐蚀性物质侵入混凝土内部的通道，故在设计与施工中应尽量避让局部环境作用比较不利的部位，如桥墩的施工缝不应设在干湿交替的水位变动区。

暴露在混凝土结构构件外的吊环、紧固件、连接件等金属部件，表面应采用防腐措施，具体措施可按现行行业标准《海港工程混凝土结构防腐蚀技术规范》（JTJ 275）的规定执行；当环境类别为Ⅲ、Ⅳ时，其防腐范围应为从伸入混凝土内 100 mm 处起至露出混凝土外的所有表面。应避免外露金属部件的锈蚀造成混凝土的胀裂，影响构件的承载力。这些金属部件宜与混凝土中的钢筋隔离或进行绝缘处理。在氯盐环境中，混凝土构件中埋件的锚筋会发生严重的锈蚀现象，构造规定参考《海港工程混凝土结构防腐蚀技术规范》（JTJ 275—2000）。

混凝土结构耐久性设计的基本方法是通过提高混凝土本体的致密性来确保混凝土结构和构件的使用年限。在一些特殊的情况下，可考虑使用附加防腐蚀措施和混凝土本体共同保证使用年限。这些情况包括：局部环境作用严酷、混凝土自身难以达到使用年限的要求，构件使用年限较长（超过 100 年）、一次性混凝土耐久性设计对使用年限的保证率不高等。这些情况下，建议采用防腐蚀附加措施，考虑其对使用年限的贡献或者提高对构件使用年限的保证率。

6.2.3　混凝土结构耐久性设计施工质量附加要求

根据结构所处的环境类别与环境作用等级，混凝土的施工养护应符合表 6-3 的规定。

现场混凝土构件的施工养护方法和养护时间需要考虑混凝土强度等级、施工环境的温、湿度和风速、构件尺寸、混凝土原材料组成和入模温度等诸多因素。应根据具体施工条件选择合理的养护工艺，可参考中国土木工程学会标准《混凝土结构耐久性设计与施工指南》（CCES01）的相关规定。

表 6-3　混凝土施工养护制度要求

环境作用等级	混凝土类型	养护制度
Ⅰ-A	一般混凝土	至少养护 1 d
	矿物掺合料混凝土	浇筑后立即覆盖、加湿养护，不少于 3 d
Ⅰ-B, Ⅰ-C, Ⅱ-C, Ⅲ-C, Ⅳ-C, V-C, Ⅱ-D, V-D, Ⅱ-E, V-E	一般混凝土	养护至现场混凝土强度不得低于 28 d 标准强度的 50%，且不少于 3 d
	矿物掺合料混凝土	浇筑后立即覆盖、加湿养护至现场混凝土的强度不低于 28 d 标准强度的 50%，且不少于 7 d
Ⅲ-D, Ⅳ-D, Ⅲ-E, Ⅳ-E, Ⅲ-F	矿物掺合料混凝土	浇筑后立即覆盖、加湿养护至现场混凝土的强度不低于 28 d 标准强度的 50%，且不少于 7 d；继续保湿养护至现场混凝土的强度不低于 28 d 标准强度的 70%

注：1. 表中要求适用于混凝土表面大气温度不低于 10 ℃ 的情况，否则应延长养护时间。
　　2. 有盐的冻融环境中混凝土施工养护应按Ⅲ、Ⅳ类环境的规定执行。
　　3. 矿物掺和料混凝土在Ⅰ-A 环境中用于永久浸没于水中的构件。保证混凝土结构耐久性的不同环境中混凝土的养护制度要求，利用养护时间和养护结束时的混凝土强度来控制现场养护过程。养护结束时强度是指现场混凝土强度，用现场同温养护条件下的标准试件测得。

养护条件对现场混凝土硬化过程的影响至关重要，尤其是表层混凝土的密实程度。构件耐久性与表层混凝土的质量关系密切。因此，在工程实践中可使用表面回弹等技术手段对养护后的构件表面进行检测，对表层混凝土的实际质量进行判断。

对于Ⅰ-A，Ⅰ-B 环境下的混凝土结构构件，其保护层厚度施工质量验收要求应按现行国家标准《混凝土结构工程施工质量验收规范》（GB 50204）的规定执行。环境作用等级为 C、D、E、F 的混凝土结构构件，保护层厚度的施工质量验收应符合下列规定：

（1）对选定的每一配筋构件，选择有代表性的最外侧钢筋 8 ～ 16 根进行混凝土保护层厚度的无破损检测；对每根钢筋，应选取 3 个代表性部位测量。

（2）当同一构件所有测点有 95% 或以上的实测保护层厚度 C_1 满足下式要求时，则应认为合格：

$$C_1 \geq C - \Delta \tag{6-2}$$

式中　C——保护层设计厚度；
　　　Δ——保护层施工允许负偏差的绝对值，对梁、柱等条形构件取 10 mm，板、墙等面形构件取 5 mm。

以上给出了在不同环境作用等级下，混凝土结构中钢筋保护层的检测原则和质量控制准则。在工程实践中，使用无损检测方法进行钢筋定位，推算得到的钢筋保护层厚度通常偏大；因此用于钢筋定位的无损检测方法需要经过校准，并明确其测量误差。

6.2.4　混凝土结构设计使用年限

混凝土结构的设计使用年限应按建筑物的合理使用年限确定，不应低于现行国家标准《建筑结构可靠性设计统一标准》（GB 50068—2018）的规定；对于城市桥梁等市政工程结构应按照表 6-4 规定。

表 6-4　混凝土结构设计使用年限

设计使用年限级别	设计使用年限	适用范围
一	不低于 100 年	不宜更换的铁路混凝土结构：如桥梁的桩基、承台、墩台、梁、隧道、涵洞、路基支挡（承载）结构等
二	不低于 60 年	可更换的铁路混凝土结构：如轨道板、道岔板、轨枕（埋入式）、道床板、底座板、路基防护结构、接触网支柱等
三	不低于 30 年	附属结构：如盖板、沟槽、人行道栏杆、排水设施等构件

一般环境下的民用建筑在设计使用年限内无需大修，其结构构件的设计使用年限应与结构整体设计使用年限相同。严重环境作用下的桥梁、隧道等混凝土结构，其部分构件可设计成易于更换的形式，或能够经济合理地进行大修。可更换构件的设计使用年限可低于结构整体的设计使用年限，并应在设计文件中明确规定。

在严重（包括严重、非常严重和极端严重）环境作用下，混凝土结构的个别构件因技术条件和经济性难以达到结构整体的设计使用年限时（如斜拉桥的拉索），在与业主协商一致后，可设计成易更换的构件或能在预期的年限进行大修，并应在设计文件中注明更换或大修的预期年限。需要大修或更换的结构构件，应具有可修复性，能够经济合理地进行修复或更换，并具备相应的施工操作条件。

6.3　耐久性极限状态

极限状态可分为承载能力极限状态、正常使用极限状态和耐久性极限状态。极限状态应符合下列规定。

当结构或结构构件出现下列状态之一时，应认定为超过了承载能力极限状态：

（1）结构构件或连接因超过材料强度而破坏，或因过度变形而不适于继续承载。

（2）整个结构或其一部分作为刚体失去平衡。

（3）结构转变为机动体系。

（4）结构或结构构件丧失稳定。

（5）结构因局部破坏而发生连续倒塌。

（6）地基丧失承载力而破坏。

（7）结构或结构构件的疲劳破坏。

当结构或结构构件出现下列状态之一时，应认定为超过了正常使用极限状态：

（1）影响正常使用或外观的变形。

（2）影响正常使用的局部损坏。

（3）影响正常使用的振动。

（4）影响正常使用的其他特定状态。

当结构或结构构件出现下列状态之一时，应认定为超过了耐久性极限状态：

（1）影响承载能力和正常使用的材料性能劣化。

（2）影响耐久性能的裂缝、变形、缺口、外观、材料削弱等。

（3）影响耐久性能的其他特定状态。

混凝土结构的耐久性极限状态，是指经过一定使用年限后，结构或结构某一部分达到或超过某种特定状态，以致结构不能满足预定功能的要求。但经过简单修补、维修，费用不大，可恢复使用要求的情况，可以认为没有达到耐久性极限状态。只有当严重超出正常维修费允许范围时，结构的使用寿命才终止。

耐久性极限状态和相应的时间可有很大的变化范围。根据 1SO2394、WD138235 和我国《混凝土结构设计规范》（GB 50010—2010），并考虑结构工程设计的具体特点，邸小坛认为混凝土结构耐久性的极限状态应该取类似使用极限状态，即该极限状态的标志是结构构件出现明显的损伤或者构件性能显现出劣化，结构构件的承载能力可能略有降低但没有受到明显的影响。这种状态是结构承载能力产生较大变化的前兆，是需要对结构采取修复措施的状态，是经济合理使用寿命的终结。陈肇元认为，环境作用下的结构耐久性设计，应该主要按适用性和可修复性的要求来确定结构的极限状态两者观点基本一致。从混凝土构件性能劣化或损伤发展的过程来看，耐久性极限状态采取这种概念是可行的。当然值得指出的是，虽然耐久性极限状态与结构正常使用极限状态在某些要求上类似，两者仍是不同的。

根据《建筑结构可靠性设计统一标准》（GB 50068—2018），各类结构构件及其连接，应依据环境侵蚀和材料的特点确定耐久性极限状态的标志和限值。

对钢结构、钢管混凝土结构的外包钢管和组合钢结构的型钢构件等，宜以出现下列现象之一作为达到耐久性极限状态的标志：

（1）构件出现锈蚀迹象。

（2）防腐涂层丧失作用。

（3）构件出现应力腐蚀裂纹。

（4）特殊防腐保护措施失去作用。

对混凝土结构的配筋和金属连接件，宜以出现下列状况之一作为达到耐久性极限状态的标志或限值：

（1）预应力钢筋和直径较细的受力主筋具备锈蚀条件。

（2）构件的金属连接件出现锈蚀。

（3）混凝土构件表面出现锈蚀裂缝。

（4）阴极或阳极保护措施失去作用。

对砌筑和混凝土等无机非金属材料的结构构件，宜以出现下列现象之一作为达到耐久性极限状态的标志或限值：

（1）构件表面出现冻融损伤。

（2）构件表面出现介质侵蚀造成的损伤。

（3）构件表面出现风沙和人为作用造成的磨损。

（4）表面出现高速气流造成的空蚀损伤。

（5）因撞击等造成的表面损伤。

（6）出现生物性作用损伤。

6.4　混凝土结构耐久性设计定量方法

基于性能的耐久性定量设计的总体方法、要素和原则。首先，耐久性定量设计针对具体的性能劣化规律，在定量设计中劣化规律通常使用劣化（数学）模型来表示；其次，定量设计需要明确性能劣化的耐久性极限状态，即能够接受的最低性能水平；最后，定量设计需要明确设计使用年限，即耐久性设计的目标。以上 3 个方面是耐久性定量设计的基本要素。

当具有定量的劣化模型时，可按规定针对耐久性参数和指标进行定量设计；暴露于氯化物环境下的重要混凝土结构，应按规定针对耐久性参数和指标进行定量设计与校核。在结构耐久性设计的定量方法中，环境作用需要定量界定，然后选用适当的劣化模型求出环境作用效应，得出耐久性极限状态下的环境作用效应与耐久性抗力的关系，可针对使用年限来计算材料与构造参数，也可针对确定的材料与构造参数来验算使用年限。作为耐久性设计目标，结构设计使用年限应具有规定的安全度，所以在环境作用效应与耐久性抗力关系式中应引入相应的安全系数，当用非确定性方法设计时应满足所需的保证率。

应该明确，目前的科学研究以及工程实践尚不能为所有的环境作用引起的结构和构件的性能劣化过程提供定量化的规律，因此能够用于耐久性设计的定量模型仅限于混凝土表层碳化和氯离子侵入引起的钢筋锈蚀过程；其他过程如冻融、硫酸盐腐蚀和碱-骨料反应等主要依靠定性规定来实现耐久性设计。

结构构件性能劣化的耐久性极限状态应按正常使用极限状态考虑，且不应损害到结构的承载能力和可修复性要求。混凝土结构和构件的耐久性极限状态可分为下列 3 种：

（1）钢筋开始锈蚀的极限状态。

（2）钢筋适量锈蚀的极限状态。

（3）混凝土表面轻微损伤的极限状态。

这三种劣化程度都不会损害到结构的承载能力，与正常使用状态下的适用性相一致。这三种性能的极限状态分别对应不同的劣化过程：极限状态（1）和（2）对应钢筋锈蚀过程的不同阶段，极限状态（3）对应针对环境作用下混凝土的腐蚀程度。

6.4.1　氯离子侵入诱发钢筋锈蚀

氯离子侵入混凝土内部的过程，可采用经验扩散模型。模型所选用的混凝土表面氯离子浓度、氯离子扩散系数、钢筋锈蚀的临界氯离子浓度等参数的取值应有可靠的依据。其中，表面氯离子浓度和扩散系数应为其表观值，氯离子扩散系数、钢筋锈蚀的临界浓度等参数尚应考虑混凝土材料的组成特性、混凝土构件使用环境的温、湿度等因素的影响。

由于氯离子溶解钢筋表面的保护性钝化膜，故氯离子侵入到混凝土内会引起钢筋锈蚀，通常认为钢筋处的氯离子浓度超过临界值时钢筋开始锈蚀。

氯离子引起的钢筋锈蚀是不均匀的，在钢筋的一些局部点上侵蚀较深，而在其他一些部位则不发生锈蚀，这就是所谓坑蚀，坑蚀常被认为是氯盐引起的钢筋锈蚀。

1. 设计方程

设计方程中 g 表示当钢筋处氯离子浓度超过临界值时，钢筋开始锈蚀。

$$g = C_{cr}^d - C^d(x,t) = C_{cr}^d - C_{s,Cl}^d \left\{ 1 - \mathrm{erf}\left[\frac{x^d}{2\sqrt{\dfrac{t}{R_{Cl}^d(t)}}} \right] \right\} \qquad (6\text{-}3)$$

式中　C_{cr}^d——临界氯离子浓度设计值；

　　　$C_{s,Cl}^d$——表面氯离子浓度设计值；

　　　x^d——保护层厚度设计值；

　　　$R_{Cl}^d(t)$——氯离子抗力设计值；

　　　t——时间。

2. 设计值

临界氯离子浓度设计值可由下式求得：

$$C_{cr}^d = C_{cr}^c \cdot \frac{1}{\gamma_{C_{cr}}} \qquad (6\text{-}4)$$

式中　$\gamma_{C_{cr}}$——氯离子临界浓度分项系数。

表面氯离子浓度设计值可由下式确定：

$$C_{s,Cl}^d = A_{C_{s,Cl}}^d \cdot (W/B) \cdot \gamma_{C_{s,Cl}} \qquad (6\text{-}5)$$

式中　$A_{C_{s,Cl}}^d$——描述表面氯离子浓度和水胶比关系的回归系数。

表面氯离子保护层厚度设计值为：

$$x^d = x^c - \Delta x \qquad (6\text{-}6)$$

式中　Δx——保护层厚度的裕量。

随时间而变的氯离子抗力设计值可由下式导出：

$$R_{Cl}^d(t) = \frac{R_{Cl,0}^d}{k_{e,Cl}^c \cdot k_{c,Cl}^c \cdot \left(\dfrac{t_0}{t}\right)^{n_{Cl}^c} \cdot \gamma_{R_{Cl}}} \qquad (6\text{-}7)$$

式中　$R_{Cl,0}^d$——在配制试验（Compliance Test）基础上确定的氯离子侵入性能的抗力；

　　　$k_{e,Cl}^c$——环境系数；

　　　$k_{c,Cl}^c$——养护系数；

　　　t_0——配制试验的混凝土龄期；

　　　n_{Cl}^c——龄期系数；

　　　$\gamma_{R_{Cl}}$——对于氯离子侵入的抗力分项系数。

在求氯离子抗力的设计值时亦应考虑温度的影响。

3. 特征值

1）几何尺寸

保护层厚度特征值定义为其平均值，由设计确定。

2）材　料

对于既定类型的混凝，土其有效抗氯离子侵入性必须由混凝土生产者用标准试验方法即快速氯离子迁移试验（RCM）测定。

3）环　境

所有取决于环境的变量在某种程度上也取决于材料，这些变量的处理见"取决于环境与材料的性能"。

4）施　工

养护系数 $k_{c,Cl}^{c}$ 的特征值如表 6-5 所示。

表 6-5　养护系数 $k_{c,Cl}^{c}$ 的特征值

变　量	条　件	特征值	单　位
$k_{c,Cl}^{c}$	1 d 养护	2.08	—
$k_{c,Cl}^{c}$	3 d 养护	1.50	—
$k_{c,Cl}^{c}$	7 d 养护	1.00	—
$k_{c,Cl}^{c}$	28 d 养护	0.79	—

5）取决于环境与材料的性能

为了计算同时取决于环境和材料的参数，引入下述 4 种环境：

（1）水下区。

（2）潮差区，海洋环境。

（3）浪溅区，海洋环境。

（4）大气区，海洋环境。

靠近道路受到除冰盐作用的结构，其取决于环境和材料的变量假定等同于海洋环境浪溅区的变量。

表 6-6 给出了不同环境和材料的环境系数特征值。

表 6-6　环境系数 $k_{e,Cl}^{c}$ 特征值

变　量	条　件	特征值	单　位
$k_{e,Cl}^{c}$	普通水泥水下区	1.32	—
$k_{e,Cl}^{c}$	普通水泥潮差区	0.92	—
$k_{e,Cl}^{c}$	普通水泥浪溅区	0.27	—
$k_{e,Cl}^{c}$	普通水泥大气区	0.68	—
$k_{e,Cl}^{c}$	矿渣水泥水下区	3.88	—
$k_{e,Cl}^{c}$	矿渣水泥潮差区	2.70	—
$k_{e,Cl}^{c}$	矿渣水泥浪溅区	0.78	—
$k_{e,Cl}^{c}$	矿渣水泥大气区	1.98	—

系数 $k_{e,Cl}^{c}$ 可以分为两个系数：$k_{e,0}$ 描述环境，$k_{e,c}$ 描述水泥品种。

$$k_{e,Cl}^{c}=k_{e,0} \cdot k_{e,c}$$ （6-8）

表 6-7 给出了不同环境系数 $k_{e,0}$ 的特征值，表 6-8 给出了两个水泥品种系数 $k_{e,c}$ 的特征值。

表 6-7 系数 $k_{e,0}$ 的特征值

变 量	条 件	特征值	单 位
$k_{e,0}$	水下区	1.32	—
$k_{e,0}$	潮差区	0.92	—
$k_{e,0}$	浪溅区	0.27	—
$k_{e,0}$	大气区	0.68	—

表 6-8 系数 $k_{e,c}$ 的特征值

变 量	条 件	特征值	单 位
$k_{e,c}$	普通水泥	1.0	—
$k_{e,c}$	矿渣	2.9	—

在不同材料、不同环境的情况下确定氯离子表面浓度的回归系数 $A_{C_{s,Cl}}$ 的特征值如表 6-9 所示。

表 6-9 回归系数 $A_{C_{s,Cl}}$ 的特征值

变 量	条 件	特征值	单 位
$A_{C_{s,Cl}}$	普通水泥，水下区	10.3	胶凝材料质量的%
$A_{C_{s,Cl}}$	普通水泥，潮差区与浪溅区	7.76	胶凝材料质量的%
$A_{C_{s,Cl}}$	普通水泥，大气区	2.57	胶凝材料质量的%
$A_{C_{s,Cl}}$	粉煤灰，水下区	10.8	胶凝材料质量的%
$A_{C_{s,Cl}}$	粉煤灰，潮差区与浪溅区	7.46	胶凝材料质量的%
$A_{C_{s,Cl}}$	粉煤灰，大气区	4.42	胶凝材料质量的%
$A_{C_{s,Cl}}$	矿渣，水下区	5.06	胶凝材料质量的%
$A_{C_{s,Cl}}$	矿渣，潮差区与浪溅区	6.77	胶凝材料质量的%
$A_{C_{s,Cl}}$	矿渣，大气区	3.05	胶凝材料质量的%
$A_{C_{s,Cl}}$	硅灰，水下区	12.5	胶凝材料质量的%
$A_{C_{s,Cl}}$	硅灰，潮差区与浪溅区	8.96	胶凝材料质量的%
$A_{C_{s,Cl}}$	硅灰，大气区	3.23	胶凝材料质量的%

表 6-10 给出了氯离子侵入的龄期系数特征值。

表 6-10 氯离子侵入的龄期系数 n_{Cl} 特征值

变 量	条 件	特征值	单 位
n_{Cl}	普通水泥，水下区	0.30	—
n_{Cl}	普通水泥，潮差区与浪溅区	0.37	—
n_{Cl}	普通水泥，大气区	0.65	—

变 量	条 件	特征值	单 位
n_{Cl}	粉煤灰，水下区	0.69	—
n_{Cl}	粉煤灰，潮差区与浪溅区	0.93	—
n_{Cl}	粉煤灰，大气区	0.66	—
n_{Cl}	矿渣，水下区	0.71	—
n_{Cl}	矿渣，潮差区与浪溅区	0.60	—
n_{Cl}	矿渣，大气区	0.85	—
n_{Cl}	硅灰，水下区	0.62	—
n_{Cl}	硅灰，潮差区与浪溅区	0.39	—
n_{Cl}	硅灰，大气区	0.79	—

临界氯离子浓度不仅取决于环境和胶凝材料的品种，也取决于水胶比。不同环境、不同水胶比普通水泥混凝土的临界氯离子浓度如表 6-11 所示。预期内水下区不会发生钢筋锈蚀。

表 6-11 临界氯离子浓度 C_{cr} 特征值

变 量	条 件	特征值	单 位
C_{cr}	普通水泥，W/B=0.5，水下区	1.6	胶凝材料质量的%
C_{cr}	普通水泥，W/B=0.4，水下区	2.1	胶凝材料质量的%
C_{cr}	普通水泥，W/B=0.3，水下区	2.3	胶凝材料质量的%
C_{cr}	普通水泥，W/B=0.5，浪溅区与潮差区	0.5	胶凝材料质量的%
C_{cr}	普通水泥，W/B=0.4，浪溅区与潮差区	0.8	胶凝材料质量的%
C_{cr}	普通水泥，W/B=0.3，浪溅区与潮差区	0.9	胶凝材料质量的%

4. 分项系数

海洋环境与受除冰盐作用的结构必须采用不同的分项系数，分项系数如下。

1）海洋环境结构

海洋环境结构的分项系数如表 6-12 所示。

表 6-12 海洋环境结构的分项系数

降低风险的价格 相对于修补价格	高	相等	低
Δx /mm	20	14	8
$\gamma_{C_{Cr}}$	1.20	1.06	1.03
$\gamma_{C_{s,Cl}}$	1.70	1.40	1.20
$\gamma_{R_{Cl}}$	3.25	2.35	1.50

2）除冰盐作用的结构

受除冰盐作用的结构的分项系数如表 6-13 所示。

表 6-13　受除冰盐作用结构的分项系数

降低风险的价格 相对于修补价格	高	相等	低
Δx /mm	16.0	12.0	6.0
$\gamma_{C_{Cr}}$	1.08	1.05	1.03
γ_{C_s}	3.30	2.30	1.60
γ_R	2.85	2.00	1.25

6.4.2　碳化引起的钢筋锈蚀

碳化使混凝土孔隙浓液的 pH 值降低，这意味着不能再维持钢筋表面的保护性钝化膜，当所谓碳化前沿，即碳化的和未碳化的混凝土界面到达钢筋时，钢筋将开始锈蚀。一旦碳化前沿到达钢筋，大量的小腐蚀电池形成，导致钢筋断面近乎均匀地减少。

1. 设计方程

按下式：

$$g = x^d - x_c^d(t) = x^d - \sqrt{\frac{2 \cdot C_{s,ca}^d \cdot t}{R_{ca}^d}} \qquad (6\text{-}9)$$

式中　x^d——保护层厚度设计值；

　　　$x_c^d(t)$——碳化深度设计值；

　　　$C_{s,ca}^d$——二氧化碳表面浓度设计值；

　　　t——时间；

　　　R_{ca}^d——碳化抗力设计值。

碳化抗力可以根据有效扩散系数 D_{eff} 和混凝土的结合性能 B 确定，如：

$$R_{ca} = \frac{B}{D_{eff}} = \frac{1}{D_{ca}} \qquad (6\text{-}10)$$

式中　D_{ca}——碳化速度。

2. 设计值

保护层厚度设计值可由下式确定：

$$x^d = x^c - \Delta x \qquad (6\text{-}11)$$

式中　x^c——保护层厚度特征值；

　　　Δx——保护层厚度的裕量。

有效碳化抗力的设计值可由下式求得：

$$R_{ca}^d = \frac{R_{0,ca}^c}{k_{e,ca}^c \cdot k_{c,ca}^c \left(\dfrac{t_0}{t}\right)^{2n_{ca}^c} \cdot \gamma_{R_{ca}}} \qquad (6\text{-}12)$$

式中 $R_{0,ca}^{c}$ ——由配制试验得到的碳化抗力特征值；

$k_{e,ca}^{c}$ ——环境系数特征值；

$k_{c,ca}^{c}$ ——养护系数特征值；

t_0 ——配制试验的混凝土龄期；

n_{ca}^{c} ——龄期系数特征值；

$\gamma_{R_{ca}}$ ——碳化抗力的分项系数。

估计碳化抗力设计值时还应考虑温度的影响。二氧化碳表面浓度没有分项系数，即设计值等于其特征值。

3. 特征值

1）几何尺寸

对于所有的结构尺寸变量，包括保护层厚度，特征值定义为平均值或设计确定的数值。

2）材 料

对于一定的混凝土，碳化抗力须由混凝土生产者用标准试验方法即快速碳化试验方法（ACT 法）得出。

3）环 境

只取于环境的唯一变量二氧化碳表面浓度 $C_{s,ca}$，表面浓度特征值为：

$$C_{s,ca} = 5.0 \times 10^{-4} \text{ kg/m}^3$$

对于隧道和其他封闭空间，二氧化碳表面浓度会高一些。施工不同养护天数的混凝土的碳化抗力养护系数见表 6-14。

表 6-14 混凝土的碳化抗力养护系数 $k_{c,ca}$ 特征值

变 量	条 件	特征值	单 位
$k_{c,ca}$	1 d 养护	4.05	——
$k_{c,ca}$	3 d 养护	2.10	——
$k_{c,ca}$	7 d 养护	1.00	——
$k_{c,ca}$	28 d 养护	0.76	——

环境系数 $k_{e,ca}$ 同时取决于环境和材料，不同材料与不同环境的环境系数见表 6-15。

表 6-15 环境系数 $k_{e,ca}$ 特征值

变 量	条 件	RH	特征值	单 位
$k_{e,ca}$	普通水泥，实验室	65%	1.00	——
$k_{e,ca}$	普通水泥，户外掩护	81%	0.86	——
$k_{e,ca}$	普通水泥，户外无掩护	81%	0.48	——
$k_{e,ca}$	普通水泥+矿渣，实验室	65%	1.00	——
$k_{e,ca}$	普通水泥+矿渣，户外掩护	81%	0.85	——
$k_{e,ca}$	普通水泥+矿渣，户外无掩护	81%	0.50	——

表 6-16 表示不同材料与不同环境的龄期系数特征值。

表 6-16　龄期系数 n_{ca} 特征值

变 量	条 件	RH	特征值	单 位
n_{ca}	普通水泥，实验室	65%	0	—
n_{ca}	普通水泥，户外掩护	81%	0.098	—
n_{ca}	普通水泥，户外无掩护	81%	0.400	—
n_{ca}	普通水泥+矿渣，实验室	65%	0	—
n_{ca}	普通水泥+矿渣，户外掩护	81%	0.132	—
n_{ca}	普通水泥+矿渣，户外无掩护	81%	0.430	—

4. 分项系数

表 6-17 表示受碳化作用的结构的分项系数。

表 6-17　受碳化作用的结构的分项系数

降低风险的价格 相对于修补价格	高	相 等	低
Δx /mm	20	14	8
γ_R	3.00	2.10	1.30

　　结构和构件性能劣化的材料抗力参数，在施工中应通过简单、可靠的方法加以控制，确保达到设计的使用年限；对于环境作用与抗力参数的不确定性以及劣化规律的模型误差，应通过结构使用期间的长期监测和再设计来逐步校准和消除。

　　耐久性设计结束后，如何在使用阶段实现对设计使用年限的保证。施工期间，对使用年限的保证体现在对耐久性设计的材料抗力参数如何通过施工给予保证，即耐久性的施工质量控制。施工期间质量控制的核心是如何确保实际混凝土结构中的抗力参数（如混凝土氯离子扩散系数）等于或大于定量设计中的预定抗力参数。该参数可作为混凝土现场质量控制的重要指标，利用简便且可靠的现场测试方法，直接或间接地反映现场混凝土的质量。此外，利用无损检测技术监测实际混凝土结构中的抗力参数也是施工中的混凝土质量控制和质量保证关键所在。

　　在结构使用期间，对使用年限的保证体现在通过长期监测来掌握结构和构件的真实劣化规律，通过维护及时纠正设计阶段对劣化过程估计的偏差。由于数据积累和知识的局限性，在设计和施工中所确定的环境作用和结构的劣化抗力仍然存在很大的不确定性。因此，在混凝土结构的长期使用过程中，这些因素必须通过有效的长期监测来不断认知。同时，长期监测获取的信息可以用来指导结构的维护以及耐久性的再设计。

6.5　基于可靠性的耐久性设计

6.5.1　基于可靠度的耐久性设计方法

针对各种自然环境作用下房屋建筑、桥梁、隧道等基础设施与一般构筑物中普通混凝土结构及其构件，如果混凝土结构能够采取一种（或若干种）隔绝腐蚀环境的措施，即可在很大程度上保证结构有足够的耐久性能。这种采用措施"隔绝"锈蚀环境的耐久性设计可以称之为措施法，即采用保护措施避免各种环境的劣化过程威胁结构，主要方法是通过改变结构小环境，如隔绝、刷膜、防护层等，或者采用性能稳定的建筑材料，如不锈钢、具有保护层的钢筋、稳定的集料、抗硫酸盐水泥、低碱水泥，或者采用阴极保护措施等。这些方法都是为了避免劣化过程发生或者通过复杂的措施抵抗劣化过程的发生。然而，这些措施中的大多数并不能为结构抵抗环境侵蚀提供全面的保护，而且这些保护措施的效果也取决于很多因素，比如防护层的有效性依赖于防护层厚度以及持久性等因素。事实上，目前人们对于这些保护措施机理与实际效果的研究成果也较为缺乏。

耐久性设计的另一种方法是在了解环境侵蚀与材料劣化机理的基础上，选择合适的材料和结构体系抵抗环境侵蚀，从而达到满足规定的耐久性能的目的。例如：可以通过选用合适的保护层和配合比来达到预防锈蚀的目的；或者在结构方面，为了抵抗不同环境作用，结构可以设计得更粗壮，也可以通过圆角或排水措施来减小暴露表面。这种方法是隶属结构工程领域的研究方法。目前的耐久性设计的规范标准 B20.4 即是通过控制混凝土材料常规指标、组成和保护层厚度，以及控制在特定环境类别下的耐久性构造要求和施工技术要求，来达到满足结构设计使用寿命的目的。然而，这些规定仍然局限于环境分类和材料方面的要求，仅在结构材料和结构构造方面粗略地反映了结构设计对耐久性和使用年限的要求，并且无法实现对混凝土结构耐久性设计目标的量化规定。我国现行《混凝土结构设计规范》（GB 50010—2010）主要根据构件的承载力极限状态给出结构设计方法，结构或构件的耐久性能则处于从属地位，对结构耐久性能仅仅根据恶劣环境的等级按照"理想化"的简易规则进行设计，典型的例子就是仅仅对混凝土保护层、最大水灰比、最小水泥用量以及水泥类型做出规定。按照这些规定，设计者就认为结构能够达到足够长的使用时间，但是却不清楚具体的使用寿命。这些笼统的规定值与规范条文并不能清楚揭示性能与使用寿命之间的关系，并且很少考虑有关耐久性的各极限状态之间的区别。目前耐久性极限状态设计的方法主要有：采用指数的耐久性极限状态设计法、采用验算法的耐久性极限状态设计法、按近似概率法的耐久性设计。

因此，基于对极限状态的不同理解，耐久性极限状态设计表达式也有不同形式：有的是以耐久性功能表达，即以结构的耐久性能抗力 R 与对应的环境对结构的劣化作用 S 来表达；有的是用构件达到极限状态的使用寿命与对应的设计使用年限来表达；有的是在强度设计方法基础上，在构件抗力项上引入考虑耐久性安全储备的系数。由于影响结构耐久性的不确定因素较多，且对其完全量化比较困难，且由于缺乏足够的数据，上述方法均可归属于基于环境分类的混凝土结构寿命设计，而基于概率理论的耐久性设计方法目前研究较少。为解决这一问题，采用基于概率理论的耐久性设计方法。这种设计方法需考虑环境作用、结构性能方面的不确定因素，基本思想与我国现行《混凝土结构设计规范》（GB 50010—2010）一致。

6.5.2 分析模型与目标可靠指标

建筑结构的目标可靠度直接关系到房屋建筑使用者的生命财产安全，是历来建筑结构设计标准必须首先面对和需要审慎解决的重大课题。建筑结构目标可靠度也是一个国家综合性技术经济政策问题。实质是选择一种安全与经济相对最佳的平衡，绝对不是从安全或经济任何单一角度所能解决的。我国现行《建筑结构可靠性设计统一标准》（GB 50068—2018）将失效概率作为度量结构可靠性大小的尺度。该标准定义：建筑结构可靠性是建筑结构在规定的时间内，在规定的条件下，完成预定功能的能力；建筑结构可靠度是建筑结构在规定的时间内，在规定的条件下，完成预定功能的概率。完成预定功能的概率越大，结构就越可靠，而不能完成预定功能的概率为失效概率，这种概率越小越安全，越大越不安全。建筑结构可靠与否是指其基本功能是否能满足安全、适用的要求，不能安全或正常工作即为失效，故在论及建筑结构的可靠性之前，要首先界定建筑结构的基本功能要求。《建筑结构可靠性设计统一标准》（GB 50068—2018）要求结构在规定的设计使用年限内应满足下列功能要求：

（1）在正常施工和正常使用时，能承受可能出现的各种作用。

（2）在正常使用时具有良好的工作性能。

（3）在正常维护下具有足够的耐久性能。

（4）在设计规定的偶然事件发生时及发生后，仍能保持必需的整体稳定性。

对每种功能应建立其功能函数和极限状态方程。一般形式的极限状态方程可表示为：

$$g(X_1, X_2, \cdots, X) = 0 \qquad (6\text{-}13)$$

式中功能函数 $g(X)$ 是由结构上的各种作用、材料性能、几何参数等基本随机变量 X_i 组成的函数。按极限状态设计，当符合下列要求时即表示可靠：

$$g(X_1, X_2, \cdots, X) \geqslant 0 \qquad (6\text{-}14)$$

耐久性分析模型是描述劣化过程的数学模型，是包含荷载、抗力、几何尺寸等参数的时间函数，其主要功能是描述结构性能随时间的变化规律，可为钢筋初始锈蚀时间、锈蚀量、裂缝宽度的分析和预测提供方法，最终用于判定设计选用的材料参数是否可以达到预期的使用寿命。根据分析模型可以得到极限状态方程，它具有"只有结构完全履行性能需求"时才为正值的属性。极限状态设计表达式的一般形式为：

$$g(S_d, R_d, a_d, \theta_d, t) \geqslant 0 \qquad (6\text{-}15)$$

式中 S_d，R_d，a_d 分别是荷载、抗力和几何尺寸的设计值，θ_d 是考虑分析模型不确定性系数的设计值，t 表示时间。对于耐久性而言，荷载表示环境侵蚀，一般为时间的函数；抗力主要由构件的几何尺寸、材料组成及物理化学性质等方面决定。在混凝土结构耐久性碳化寿命准则下，抵抗环境侵蚀的能力 R 与服役时间的平方根成反比；在保护层开裂寿命准则下，与钢筋初始锈蚀到保护层开裂的时间（即锈蚀时间）成反比；在裂缝宽度寿命准则下，则与锈蚀时间的二次函数成反比。选择合适的失效准则及建立相应的极限状态方程是耐久性设计中的核心内容，而极限状态方程的建立则主要取决于分析模型的准确性，混凝土结构耐久性分析模型有着非常大的不确定性和未确知性，而且无法进行直接验证，不像构件承载力的强度计算模型，能较为容易地通过承载力试验确定其精度和不确定性。当功能函数中仅有抗力 R 和作用效应 S 两个综合基本变量且极限状态方程为线性方程的简单情况时，结构极限状态设计应满足的要求可表述为：

$$g(S, R) = R - S(t) \geqslant 0 \qquad (6\text{-}16)$$

此即"$R-S$ 模型"，也是通常采用的模型。对于混凝土结构耐久性 3 种极限状态方程，R 分别为保护层厚度、临界锈蚀深度、临界裂缝宽度，S 为碳化深度、锈蚀深度、裂缝宽度，S

均为时间 t 的函数。因此，耐久性可靠概率形式上也可表示为：

$$P_d = P\{R - S(t) \geq 0\} \tag{6-17}$$

与结构可靠度的定义类似，结构的耐久性度量指标可定义为在正常使用和正常维护条件下，在服役期内不发生耐久性失效的概率。相应的可靠指标可以表示为：

$$\beta = \Phi^{-1}(R_d) \tag{6-18}$$

在时间区间[0，T]内，失效概率 $P_j(T)$ 为：

$$P_j(T) = 1 - P\{g(x,t) > 0, t \in [0,T]\} \tag{6-19}$$

对于耐久性设计的可靠度水准，即耐久性设计的目标可靠指标，目前还没有公认的取值。1998 版的《结构可靠性总原则》(ISO 2394：1998)中规定，对可逆的正常使用极限状态，其目标可靠指标取为 0，对不可逆的正常使用极限状态，其目标可靠指标取为 1.5；我国现行规范《统一标准》(GB 50068—2001)借鉴了 ISO 2394 的建议。并结合国内近年来对我国建筑结构构件正常使用极限状态可靠度所做的分析研究成果，规定结构构件正常使用极限状态的可靠指标根据其可逆程度宜取 0～1.5；对大量现行欧洲规范设计的构件进行了可靠度分析，从经济角度将目标可靠指标分为 3 个等级，即根据考虑耐久性设计而导致成本提高的费用(P)与不考虑耐久性设计的后期维修花费(M)相比较，给出设计使用年限为 50 年的可接受可靠指标[β]：若 $P<M$，[β]取 3.72；若 $P=M$，[β]取 2.57；若 $P>M$，[β]取 1.28。可见，各方对于结构耐久性设计的目标可靠指标的建议值有所区别，这种区别除了与人们心理的接受程度有关，还在于具体的取值需要结合所选取的分析模型。对于不同的结构功能要求，有关耐久性的极限状态是不同的。有些构件可能适合于碳化极限状态、有些构件若使用碳化寿命极限状态过于保守，而适合采用开裂极限状态。因此，耐久性设计的目标可靠指标应因使用极限状态的不同而异。

6.5.3 混凝土使用寿命极限状态

1. 结构使用寿命的确定原则

传统的结构设计由于仅考虑荷载作用对于结构的影响，而抗力是不随时间变化的。这种设计方法映射了一个传统理念，即钢筋混凝土结构是耐久的，结构设计是与时间无关的，故在设计规范中未明确提出结构的使用寿命概念。

结构的期望使用寿命理论上应该是依据投资方及使用方对混凝土结构的具体要求来确定。但是，在实际应用中基于目前的设计及技术条件有可能无法达成已经确定的设计使用寿命。因此，现状条件下，结构合理的期望使用寿命，应该是依据设计方在技术层面上的考虑，同时在确保社会性、经济性等条件的基础上，与投资方及使用方协商确定。

结构的使用寿命应该考虑如下的几种极限状态：① 材料随时间劣化而导致的结构承载能力降低等的"物理性能极限"；② 经济性、结构功能退化等的"社会性能极限"；③ 陈旧化、视觉条件等的"建筑性能极限"。结合目前研究的实际"社会性能极限"及"建筑性能极限"在大多数情况下是难以预测的，所以目前的耐久性极限状态主要还是指"物理性能极限"，同时考虑经济性及环保性等性能，继而合理地设定结构的使用寿命。

结合上述分析，结构使用寿命可以从以下 3 个方面来确定。

（1）由于劣化所引起的结构性能、结构功能的退化，预测达到结构必须进行大规模维修、加固或者拆除等状态的年数，确定为使用寿命。一般来说，不但要对结构全体考虑"物理性能极限"，即耐久性极限状态，对局部结构及结构构件也必须设定局部耐久性极限状态。

（2）由于中性化、盐害等劣化因素会导致混凝土中钢筋的锈蚀等劣化现象，基于此类随时间劣化的预测模型，确定设计使用寿命。另外，在正常使用期间，正常的维修保养对结构的耐用年数的影响也是很大的，因此在确定该设计使用寿命时，已经安排的维修保养计划也应该考虑进来。

（3）除此之外，也应该结合建筑物的经济性及环保性，来确定合理的设计使用寿命。也就是说，在结构劣化影响因素的基础上，对结构全寿命期间经济性及环保性的评价也是必需的。

2. 结构使用寿命极限状态

结构的安全性和适用性是通过对其相关的性能（即结构性能）和性能指标进行定义，并用极限状态方程来表达该性能指标。极限状态可用来定义两种相反状态的边界（如倒塌、压弯失稳、挠曲变形和振动），通过引入计算模式（如正截面抗弯、斜截面抗剪等）和相应的随机参变量（如混凝土抗压强度、钢筋抗拉强度等），极限状态方程可被用来计算结构可靠指标并与所规定的目标可靠指标相比较以确定结构的安全性和适用性。

随着人们对钢筋混凝土结构劣化现象的观察和对劣化机理的进一步理解，基于经验和定性的传统意义上的耐久性设计方法被逐渐引入结构设计规范并不断地被完善。与考虑荷载作用的结构设计相比较，混凝土结构的耐久性设计则主要基于对混凝土、钢筋和预应力筋劣化机理的定性理解，在材料选取和混凝土配方上针对某个裂化环境作用采用一些相应的规定（如水泥品种和最少用量、最大水灰比和最低抗压强度等），加上构造和施工措施（如混凝土保护层厚度、裂缝宽度和养护时间等）。

《建筑结构可靠性设计统一标准》（GB 50068—2018）耐久性设计归属于正常使用极限状态。《混凝土结构耐久性设计规范》（GB/T 50476—2008）也指出设计使用年限终结时的耐久性极限状态为正常使用极限状态，应不损害到结构的承载能力。

但是环境作用毕竟完全不同于荷载作用，荷载作用效应使构件产生变形和裂缝，而环境作用效应导致材料劣化（如混凝土碳化、钢筋锈蚀、保护层锈胀开裂等）。构件在长期荷载作用下产生的变形和裂缝是趋于稳定的，而环境作用产生的材料劣化将随着使用年限的延长逐渐恶化。

一般认为耐久性失效标志有两种：一种是结构由于耐久性能退化导致结构变形不能满足正常使用的要求，多数以钢筋锈蚀发展到出现混凝土顺筋开裂作为正常使用耐久性失效标准；另一种是以结构性能退化导致结构承载能力降低到承载能力极限状态，称之为承载能力耐久性失效标准。

第一种失效标志，比较容易识别，已有研究者建立了多种计算模型，R-J. Frosch 提出了混凝土碳化深度和钢筋锈蚀的预测模型，但是这些计算模式还存在许多不确定性，比如难于准确选取环境计算参数等。

第二种失效标志较难界定，对于耐久性损伤混凝土结构承载能力的计算，目前尚无公认合理的计算方法。G. Brendel 和 H. Ruhle 基于混凝土碳化深度和钢筋锈蚀的预测模型所提出的考虑耐久性退化的钢筋混凝土结构可靠度设计方法，仍存在耐久性与安全性不协调的问题。

国内已有学者提出了混凝土结构耐久性极限状态这个概念，就是基于这两种耐久性失效标志。按照耐久性指南 CCES01 可以表述为：在实际使用年限终结时，以混凝土表面出现不能接受的损伤，或钢筋锈蚀导致混凝土出现顺筋开裂或裂缝宽度达到某一限值，作为混凝土结构耐久性极限状态，属于正常使用极限状态的范畴。

《混凝土结构耐久性设计规范》（GB/T 50476—2008）将混凝土构件的耐久性极限状态可分为以下 3 种：

1）钢筋临界锈蚀的极限状态

钢筋临界锈蚀的极限状态为混凝土的碳化发展到钢筋表面附近或氯离子侵入混凝土内部并在钢筋表面积累的浓度达到临界浓度，即钢筋开始锈蚀。预应力筋和冷加工钢筋的延性差，破坏呈脆性，而且一旦开始锈蚀，发展速度较快。所以宜偏于安全考虑，以钢筋开始发生锈蚀作为耐久性极限状态。对锈蚀敏感的预应力钢筋、冷加工钢筋或直径不大于 6 mm 的热轧钢筋作为受力主筋时，应以钢筋的临界锈蚀状态作为极限状态。

2）钢筋发生适量锈蚀的极限状态

钢筋发生适量锈蚀的极限状态为钢筋锈蚀发展导致混凝土构件表面开始出现顺筋裂缝，或钢筋截面的径向锈蚀深度达到适量锈蚀到开始出现顺筋开裂尚不会损害钢筋的承载能力，钢筋锈蚀深度达到 0.1 mm 不至于明显影响钢筋混凝土构件的承载力。可以近似认为，钢筋锈胀引起构件顺筋开裂（裂缝与钢筋保护层表面垂直）或层裂（裂缝与钢筋保护层表面平行）时的锈蚀深度约为 0.1 mm。两种开裂状态均使构件达到正常使用的极限状态。普通热轧钢筋（直径小于或等于 6 mm 的细钢筋除外）可按发生适量锈蚀状态作为极限状态。

3）混凝土表面发生轻微损伤的极限状态

混凝土表面发生轻微损伤的极限状态为不影响结构所需外观、不明显损害构件的承载力和表层混凝土对钢筋的保护。冻融环境和化学腐蚀环境中的混凝土构件可按表面轻微损伤极限状态考虑。这三种劣化程度都不会损害到结构的承载能力，见图 6-2。

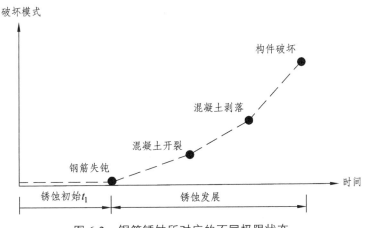

图 6-2　钢筋锈蚀所对应的不同极限状态

耐久性极限状态尚应满足结构和构件的可修复性要求。环境作用引起的材料腐蚀在作用移去后不可恢复。对于不可逆的正常使用极限状态，可靠指标应大于 1.5。欧洲一些工程用可靠度方法进行环境作用下的混凝土结构耐久性设计时，与正常使用极限状态相应的可靠指标一般取 1.8，失效概率不大于 5%。与耐久性极限状态相对应的结构设计使用年限必须具有规定的保证率，满足正常使用极限状态下的可靠度要求，可靠指标应不低于 1.5，相应的失效概率一般为 5%～10%，或保证率 90%～95%。

6.5.4 半概率使用寿命设计——分项系数法

目前，我国结构设计规范中引入耐久性定性设计法虽然考虑到了结构在环境作用下的劣化，但由于该方法其本身的局限性，仍无法对于钢筋混凝土结构的真正使用寿命给予定量的预测和评估。

以性能和可靠度理论为基础的混凝土结构使用寿命设计，在设计过程中，明确定义了结构的使用寿命，按照下述极限状态方程对已被确认的性能指标和极限状态进行分析计算。

$$Z = R(t, x_1, x_2, \cdots, x_n) - S(t, y_1, y_2, \cdots, y_n) \tag{6-20}$$

对于每项性能指标所对应的抗力 R 中的参数取值可通过基于规范和数据库的材料设计或实验室标准试验获得，此处所考虑的作用为环境作用 S（如 CO_2，Cl^- 等）。这些变量都是随机变量，其取值可从规范、已有数据库或从实结构中测试取得。通常又根据其所使用的概率计算技术不同分为全概率设计法和半概率（分项系数）设计法。

全概率设计法中明确包括性能可靠指标 β 和结构使用寿命。该方法既可用于新结构的设计，又可用于既有结构的再设计（评估）。由于相关数据库的不完善和实际操作上的复杂性，该方法目前多用在规范的调校和重大工程的使用寿命设计上。对于一般的工程应用则可采用所谓的半概率（分项系数）设计法。

目前结构设计规范通常都采用半概率（分项系数）设计法，其主要特点就是对于相关性能的极限状态方程中的作用和抗力参数分别用特征值代替，再根据目标可靠指标分别对这些参数用分项系数进行调校，最终再加上一定的安全空间以考虑其他不定性。Dura Crete 为此方法还专门制定了手册。

1. 分析模型

1）欧洲 Dura Crete 方法

$$\frac{C_{cr}}{\gamma_c} - \gamma_s C_{sa}\left[1 - \mathrm{erf}\left(\frac{x - \Delta x}{2\sqrt{\gamma_d \cdot k_e \cdot k_c \cdot D_{RCM,0} \cdot \left(\dfrac{t_0}{t}\right)^n \cdot t}}\right)\right] \geq 0 \tag{6-21}$$

式中　γ_c ——临界氯离子浓度分项系数，依修理费用与前期投入费效比高低分别取 1.20（高）、1.06（相等）和 1.03（低）；

　　　γ_s ——表面氯离子浓度分项系数，依修理费用与前期投入费效比高低分别取 1.70（高）、1.40（相等）和 1.20（低）；

　　　γ_d ——氯离子扩散抗力分项系数，依修理费用与前期投入费效比高低分别取 3.25（高）、2.35（相等）和 1.50（低）；

　　　Δx ——钢筋保护层厚度安全余量（mm），依修理费用与前期投入费效比高低分别取 20 mm（高）、14 mm（相等）和 8 mm（低）；

154

k_e——环境与材料系数；

k_c——施工中养护系数；

n——混凝土龄期系数；

C_{cr}——临界氯离子浓度；

C_{sa}——混凝土表面氯离子浓度；

x——钢筋保护层厚度特征值（mm）；

$D_{RCM,0}$——RCM 方法测定的 t_0 时间氯离子扩散系数；

t_0——28 d，即 0.076 7 a；

t——计算使用寿命（a）。

2）日本 JSCE 方法

$$\gamma_i \gamma_{Cl} C_{sa} \left[1 - \mathrm{erf}\left(\frac{x}{2\sqrt{\gamma_c \cdot D_{RCM,0} \cdot t}} \right) \right] \leqslant C_{cr} \tag{6-22}$$

式中　γ_i——结构重要性系数，重要结构取 1.1，一般结构取 1.0；

γ_{Cl}——钢筋表面氯离子浓度变异性系数，一般取 1.3；

C_{sa}——混凝土表面氯离子浓度（kg/m^3）；

x——钢筋保护层厚度设计值（mm）；

γ_c——混凝土材料性能变异性系数，结构上部取 1.3，其他部位取 1.0；如果结构混凝土质量与标准养护试块质量无差别时，全部取 1.0；

$D_{RCM,0}$——氯离子扩散系数（cm^2/a），有裂缝时（宽度小于 JSCE 规定限值），乘以 1.5 倍的系数；

t——计算使用寿命（a），极限值为 100 a；

C_{cr}——临界氯离子浓度（kg/m^3），一般取 1.2 kg/m^3。

2. 主要参数

海洋环境下混凝土结构使用寿命分析主要考虑氯离子侵蚀作用，其关键参数为：表面氯离子浓度、临界氯离子浓度及氯离子扩散系数。

1）表面氯离子浓度 C_{sa}

混凝土结构表面氯离子浓度是逐步增加的，与环境氯离子浓度、混凝土温度、氯离子结合性能及结构的方向有关。表面氯离子浓度随时间而增加，经过一段时间后，不再增加而成为常数。Dura Crete 采用（6-23）计算表面氯离子浓度：

$$C_{sa} = A_{cs} \cdot (W/B) \tag{6-23}$$

式中　W/B——水胶比；

A_{cs}——描述表面氯离子浓度和混凝土水胶比的参数，取值见表 6-18。

由于混凝土表面氯离子浓度的取值，仍有较大争议，对比起见，这里也将美国 ACI-365 委员会及日本土木学会 JSCE 的混凝土表面氯离子浓度取值列于表 6-19 及表 6-20。

表 6-18　Dura Crete 混凝土表面氯离子浓度参数 A_{cs}

胶凝材料	水下区	潮汐、浪溅区	大气区
硅酸盐水泥	10.3%（16.48 kg）	7.76%（12.42 kg）	2.57%（4.11 kg）
粉煤灰	10.8%（17.28 kg）	7.45%（11.92 kg）	4.42%（7.07 kg）
磨细矿渣	5.06%（8.10 kg）	6.77%（10.83 kg）	3.05%（4.88 kg）
硅　灰	12.5%（20.00 kg）	8.96%（14.34 kg）	3.23%（5.17 kg）

注：括号内取值为 W/B 取 0.4、胶凝材料取 400 kg/m³ 时计算的 C_{sa} 数值。

表 6-19　ACI-365 混凝土表面氯离子浓度（与混凝土质量的比值）

C_{sa}	累积速度 C_{sa}/年	最终定值（取混凝土质量 2 300 kg）
潮汐浪溅区	瞬时到定值	0.8%（18.40 kg）
海上盐雾区	0.10%	1.0%（23.00 kg）
离海岸 800 m 内	0.04%	0.6%（13.80 kg）
离海岸 1.5 km 内	0.02%	0.6%（13.80 kg）

表 6-20　JSCE 标准中混凝土表面氯离子浓度（与混凝土质量的比值）

浪溅区	离海岸距离/km				
	岸线附近	0.1	0.25	0.5	1.0
0.65%	0.45%	0.225%	0.15%	0.1%	0.075%
14.95 kg	10.35 kg	5.18 kg	3.45 kg	2.30 kg	1.73 kg

注：最后一行数据，按照一般混凝土质量 2 300 kg/m³ 计算。

在一般混凝土结构使用寿命设计中，可以采用以上规定值，在条件许可的情况下，表面氯离子浓度建议采用当地实际测试数据。

2）临界氯离子浓度 C_{cr}

氯离子经过保护层侵入钢筋表面积累到一定浓度时就会引起钢筋锈蚀，这个引起钢筋开始锈蚀的氯离子浓度称之为临界氯离子浓度。临界氯离子浓度 C_{cr} 与构件局部暴露微环境的各种参数有关，包括水泥的种类、胶凝材料的用量、其他混凝土外加剂以及混凝土内的微观结构等，但是由于目前研究成果的制约，在混凝土结构使用寿命设计中还不能完全考虑这些影响，一般规范、标准中采用一个定值或者统计特征值来表征这一参数。Dura Crete 提出临界氯离子浓度可以按表 6-21 取用，单位为%。

表 6-21　Dura Crete 临界氯离子浓度（胶凝材料的质量百分数，%）

W/B	0.3	0.4	0.5	W/B	0.3	0.4	0.5
水下区	2.3	2.1	1.6	潮汐、浪溅区	0.9	0.8	0.5

注：氯离子临界浓度与胶凝材料种类有关，表中浓度为硅酸盐水泥混凝土情况。

美国 Life-365，采用一个定值来规定引起钢筋脱钝的临界氯离子浓度，取值为 0.05%（混凝土质量百分数），当取混凝土质量 2 300 kg 计算时，临界氯离子浓度为 1.15 kg/m³。日本 JSCE

在设计时取用混凝土临界氯离子浓度 1.2 kg/m³。对于水胶比 0.4，胶凝材料 400 kg 的一般混凝土来说，Dura Crete 规定的潮汐、浪溅区混凝土临界氯离子浓度为 3.2 kg/m³，原因在于 Dura Crete 认为混凝土中氯离子达到一定临界浓度时不会立刻引起钢筋的锈蚀，氯离子随时间进一步在钢筋表面累积导致钢筋有一定的概率产生锈蚀。

我国规范中规定，对于混凝土拌合物中氯离子限值（水溶值），在海水环境下的预应力混凝土为 0.06%（胶凝材料质量），钢筋混凝土为 0.10%（胶凝材料质量）。需要注意的是，由于氯离子能与混凝土胶凝材料中的某些成分结合，所以从硬化混凝土中取样测得的水溶氯离子量要低于原材料氯离子总量。

中港四航局对华南沿海混凝土结构的研究表明，氯离子临界浓度取为混凝土质量百分数的 0.05% 比较可靠，按照混凝土质量 2 300 kg 计算，亦即 1.15 kg/m³，基本等同于美国 Life-365 及日本 JSCE 的取值。

3）氯离子扩散系数 D_t

用 Fick 模型计算氯离子侵入混凝土的深度并预测钢筋开始锈蚀的年限，其混凝土扩散系数实际上随混凝土龄期的增长而减小，如果仅通过 RCM 实验获得的 28 d 氯离子扩散系数，作为一个定值来计算，就会过于保守而不符合实际。

Dura Crete 采用氯离子扩散系数随时间变化的计算模型，在这个模型中混凝土龄期为 t 时间的氯离子扩散系数随时间 t 的增长而衰减，以混凝土龄期的幂指数来表征，其中，龄期系数的取值对于不同的胶凝材料有所变化，同时环境作用也有一定的影响，其变化范围为 0.30 ～ 0.93，见表 6-22，按下式计算：

$$D_t = D_{\mathrm{RCM},0} \cdot \left(\frac{t_0}{t} \right)^n \tag{6-24}$$

表 6-22   Dura Crete 龄期系数 n

胶凝材料		硅酸盐水泥	粉煤灰	矿 渣	硅 粉
海洋环境	水下区	0.30	0.69	0.71	0.62
	潮汐、浪溅区	0.37	0.93	0.60	0.39
	大气区	0.65	0.66	0.85	0.79

龄期系数对混凝土扩散系数的影响较大，图 6-3 表示了这一变化，从图中可知，混凝土龄期在 1 年之内，由于龄期系数的关系，氯离子扩散系数会大幅降低，减小到 28 d 氯离子扩散系数 D_t 的 1/2 ～ 1/10。考虑到目前我国的混凝土施工水平及混凝土质量，混凝土抵抗氯离子侵入能力随龄期发展提高的程度可能会比较少，对于滨海混凝土结构氯离子扩散的龄期影响系数亦偏低取值。一般来说，当混凝土龄期超过 30 年后，氯离子扩散系数基本趋于平稳，无论 $n×0.6$ 时，50 年时的氯离子扩散系数是 30 年的 74%。

美国 Life-365 采用不同混凝土成分的线性关系来表示此系数，$n=0.2+0.4$（%FA/50+%SG/70），其中，（%FA）为粉煤灰掺量，（%SG）为矿渣掺量，公式中控制粉煤灰产量小于 50% 和矿渣掺量小于 70%，这样其龄期系数的变动范围为 0.2 ～ 0.6。亦有研究表明，龄期系数 $n=2.5W/C-0.6$，当水灰比 W/C 在 0.3 到 0.5 之间变动时，其龄期影响系数在 0.15 到 0.65 间变化。

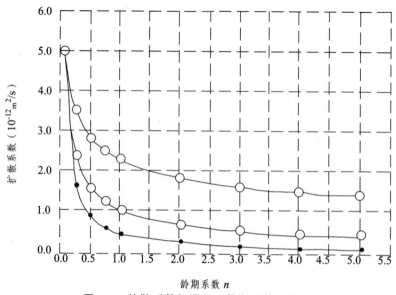

图 6-3　扩散系数与混凝土龄期系数的关系

日本土木学会 JSCE 设计方法中定义氯离子扩散系数不随时间变化，那么混凝土龄期为 1 年的情况下（n 取 0.6），氯离子扩散系数会与 Dura Crete 方法相差 5 倍，但是 JSCE 方法的临界氯离子浓度只是 Dura Crete 方法的 1/3。

目前，随着混凝土龄期的增长，混凝土抵抗氯离子扩散能力会进一步提高，已经得到大家的公认。特别是对于现代高性能混凝土，由于大量掺合料的使用，其水泥水化过程会随着时间的延续进一步发展。

4）其他参数

Dura Crete 使用寿命设计方法中，还涉及了环境、养护系数，以计入不同胶凝材料、不同海洋环境及养护时间对混凝土使用寿命的影响，具体取值见表 6-23 和表 6-24。

表 6-23　Dura Crete 方法环境系数 k_e

胶凝材料	硅酸盐水泥				矿渣水泥			
海洋环境	水下区	潮汐区	浪溅区	大气区	水下区	潮汐区	浪溅区	大气区
k_e	1.32	0.92	0.27	0.68	3.88	2.70	0.78	1.98

表 6-24　Dura Crete 方法养护系数 k_c

养护时间/d>	1	3	7	28
k_c	2.08	1.50	1.00	0.79

3. 使用寿命设计

设计分两个方面：一是，已知混凝土扩散系数，求出满足结构期望使用寿命的保护层厚度；二是，已知保护层厚度，确定满足期望使用寿命的混凝土材料抗氯离子侵入能力，亦即计算扩散系数。这里要提请大家注意的是，这个扩散系数是要在满足混凝土抗压强度设计值基础上的。设计的过程也就是不断调整混凝土保护层厚度及氯离子扩散系数。

当上述所有参数确定后，特别是结构期望使用寿命确定后，就可以进行结构使用寿命极限状态的设计，由于在计算过程中涉及一个误差函数的求解，可以通过编制程序，或者直接使用数学软件（如 mathCAD、mathematica 等来解决）。

碳化环境下使用寿命分项系数设计法。

混凝土碳化的理论模型是基于 Fick 第一定律，见式（6-25）：

$$X(t) = \sqrt{\frac{2D_{CO_2}C_{CO_2}}{M_{CO_2}}} \cdot \sqrt{t} \qquad (6\text{-}25)$$

式中　D_{CO_2}——在混凝土中的有效扩散系数；

　　　C_{CO_2}——混凝土表面 CO_2 浓度；

　　　M_{CO_2}——单位体积混凝土吸收 CO_2 的量。

该模型所含的参数不好确定，在工程上无法合理使用，但是，混凝土碳化与时间的平方根关系，得到大多数研究者的认可。

1）欧洲 Dura Crete 方法

$$(x - \Delta x) - \sqrt{2C_s \cdot \gamma_d \cdot k_e \cdot k_c \cdot D_{ACT,0} \cdot \left(\frac{t_0}{t}\right)^{2n} \cdot t} \geqslant 0 \qquad (6\text{-}26)$$

式中　x——钢筋保护层厚度特征值（mm）；

　　　Δx——钢筋保护层厚度安全余量（mm），依修理费用高低，分别取 20、14 和 8；

　　　C_s——混凝土表面 CO_2 浓度（kg/m^3），一般取 5×10^{-4} kg/m^3；

　　　γ_d——碳化抗力分项系数，依修理费用高低，分别取 3.00、2.10 和 1.30；

　　　k_e——环境与材料系数；

　　　k_c——施工中养护系数；

　　　$D_{ACT,0}$——t_0 时间快速碳化实验得到的碳化速度[$m^5/$（$a \cdot kg$）]；

　　　t_0——28 d，即 0.076 7 a；

　　　t——计算使用寿命（a）；

　　　n——混凝土龄期系数。

环境系数及养护系数的取值见表 6-25、表 6-26。Dura Crete 方法也考虑了龄期系数 n 对混凝土碳化速度的衰减，取值见表 6-27。龄期系数对碳化速度的影响按照式（6-27）计算，图6-4 表示了这种变化趋势。

表 6-25　Dura Crete 方法环境系数 k_e

胶凝材料	硅酸盐水泥			矿渣水泥		
环境条件	室内	室外，有掩护	室外，无掩护	室内	室外，有掩护	室外，无掩护
k_e	1.00	0.86	0.48	1.00	0.85	0.50

表 6-26　Dura Crete 方法养护系数 k_c

养护时间/d	1	3	7	28
k_c	4.05	2.10	1.00	0.76

表 6-27　Dura Crete 龄期系数 n

胶凝材料	硅酸盐水泥			矿渣水泥		
环境条件	室内	室外，有掩护	室外，无掩护	室内	室外，有掩护	室外，无掩护
n	0	0.098	0.400	0	0.132	0.430

$$D_t = D_{\mathrm{ACT},0} \cdot \left(\frac{t_0}{t}\right)^{2n} \tag{6-27}$$

从图 6-4 中可知，混凝土龄期在 1 年之内，由于龄期系数的关系，氯离子扩散系数会大幅降低，减小到 28 d $D_{\mathrm{RCM},0}$ 的 3/5 ~ 1/8。考虑到目前我国的混凝土施工水平及混凝土质量，混凝土抵抗碳化的能力随龄期发展提高的程度可能会比较少，龄期影响系数亦应该适当取值。

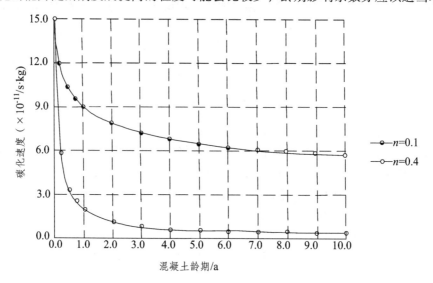

图 6-4　碳化速度与混凝土龄期的关系

2）日本 JSCE 方法

$$\gamma_i \gamma_{\mathrm{cd}} \gamma_c \alpha_k \beta_e \cdot \sqrt{t} \leqslant x_c - \Delta c_k \tag{6-28}$$

式中　γ_i ——结构重要性系数，重要结构取 1.1，一般结构取 1.0；

　　　γ_{cd} ——碳化深度变异性系数，一般取 1.15；

　　　γ_c ——混凝土材料性能变异性系数，结构上部取 1.3，其他部位取 1.0；如果结构混凝土质量与标准养护试块质量无差别时，全部取 1.0；

　　　α_k ——碳化速度（mm/a）；

　　　β_e ——环境作用程度系数，北向潮湿处取 1.0，南向易干燥处取 1.6；

　　　t ——计算使用寿命（a），极限值为 100 a；

　　　x_c ——混凝土保护层厚度（mm），一般取设计值；

　　　Δc_k ——碳化深度安全余量（mm），通常环境取 10 mm，氯盐环境取 25 mm。

式（6-28）中 $x_c - \Delta c_k = y_{\mathrm{lim}}$ 表示钢筋腐蚀发生的界限碳化深度；而根据日本土木学会的既

有结构碳化腐蚀调查及研究表明，当碳化深度安全余量在 10 mm 以上时，基本不会发生重大的腐蚀损伤现象；但是，当结构处于氯盐环境下，由于混凝土中性化的进行会导致被水泥水化所结合的氯离子分离出来，引起腐蚀的危险加大，因此需要加大安全余量到 25 mm。

6.5.5　全概率极限状态设计

Dura Crete 使用寿命设计方法，采用基于可靠度设计理论的耐久性设计方法，对于结构在不同环境作用下的性能分别给出定义，针对该性能提出了与时间 t 相关的极限状态。设计的目的就是确保在特定的使用寿命期限内结构的可靠指标总是大于或等于其相应的目标可靠指标，从而使结构达到安全和适用的要求。

在设计过程中，对于结构在不同环境作用下的性能分别给出定义。针对该性能提出了与时间相关的极限状态，借助极限状态方程式，通过引入材料参数和抗力劣化计算模式就能对结构的使用寿命进行设计和再设计（图 6-5）。

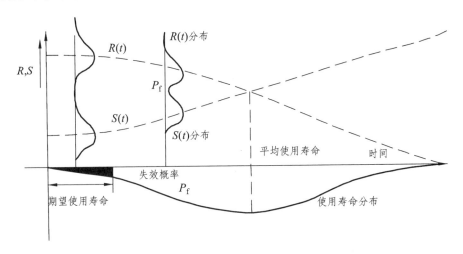

图 6-5　全概率使用寿命设计的概念

每项性能指标所对应的抗力 R 中的参数取值，可通过基于规范和数据库的材料设计或实验室标准试验获得（如混凝土的抗压强度、混凝土抗碳化系数、混凝土氯离子扩散系数等）。作用可分为力学荷载作用 S（如风荷载、地震荷载等）、环境作用等（如 CO_2，Cl^-，SO_4^{2-} 等）。这些随机变量值可从规范、已有数据库或从实际结构中试验取得，表 6-28 例示了采用 Dura Crete 方法所得到的一些随机变量。随机变量抗力和作用的数据齐全之后，按式（6-29）进行结构可靠分析。

$$P_f(T) = P\{Z = R - S < 0 \forall t \in [0;T]\} = \Phi(-\beta) \qquad (6-29)$$

式中　$P_f(T)$——某一极限状态在其目标使用寿命期间内的失效概率；

$\quad\quad T$——某种结构性能的期望使用寿命；

$\quad\quad \beta$——结构可靠指标。

表 6-28　部分计算随机变量取值

序号	参　数	量纲	期望值	方差	分　布
1	x_c：混凝土保护层 　　名义值 　　实测值	mm	 50 45	 10 9.5	对数正态分布
2	$D_{ACT,0}$	$10^{-12}\ m^2/s$	40.4	13.2	正态分布
3	氯离子临界浓度 　水下区 　其他区		 1.2 0.6	 0.20 0.15	正态分布 Beta 分布 $a=0.2$，$b=2.0$
4	n：龄期参数	—	0.3	0.12	Beta 分布 $a=0$，$b=1$
5	k_t：试验方法参数		1.0	—	定值
6	k_e：环境参数 　水下区 　浪溅区 　潮汐区 　大气区	—	 1.325 0.265 0.924 0.676	 0.223 0.045 0.115 0.114	Gamma 分布
7	k_c：养护参数其他区	—	1.5	0.3	Beta 分布 $a=1$，$b=4$
8	C_s：表面氯离子浓度 　水下区 　浪溅区 　潮汐区 　大气区		 1.00 0.80 0.65 0.65	 0.75 0.35 0.20 0.20	对数正态分布
9	参考时间	年	0.076 7	—	定值

6.6　基于全寿命理念的耐久性设计

6.6.1　基本思路

耐久性设计与全寿命设计理念相结合的基本思路是：首先在耐久性理念的基础上对组成结构各部分的目标使用寿命进行规划；然后对组成结构的构件设计参数（材料、尺寸等）和维护体系参数（检测作用类型和时间、维护作用类型和时间）进行设计，使构件的使用寿命可以达到目标使用寿命的要求。

6.6.2　核心研究内容

将耐久性设计与全寿命设计理念相结合研究的核心内容包括耐久性退化过程研究、基于可靠性的耐久性寿命的分布研究、结构模块化使用寿命规划、耐久性使用寿命设计、全寿命成本分析、检测及维护策略研究。

结构的性能在寿命周期内会发生退化的根本原因是耐久性问题的存在，构件使用寿命的终结也是由于耐久性问题造成的，结构或构件维护的检测和维护行为主要是针对耐久性退化而进行的。可见，耐久性的退化过程是该项研究最基本的内容。影响结构耐久性能的因素包括设计、施工、材料环境等，使得结构耐久性的退化过程具有很大的不确定性，耐久性使用寿命也不是一个确定的量，而是一个随机变量。

耐久性使用寿命的分布在一定程度上反映了耐久性的一些特性，会对结构的耐久性设计及运营过程中的维护决策带来一定的影响。耐久性使用寿命的分布是该项研究的一个核心内容。

6.6.3 地下结构全寿命周期经济评估

1. 成本组成

投资项目的财务评价计算期一般不超过 20 年，但是城市地下结构使用寿命较长，一般在 100 年以上。使用寿命期间除了正常维护外，一般还要进行若干次耐久性破坏的修复，以保持原有的使用功能。在城市地下结构的建设、营运、维护过程中，资金的投入必须按照结构不同寿命阶段合理化。与地下结构耐久性寿命相互对应，周期寿命成本也是分阶段组成的，在整个寿命期内的费用包括建设项目规划、设计与建造的初始建造费用，运营期间的日常检测维护费用、维修费用以及因维修造成的损失、结构失效造成的损失，见图 6-6 所示。

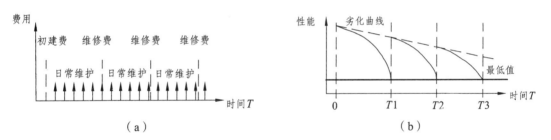

图 6-6　城市地下结构全周期寿命成本

2. 成本计算

全周期寿命包括决策阶段、设计阶段、实施阶段、运营维护阶段和项目废除阶段。图 6-6 （a）给出了城市地下结构建设项目全寿命期内的费用现金流量示意，主要包括项目的初始造价、日常维护费用（包括检测费用）、修复费用和残值。图 6-6（b）给出了地下结构的性能劣化示意，每次修复后结构的性能提高，使用寿命得以延长。应用在城市地下结构工程中，整个寿命期内的总费用构成为：

$$\text{LCC}(T)=C_{\text{C}}+C_{\text{IN}}(T)+C_{\text{M}}(T)+C_{\text{R}}(T)+C_{\text{F}}(T) \tag{6-30}$$

式中　C_{C}——城市地下结构设计与建造的直接费用；

　　　$C_{\text{IN}}(T)$——寿命期内的检测费用；

　　　$C_{\text{M}}(T)$——寿命期内的日常维护费用；

$C_R(T)$——寿命期内弥补耐久性的维修费用；

$C_F(T)$——地下结构失效造成的损失。

结构周期寿命成本分析从设计、管理、建设和运营的各个环节来寻求措施来满足结构全寿命周期的总投资最小，它是城市地下结构耐久性经济分析的主要内容。在结构安全可靠约束条件下，使城市地下结构全寿命的效益期望值最大，使全寿命的总费用期望值最小，即目标函数为：

$$\min\{E[\mathrm{LCC}(T)]\} \tag{6-31}$$

LCCA 法考虑如下两部分投资费用：第一部分指建设时的设计、施工费用；第二部分包括所有的维修费用。在实际的工程经济分析中，LCCA 法投资分析计算公式为：

$$P_w = c\left(\frac{1+i}{1+r}\right)^t \tag{6-32}$$

式中　P_w——工程现值；

　　　c——使用时间；

　　　i——通货膨胀率；

　　　r——工程折现率；

　　　t——工程使用寿命。

对于混凝土结构耐久性周期寿命经济分析，已经有实用工具可用，其中 Life-365 计算程序是由美国 ACI 的 Silica Fume Asociation 编写的基于氯离子侵蚀的结果寿命预测程序，计算程序依据式（6-32）及 Fick 第二定律氯离子扩散式（6-33）进行全寿命周期经济评价。

$$c = c_0 + (c_s - c_0)\left[1 - \mathrm{erf}\left(\frac{x}{2\sqrt{D_0\left(\frac{t_0}{t}\right)^m \cdot t}}\right)\right] \tag{6-33}$$

在城市地下结构耐久性设计中，提出的诸多提高耐久性的措施，需要在全周期寿命中进行成本对比，从经济角度确定最合理的耐久性措施。

6.6.4　工程实例分析

此处引用由唐孟雄、陈晓斌主编《城市地下混凝土结构耐久性检测及寿命评估》中的工程案例，以广州地区典型地下结构为背景，进行全寿命周期经济评估。结合研究工程背景，对于广州地区典型的地下结构，即九号工程及地铁一号线。在考虑氯离子侵蚀条件下，广州九号工程和地铁一号线芳村—黄沙区间隧道单立方混凝土结构在受用寿命内的总投资情况进行全周期寿命经济评价。依据前文的工程调查及室内模拟实验基础数据，确定了投资分析计算公式（6-32）和 Fick 第二定律氯离子扩散公式（6-33）参数值，见表 6-29。

在 life-365 计算程序中，九号工程及地铁一号线单立方混凝土结构计算模型如图 6-7 所示，全周期寿命投资成本分析计算结构见表 6-30 所示。

表 6-29　计算模型参数

工程名称	通货膨胀率/%	年折旧率/%	结构使用年限/a	开裂扩展年限/a	表面 Cl⁻浓度 Q/%	Cl⁻浓度限值 C_t/%	扩散系数/(m^2/s)	扩散系数衰减常数 m
九号工程	1.6	3	100	12	0.21	0.05	8e-12	0.5
地铁一号线	1.6	3	100	15	0.20	0.05	6e-12	0.5

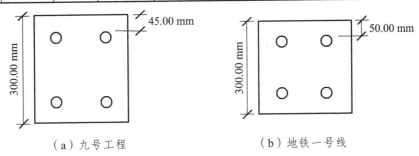

（a）九号工程　　　　　　（b）地铁一号线

图 6-7　结构耐久性计算模型

表 6-30　全周期寿命经济评估计算结果

工程编号	造价组成/（费用单位：元/m^3）				
	建设费用	开始维修时间	维修次数	维修费用	全周期总造价
九号工程	2 175	15	12	20 825	23 000
地铁一号线	3 050	25	6	12 200	15 250

计算结果表明九号工程采取的混凝土配比和耐久性措施虽然初建费稍低，单立方混凝土结构初建费为 2 175 元，但约 15 年后便开始第一次修复工程，100 年内要修复 12 次，单立方总修复费约为 20 825 元，是初建费的 10.5 倍，最终单立方总造价为 23 000 元。计算结果表明地铁一号线芳村—黄沙区间隧道工程采取的混凝土配比和耐久性措施初建费单立方混凝土结构初建费为 3 050 元，约 25 年后便开始第一次重要的耐久性修复，100 年内要 6 次重要的耐久性修复，单立方积修复费约为 12 200 元，是初建费的 5 倍，最终单立方总造价为 15 250 元。全周期寿命经济分析表明，有必要在城市地下结构中采取全周期结构寿命评估方法，科学、经济地建设、维护城市地下结构。

由于结构的各组成部分受到的环境作用不同，各部分的受力状态、结构材料也存在差异性，因此，各部分的实际耐久性寿命也不同。为了减少由于多次维修带来的相应固定成本，对结构耐久能力进行均衡化处理是有必要的。由于结构构件的性质不同，将所有构件的耐久性能进行均衡设计是不现实的，可行的方案是将同一类型的构件（同一模块）耐久性能进行均衡设计，对不同类型的构件（不同模块间）耐久性寿命进行匹配设计。结构模块化目标使用寿命规划是该项研究的重要内容。耐久性使用寿命设计是该项研究的另一个核心内容，其目的是使混凝土构件的耐久性寿命能够达到模块化寿命规划的目标值，且具有一定的保证率。为了保证结构或构件能达到规划的使用寿命，需要对结构或构件采取适当的维护措施。维护措施的实施又会对全寿命成本产生直接的影响，全寿命成本的分析和结构维护策略的研究是另外两个核心内容。全寿命成本分析的作用是帮助决策者选择最优的耐久性寿命规划方案及相应的维护方案。

6.7 思考题

6-1 阐述混凝土结构耐久性的定义。

6-2 混凝土结构耐久性设计方法有哪些？

6-3 结构极限状态有哪几种？判断标准分别是什么？

6-4 简述基于全寿命理念的耐久性设计基本思路。

第7章　地下工程结构耐久性评定

由于地下工程结构累积损伤和自然老化，以及维修养护不足和荷载的增加等，运营期结构的安全性存在隐患的问题日趋严重。对在役结构进行耐久性评估，从而为决策部门提供合理科学的维修加固及改造的决策评估，是目前工程界亟待解决的问题。只有对在役结构做出科学的评估，准确预测出其剩余安全服役寿命，才有可能制订出科学的加固方案，在保证结构的可靠性、确保人民生命财产安全的同时，节省大量的维修或重建费用。

7.1　混凝土结构耐久性评定的目的及意义

虽然混凝土结构具有寿命长和较长时间无需维护的特点，但混凝土结构建成投入使用后，在长期的自然环境和使用环境的双重作用下，结构的材料性能随时间逐渐衰减退化，结构的承载能力和适用性缓慢下降，这是一个不可逆的客观规律。在正常情况下，结构应该能达到设计要求的服役寿命。由于知识和经验的局限性，在设计和施工中所确认的关键作用和结构抗力仍然存在很大的不定性和不确知性（设计的原因），或者是结构使用功能及环境的改变，结构仍可能会发生非预期的劣化破坏。因此在结构的长期使用过程中，对这些因素必须通过有效的检测和监测系统来不断认知，根据检测和监测所获取的作用和抗力数据进行结构的耐久性评估，以期能够正确掌握现有建筑物的安全性、使用性和耐久性功能，判定结构在指定的目标使用年限内是否满足安全性和适用性的要求，或在限定的使用条件和正常维护条件下其剩余使用寿命是否满足目标使用年限的要求，尽早发现结构的异常与性能劣化并提供预警。在必要的时候，对该结构进行使用寿命的再设计，及时对结构进行维护，恢复结构设计使用寿命，避免重大事故或者大规模结构维修，以最低代价确保结构耐久适用、安全可靠。使用过程中的结构性能指标更新见图7-1。

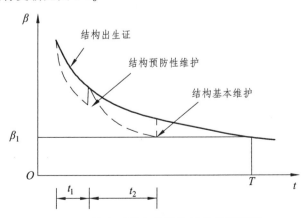

图 7-1　使用过程中的结构性能指标更新

对在役钢筋混凝土结构进行耐久性评估和剩余使用寿命预测，不仅可以揭示潜在危险，及时做出维修或拆除的决策，避免重大事故的发生，而且研究成果可以直接用于指导结构设计。通过对新建结构使用寿命的预评估，一方面根据评估结果调整设计方案，使所有结构具有足够的耐久性，从而做到防患于未然；另一方面可以揭示影响结构寿命的内部和外部因素，可以根据作用环境、用途、经济条件等进行有针对性的投资，对于提高工程的设计水平和施工质量也有一定的促进作用。

7.2 混凝土结构耐久性检测评估的基本程序和内容

混凝土结构耐久性检测评估的一般程序为：通过现场调查、无损和（或）微破损检测技术在现场和试验室内获取结构有关作用（S^*）和抗力（R^*）信息；对结构性能和可靠指标分析评估及再验证；形成评估报告（使用、维护意见及建议）。混凝土结构耐久性检测评估的一般程序见图 7-2。

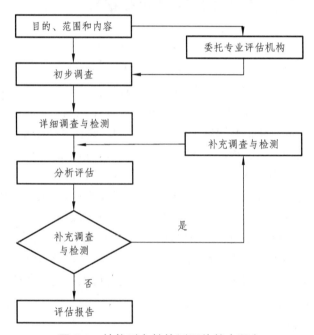

图 7-2 结构耐久性检测评估基本程序

结构的耐久性评估的时机由建筑物业主提出，一般分为两种情况：一种为定期的健康检测，一种为针对具体情况进行的检测评估。对于重大的结构工程，应定期对结构进行健康检测评估，以便及时掌握结构的耐久性劣化状态，为使用部门对结构的使用及日常维护提供依据；同时，混凝土结构在一些特殊情况下（如使用时间较长、使用功能或环境明显改变、已发生某种耐久性损伤的结构等）应进行耐久性检测评估，以期能够正确掌握现有建筑物的安全性、使用性和耐久性功能。建筑物的业主单位应根据检测评估的目的，提出评估的范围和内容要求，委托专业评估机构进行评估。结构耐久性评估的范围可以是整体结构，也可以是结构的各类结构构件甚至单个构件。

专业评估机构接受业主的委托后，首先要进行初步调查，并根据调查结果，制订详细调查及检测方案。初步调查的内容主要包括：建筑物的用途、使用历史等情况；建筑物的勘察设计、施工、竣工资料、维修加固、改造扩建、维护监测、事故和处理等情况；建筑物的环境作用和各种防护设施；结构的使用状况及现场考察等。

根据初步调查结果，针对具体的结构形式，按环境条件、混凝土材料物理参数、混凝土结构参数、结构耐久性损伤等方面确定检测项目和内容，制订详细的调查检测方案，按国家现行相关标准规定的方法进行详细调查和检测。

详细调查和检测完成后，对所取得的数据进行分析计算，采用适当的方法来评估结构的耐久性能及预测剩余使用寿命，给出结构耐久性评估报告。耐久性评估报告应包括以下内容：

（1）报告摘要；

（2）工程概况；

（3）评定目的、范围和内容；

（4）调查与检测结果；

（5）分析与评估；

（6）结论与建议；

（7）附件。

7.3　地下工程结构的耐久性检测评定

7.3.1　常用地下工程耐久性检测方法

1. 衬砌耐久性检测

1）混凝土强度

依据检测原理、检测精度和检测技术要求的不同，现场检测混凝土强度的方法主要有回弹法、超声波法、超声-回弹综合法、钻芯法、拔出法等。

2）混凝土抗渗性

混凝土在各种劣化过程（如碳化、钢筋锈蚀、酸性腐蚀和冻融破坏等）的作用下，抗耐久性能会降低。而这些过程都直接或间接与混凝土的抗渗透性能有关。因此抗渗性能是衡量混凝土耐久性能的重要因素，对其检测也十分重要。对在役混凝土构件进行抗渗性检测，一般需要从混凝土构件上钻取芯样，再制备渗透仪上使用的抗渗试件，一组钻取 6 个芯样，制作为 6 个抗渗试件。然后和现浇混凝土抗渗试验的方法一样，测定试样的水渗透性能。具体方法是：先在试样侧面涂一层密封材料；将试样压入经过加热的钢质模具中，使试样与模具的底齐平；等钢质模具冷却后，安装到混凝土渗透仪上进行抗渗试验。试验过程中，初始水压 0.1 MPa，每隔 8 h 增加水压 0.1 MPa，并随时观察试样端部，当 6 个试样有 3 个端部渗水时，即停止试验，记录当时的水压。根据有关规范，在役混凝土试样的抗渗等级为：

$$S=10H-1 \tag{7-1}$$

式中　S——抗渗等级；

　　　H——第 3 试样端部渗水时的水压力值（MPa）。

3）混凝土化学成分

当混凝土受到各种介质风化、腐蚀时，在混凝土的内部将发生一系列化学反应，其化学成分会改变。通过分析劣化后混凝土的化学成分，对分析混凝土的腐蚀程度和腐蚀原因等有重要作用。常用的方法有：X射线衍射分析法、电子显微镜扫描分析法、荧光分析法等。X射线衍射分析是利用X射线照射材料样品而获得的衍射图谱，进而分析材料的化学成分和相对含量。具体做法是，先将混凝土试样中的石子去除，对剩余的砂浆研磨至300目左右，在室温条件下用X射线衍射仪对样品进行晶相分析，获得衍射图，然后与标准的衍射图谱比较，分析混凝土中固相物质的含量，进而分析混凝土劣化原因和程度。电子显微镜扫描分析就是利用电子显微镜对混凝土样品进行放大，观察混凝土的细微结构和矿物组成，从而分析混凝土结构的构成和各种缺陷的存在情况。荧光分析法是将酸离子沾染到混凝土上，通过观察紫外线短波辐射下发光颜色来判定骨料的酸碱性，若骨料发出黄绿色的荧光，则为碱性。

4）混凝土碳化深度

混凝土碳化深度的检测比较简单，只需在混凝土新鲜断面上喷洒酸碱指示剂，再根据断面上颜色的变化来确定混凝土的碳化深度。具体的检测步骤为：

（1）同一混凝土构件上选择至少3个测区，且测区应均匀布置。

（2）每一测区按"品"字形布置3个测孔，孔距应大于2倍孔径，孔距混凝土构件的边角的距离应大于2.5倍保护层厚度。

（3）在混凝土表面测点位置钻孔（直径20 mm），并用毛刷将孔中碎屑、粉末等打扫干净，露出混凝土新鲜断面。

（4）配制1%～2%的酚酞酒精溶剂，再将其滴或喷到测孔壁上。

（5）等待酚酞指示剂变色。变为紫色的混凝土未碳化，未改变颜色的混凝土已碳化。测量混凝土表面至酚酞变色交界处的深度（精度1 mm）。

（6）画出示意图，将测试结果在图上标注，整理、统计和分析碳化深度测量值。

5）在役混凝土中氯离子含量

在役混凝土中氯离子的含量可根据《混凝土中氯离子含量检测技术规程》（JGJ/T322—2013）进行。主要步骤为：

（1）取样。首先清除混凝土表面污垢和粉刷层等，用取芯机在混凝土构件具有代表性的部位取混凝土试样，深度应大于钢筋保护层厚度。每组芯样的数量至少3个，当出现混凝土由于钢筋锈蚀而开裂等劣化现象时，每组芯样数量增倍。从同一组芯样中，每个芯样各取200 g以上等质量的混凝土试样，去除混凝土中的石子，将砂浆研磨至全部通过筛孔直径0.16 mm的筛子后，用105 ℃±5 ℃烘箱烘干，取出放入干燥皿冷却至室温备用。

（2）混凝土中氯离子含量可用硝酸银滴定法测定。具体方法参见《混凝土中氯离子含量检测技术规程》（JGJ/T 322—2013）附录C和附录D。其基本原理是：将研磨好的砂浆粉末使用硫酸溶解后，过滤得到清液；再加过量硝酸银，使氯离子变为氯化银完全沉淀；过滤后取出氯化银沉淀物，并洗涤干燥后，称量氯化银的质量，即可计算得到氯质量；最后可计算得到氯离子的含量。

6）混凝土裂缝和缺陷

混凝土裂缝是影响混凝土耐久性的关键因素，正确确定混凝土裂缝的各要素，对正确评价混凝土的耐久性能很重要。裂缝检测的要素有：裂缝的分布、长度、宽度、深度和发展方向等。常见的检测方法有钻芯法和超声波无损检测法。

钻芯法比较简单，即在混凝土有裂缝的部位钻取芯样，直接查看和量测裂缝的深度和宽度。该方法结果比较准确，但对混凝土构件有一定损伤，可进行局部少量使用。

裂缝宽度检测。裂缝测试部位的混凝土表面应干净，且平整，将裂缝内部的灰尘、泥浆等杂质清理掉，并在自然张开状态下进行检测。在每条连续的裂缝上，应选择至少两个裂缝宽度测点，并在裂缝分布图上标注出相应检测点和宽度大小值。常见的裂缝宽度测量工具有：塞尺、裂缝宽度对比卡、裂缝显微镜、裂缝宽度测试仪等。采用塞尺或裂缝宽度对比卡可直接读取测量裂缝的宽度，简单方便，但精度不高。采用裂缝显微镜测试时，对裂缝近距离放大后人工读取宽度数值，精度略高，可达 $0.02 \sim 0.05$ mm，但人为读数误差较大。采用裂缝宽度测试仪就是将混凝土裂缝通过影像系统放大，并在显示屏上显示，再在屏幕上的标尺人工读取裂缝的宽度。

混凝土裂缝深度检测，常采用超声波无损检测法。根据混凝土构件厚度与裂缝深度的关系，以及混凝土裂缝测点表面情况，可选择单面平测、双面对测、双面斜测、钻孔对测等方法进行。当混凝土裂缝深度小于 500 mm 时，可采用双面对测或斜测、单面平测法。双面对测和斜测法就是对发射和接受换能器分别置于被测混凝土构件的两个相互平行的表面上，对测时两个换能器的轴线位于同一直线上；斜测时两个换能器的轴线不在同一直线上。单面平测法就是两个换能器放置在混凝土构件的同一表面上进行。

当混凝土裂缝深度大于 500 mm 时，由于超声波在混凝土中传播距离的限制，可采用钻孔测试法。具体做法是：在裂缝的两侧垂直混凝土表面钻两个孔洞，孔洞大小应能放入换能器探头，孔间距 200 mm，孔深应比裂缝深度大至少 70 mm。然后再根据钻孔和换能器的相对位置，采用孔中对测、孔中斜测和孔中平测等方式进行测试。孔中对测就是在两个对应钻孔分别放置一个换能器探头，且高度相同，进行测试。孔中斜测与对测基本相同，只是两个换能器探头在空中的高度不同。孔中平测就是两个换能器探头放在同一钻孔中，以一定高程差同步移动进行测试。

检测混凝土缺陷的方法有声发射法、雷达法等无损检测方法。

声发射法是在混凝土构件表面的不同部位设置声音接受传感器，混凝土构件在受力和变形过程中会不断发出瞬态振动波，该瞬态振动波被传感器接受，经信号放大器放大后，通过计算机处理，可间接评价混凝土构件内部损伤情况。现在最新的软件，可以根据不同探测位置上传感器的应力波到达时间差确定破损点的位置。但该方法只适用于混凝土结构不断变形和受力不断增加的过程中，对于静态结构不适用。

雷达法是用频率 $100 \sim 1\,200$ MHz 的电磁波对混凝土构件进行扫描，当混凝土构件中存在孔洞、裂缝、分层等缺陷时，可反射不同声学参数的电磁波，接受反射电磁波，并绘制成雷达波形图，对雷达扫描波形图进行分析即可间接分析得到混凝土内部缺陷的分布。

2. 钢筋的检测

在钢筋混凝土结构中，对钢筋进行检测，一般主要检测其在混凝土中的数量、位置、腐蚀程度及其保护层厚度等。

1）钢筋数量和位置检测

可采用破损检测法和无损检测法两种。

破损检测法是指对需要检测的部位，直接凿去混凝土的钢筋保护层，通过目测观察和量测获得钢筋的数量、直径和保护层厚度。该方法对混凝土构件有一定的损伤，因此不建议频繁使用，尤其对重要的混凝土构件，不建议采用。在必须使用破损法检测的场合，应先行对构件预保护，再轻轻剥去混凝土的钢筋保护层，尽量减少对混凝土结构其他构件和部位的损伤，并在检测后及时修补加固。

无损检测方法是指在不破损混凝土外部和内部结构及其使用性能的情况下，利用声、电、磁和射线等手段，间接判断钢筋位置、数量及其保护层厚度的方法。常用的方法有电磁法、雷达法和超声法等。

电磁法的测量原理是，在探头中设置两个线圈的 U 形磁铁，当给一个线圈通上交流电后，必然在另一个线圈中产生感应电流。当线圈靠近混凝土中的钢筋时，该感应电流增大，反之远离时减小。这样只要测量线圈中的感应电流的大小，即可间接获知钢筋保护层的厚度。目前采用该原理制造的保护层厚度测定仪，可测量 40~200 mm 范围的保护层厚度。

雷达法的测量原理是，由雷达天线对混凝土内部发射电磁波，当该电磁波遇到混凝土中的不同介质时就会反射相应的电磁波，该反射电磁波再次由雷达天线接收，可根据发射电磁波至反射波返回的时间差来确定反射体距表面的距离，从而间接估计出混凝土中钢筋的位置和保护层厚度。

超声法的测量原理是，先把一对探头（发射和接收）与混凝土表面充分耦合接触，再由发射探头向混凝土内部发射超声波（频率大于 20 kHz），由于超声通过钢筋与混凝土的接触界面时会发生超强反射，再利用接收探头接收反射的超声波，然后根据反射超声波的时差、强度等声学参数间接判别混凝土中钢筋的位置和保护层的厚度。

2）钢筋腐蚀程度检测

混凝土中钢筋的锈蚀程度常用破损检测法、裂缝观测法、无损检测法三种。破损检测就是将混凝土构件的部分混凝土凿除，露出锈蚀的钢筋，直接观测测试钢筋表面的锈蚀程度，当需要精确定量化钢筋锈蚀参数时，可截取部分锈蚀钢筋，送交实验室，通过对钢筋截面的量测和计算，确定钢筋的面积损失率和重量损失率。由于破损检测对混凝土构件造成了一定程度的损伤，一般在特殊情况下使用，例如钢筋锈蚀比较严重，导致混凝土开裂严重、内部形成明显的空鼓、开裂甚至脱落等，此时采用破损检测可直观准确获知钢筋的锈蚀程度，且能获得钢筋锈蚀定量参数。裂缝观察法就是根据钢筋锈蚀后体积膨胀使得混凝土保护层开裂的原理，通过观测混凝土裂缝的形状、分布和裂缝宽度等，间接判断钢筋锈蚀的程度。表 7-1 给出了根据混凝土构件裂缝状态估计钢筋锈蚀率的具体范围。

表 7-1　混凝土构件裂缝与钢筋锈蚀率

裂缝状态	无顺筋裂缝	有顺筋裂缝	保护层局部剥落	保护层全部剥落
钢筋锈蚀率/%	0~1	0.5~10	5~20	15~25

钢筋锈蚀的无损检测是发展较快的一类检测手段。无损检测手段很多，主要包括电阻棒法、涡流探测法、声发射探测法、射线法、红外热像法、自然电位法、交流阻抗谱法、极化电阻法、恒电量法、混凝土电阻法、电流阶跃法等。目前有一种综合无损检测方法应用较多，就是综合运用上述几种技术进行综合测定。综合无损检测法是使用钢筋锈蚀的电流来确定钢筋的锈蚀速度。钢筋混凝土中，钢筋锈蚀的电流大小，可根据钢筋的自然电位、极化程度、

混凝土的电阻率等参数综合求出：

$$i = \frac{E_{an} - E_{ca}}{R_{pa} + R_{pc} + R} \qquad (7\text{-}2)$$

式中：E_{an} 为阳极电位；E_{ca} 为阴极电位；R_{pa} 为阳极极化电阻；R_{pc} 为阴极极化电阻；R 为阴阳极之间的电阻。

3. 围岩病害检测

地下工程在长久使用过程中，围岩结构会发生复杂的变化，有些逐渐达到一个新的平衡稳定状态；有些则逐步裂化，形成病害，危及地下工程的安全。围岩病害与岩体类型密切相关，大多出现在软弱和膨胀性岩体中。这些岩体围岩质量等级较低（一般小于IV级），岩石饱水抗压强度小于 30 MPa，完整性系数小于 0.4。岩性一般为泥岩、泥质粉砂岩、泥灰岩、松散碎石、云母岩、炭质页岩、黏土岩、蛇纹岩、凝灰岩、千枚岩等遇水极易软化和膨胀的岩石，其围岩自稳能力特别差。

围岩病害的种类主要有空洞、岩石冒落、严重破碎、挤压变形等，这些病害对地下结构安全危害大，必须及时发现并加以处置。因此，对地下工程围岩结构进行定期检测是十分必要的。目前围岩病害检测手段主要有：瞬态瑞雷波法、密度电阻率法、地质雷达法、声波探测法、钻孔成像技术等。

2013 年，杨耀系统介绍了瑞雷面波的频散特性，该特性能有效测试出围岩地质信息。瑞雷波法探测岩体物理特性，其原理是利用瑞雷面波传播的频散特性，在人工震源激发下，发生不同频率的瑞雷面波，从而获得频率和波速间的关系，确定浅层岩土的瑞雷波速度随场点位置的变化关系。可以利用瑞雷波查明地层速度、覆盖层厚度及其他重要地质现象，如充填型溶洞、串珠状溶洞、碳质岩等。

2008 年，王桦等在系统介绍了高密度电阻率法基本原理的基础上，详细说明了围岩松动圈的测试方法。其基本原理是：当洞室开挖后，围岩中出现松动和裂隙，从而导致围岩的电阻率发生改变。王桦将电阻率测试技术应用于淮北矿业集团刘店煤矿副井马头门巷道松动圈的探测中，发现完整性较好的围岩电阻率小，而较破碎的围岩电阻率大。

2009 年，许宏发等将该技术应用于淮南丁集煤矿深部巷道围岩破裂情况的测试中，测试结果表明该巷道围岩有分区破裂的特征，破裂分区带的半径与巷道半径基本呈线性关系，分区破裂带的宽度有递减趋势。

2002 年，宋宏伟等提出了利用地质雷达测试巷道围岩松动圈的实测方法。地质雷达技术的基本原理为：利用雷达向岩体介质内发射高频短脉冲电磁波和能量，岩体中的节理、层理、裂缝、断裂等结构会引起电性变化，并产生反射波。这些反射波经过编辑处理，可得到不同形式的地质雷达剖面，通过对其分析、解释和判断，可获得围岩中的岩体结构形式。宋宏伟等将该方法用于兖州矿业集团公司东滩煤矿某运输巷道的围岩松动圈的测试，结果表明：巷道两帮和顶板煤层中松动圈较大，底板砂岩中松动圈较小。

2009 年，于维刚等介绍了声波法技术的测试方法和应用。声波法测试技术的基本原理为：声波传播速度与岩体完整性程度关系密切。当岩体较完整时，波速较高；而当岩体较破碎时，波速较小。因此在围岩压密区和松弛区之间会出现明显的波速变化，通过测试岩体声波速度，可了解岩体的基本特性。于维刚等将声波测试技术，应用于青岛胶州湾海底隧道围岩松动区的测试中，测得松动圈深度 1.4~1.6 m。李维树利用折射波法和钻孔超声波法对清江隔河岩电站洞群围岩松动圈进行了测试，发现两种方法均能较好测试围岩的松动（破碎）范围，但折射波法比钻孔超声波法更方便、快速，且无须打孔。

2009 年，靖洪文等研制了一种全景数字钻孔摄像测试系统，该系统包括高压密封摄像定位磁性罗盘、微型 CCD 摄像机以及钻孔图像实时监视与实时处理分析软件。将该钻孔摄像系统应用于山东省七五生建煤矿南四轨道大巷的围岩破碎区的测试，测量获得的围岩松动圈厚度值合理可靠，与其他方法相比更加直观和具体。王敏等将钻孔成像技术用于鲁西矿业有限公司某轨道运输巷的围岩测试，确定 1.93 m 为围岩松动区的深度。

7.3.2　一般环境混凝土结构耐久性评定

1. 一般环境混凝土结构耐久性评定一般规定

一般环境混凝土结构耐久性应按下列极限状态评定：
（1）钢筋开始锈蚀极限状态。
（2）混凝土保护层锈胀开裂极限状态。
（3）混凝土保护层锈胀裂缝宽度极限状态。

钢筋开始锈蚀极限状态应为混凝土中性化诱发钢筋脱钝的状态；混凝土保护层锈胀开裂极限状态应为钢筋锈蚀产物引起混凝土保护层开裂的状态；混凝土保护层锈胀裂缝宽度极限状态应为混凝土保护层锈胀裂缝宽度达到限值时对应的状态。

一般环境碳化或中性化引起混凝土碱度降低，造成保护钢筋免于锈蚀的钝化膜破坏，即钢筋发生脱钝，当脱钝钢筋表面存在其电化学反应所需氧和水时，钢筋即发生锈蚀。

对预应力或严格不允许钢筋发生锈蚀的混凝土构件应采用钢筋开始锈蚀耐久性极限状态进行评定。

一般环境条件下碳化或中性化引起的钢筋锈蚀在保护层开裂前属于微电池腐蚀，钢筋锈蚀相对均匀。钢筋锈蚀产物是钢材原体积的 3 倍~8 倍，从而在混凝土保护层内产生膨胀压力，引起混凝土保护层出现钢筋锈胀裂缝，定义锈胀裂缝宽度达到 0.1 mm 对应的状态为混凝土保护层锈胀开裂极限状态，对一般室内构件宜采用混凝土保护层锈胀开裂极限状态进行评定。

保护层开裂后，裂缝处钢筋成为阳极，则以宏电池腐蚀为主，钢筋锈蚀速率加快。对于外观要求不高的室外构件和一些重工业厂房混凝土构件，一般可用混凝土表面出现可接受最大外观损伤的时间确定其剩余使用年限，相应锈胀裂缝宽度大致在 2~3 mm。规定混凝土保护层锈胀裂缝宽度达到规定限值 3.0 mm 时对应的状态为混凝土锈胀裂缝宽度极限状态。

保护层脱落、表面外观损伤已造成混凝土构件不满足相应的使用功能时，混凝土构件耐久性等级应评为 C 级。说明评定时构件已出现锈胀裂缝或外观损伤已不可接受，如最大裂缝宽度已达到 2~3 mm，此时已不能符合适用性规定，应及时修复。

一般环境混凝土结构耐久性裕度系数应根据不同极限状态，按下列规定确定。
（1）钢筋开始锈蚀极限状态耐久性裕度系数，应按下式计算：

$$\xi_d = (t_i - t_0)/(\gamma_0 t_e) \qquad\qquad (7\text{-}3)$$

（2）混凝土保护层锈胀开裂极限状态耐久性裕度系数，应按下式计算：

$$\xi_{d} = (t_{cr} - t_{0}) / (\gamma_{0} t_{e}) \tag{7-4}$$

（3）混凝土保护层锈胀裂缝宽度极限状态耐久性裕度系数，应按下式计算：

$$\xi_{d} = (t_{d} - t_{0}) / (\gamma_{0} t_{e}) \tag{7-5}$$

式中　t_{i}——钢筋开始锈蚀耐久年限（a）；

　　　　t_{cr}——混凝土保护层锈胀开裂耐久年限（a）；

　　　　t_{d}——混凝土表面锈胀裂缝宽度限值耐久年限（a）；

　　　　t_{0}——结构建成至检测时的时间（a）；

　　　　t_{e}——目标使用年限（a）。

构件所处局部环境对钢筋脱钝和锈蚀速率有极大影响，局部环境系数综合考虑了局部环境温度、湿度变异、干湿交替频率以及各类侵蚀性介质对钢筋脱钝与钢筋锈蚀速率的影响，通过大量实际工程数据计算验证给出。

工程实践表明，酸雨、冻融会加速混凝土碳化，使钢筋锈蚀速度加快。由于局部环境系数取值不会完全符合所评定结构或构件的实际环境条件、根据检测时刻构件的技术状况调整局部环境系数取值，可使评定结果更接近实际。例如，按已使用年限计算的钢筋锈蚀状况在均值意义上符合结构当前的锈蚀状况。

2. 一般环境钢筋开始锈蚀耐久性评定

（1）一般环境混凝土结构钢筋开始锈蚀耐久年限应考虑碳化系数、保护层厚度和局部环境影响，并应按下式确定：

$$t_{i} = 15.2 K_{k} K_{c} K_{m} \tag{7-6}$$

式中　t_{i}——钢筋开始锈蚀耐久年限（a）；

　　　　K_{k}——碳化系数对钢筋开始锈蚀耐久年限的影响系数；

　　　　K_{c}——保护层厚度对钢筋开始锈蚀耐久年限的影响系数；

　　　　K_{m}——局部环境对钢筋开始锈蚀耐久年限的影响系数。

（2）混凝土碳化系数对钢筋开始锈蚀耐久年限的影响系数 K_{k}，应按表7-2确定。

表7-2　碳化系数对钢筋开始锈蚀耐久年限的影响系数 K_{k}

碳化系数 k/（mm/$\sqrt{a}$）	1.0	2.0	3.0	4.5	6.0	7.5	9.0
K_{k}	2.27	1.54	1.20	0.94	0.80	0.71	0.64

注：当碳化系数介于表中数值之间时，可按线性插值确定。

（3）混凝土碳化系数应按下列规定确定。

① 混凝土碳化系数 k 宜通过实测，按下式计算：

$$k = \frac{x_{c}}{\sqrt{t_{0}}} \tag{7-7}$$

式中　x_{c}——实测混凝土碳化深度（mm），当碳化测区不在构件角部时，构件角部的碳化深度可取实测碳化深度的 1.4 倍；

　　　　t_{0}——结构建成至检测时的时间（a）。

② 当缺乏有效实测碳化深度数据时，碳化系数可按《既有混凝土结构耐久性评定标准》（GB/T 51355—2019）附录 B 计算。

混凝土碳化系数反映碳化速率，与二氧化碳浓度、混凝土密实性、环境温湿度等因素有关，由实测碳化深度确定碳化系数可以避开上述诸多不确定性因素的影响，得到较为可靠的结果。在构件角部，由于二氧化碳双向渗透作用，其碳化速率大致是非角部的 1.4 倍。

构件表面有可碳化粉刷层，如水泥砂浆及混合砂浆时，碳化首先在粉刷层内发生，可延缓混凝土碳化。粉刷层的碳化速率不仅与砂浆组分有关，受施工因素影响更大，试验数据和实际工程检测数据离散性很大，当前难以用一个通用公式反映其影响，建议根据同条件不同覆盖层厚度的实测碳化数据统计分析结果，考虑其影响。

（4）混凝土保护层厚度对钢筋开始锈蚀耐久年限的影响系数 K_c，应按表 7-3 确定。

表 7-3　保护层厚度对钢筋开始锈蚀耐久年限的影响系数 K_c

混凝土保护层厚度 c/mm	5	10	15	20	25	30	40
K_c	0.54	0.75	1.00	1.29	1.62	1.96	2.67

注：当混凝土保护层厚度介于表中数值之间时，可按线性插值确定。

（5）局部环境对钢筋开始锈蚀耐久年限的影响系数 K_m，应按表 7-4 确定。

表 7-4　局部环境对钢筋开始锈蚀耐久年限的影响系数 K_m

局部环境系数 m	1.0	1.5	2.0	2.5	3.0	3.5	4.5
K_m	1.51	1.24	1.06	0.94	0.85	0.78	0.68

3. 一般环境混凝土保护层锈胀开裂耐久性评定

（1）一般环境混凝土保护层锈胀开裂耐久年限应考虑保护层厚度、混凝土强度、钢筋直径、环境温度、环境湿度以及局部环境的影响，并应按下列公式确定：

$$t_{cr}=t_i+t_c$$

$$t_c=H_cH_fH_dH_TH_{RH}H_mt_r \tag{7-8}$$

式中　t_{cr}——混凝土保护层锈胀开裂耐久年限（a）；

　　　　t_c——钢筋开始锈蚀至混凝土保护层锈胀开裂所需的时间（a）；

　　　　t_r——各项影响系数为 1.0 时构件自钢筋开始锈蚀到保护层锈胀开裂的时间（a）：对室外环境，梁、柱取 1.9，墙、板取 4.9；对室内环境，梁、柱取 3.8，墙、板取 11.0；

　　　　H_c——保护层厚度对混凝土保护层锈胀开裂耐久年限的影响系数；

　　　　H_f——混凝土强度对混凝土保护层锈胀开裂耐久年限的影响系数；

　　　　H_d——钢筋直径对混凝土保护层锈胀开裂耐久年限的影响系数；

　　　　H_T——环境温度对混凝土保护层锈胀开裂耐久年限的影响系数；

　　　　H_{RH}——环境湿度对混凝土保护层锈胀开裂耐久年限的影响系数；

　　　　H_m——局部环境对混凝土保护层锈胀开裂耐久年限的影响系数。

（2）保护层厚度对混凝土保护层锈胀开裂耐久年限的影响系数 H_c，应按表 7-5 确定。

（3）混凝土强度对混凝土保护层锈胀开裂耐久年限的影响系数 H_f，应按表 7-6 确定。

（4）钢筋直径对混凝土保护层锈胀开裂耐久年限的影响系数 H_d，应按表 7-7 确定。

表 7-5　保护层厚度对混凝土保护层锈胀开裂耐久年限的影响系数 H_c

保护层厚度 c/mm		5	10	15	20	25	30	40
室外	梁、柱	0.38	0.68	1.00	1.34	1.70	2.09	2.93
	墙、板	0.33	0.62	1.00	1.48	2.07	2.79	4.62
室内	梁、柱	0.37	0.68	1.00	1.35	1.73	2.13	3.02
	墙、板	0.31	0.61	1.00	1.91	2.14	2.92	4.91

注：当混凝土保护层厚度介于表中数值之间时，可按线性插值确定。

表 7-6　混凝土强度对混凝土保护层锈胀开裂耐久年限的影响系数 H_f

混凝土抗压强度推定值 $f_{cu,e}$/MPa		10	15	20	25	30	35	40
室外	梁、柱	0.21	0.47	0.86	1.39	2.08	2.94	3.99
	墙、板	0.17	0.41	0.76	1.26	1.92	2.76	3.79
室内	梁、柱	0.21	0.48	0.89	1.44	2.15	3.04	4.13
	墙、板	0.17	0.41	0.77	1.27	1.94	2.79	3.83

注：当混凝土强度推定值介于表中数值之间时，可按线性插值确定。

表 7-7　钢筋直径对混凝土保护层锈胀开裂耐久年限的影响系数 H_d

钢筋直径 d/mm		4	8	12	16	20	25	28	32
室外	梁、柱	2.43	1.66	1.40	1.27	1.19	1.13	1.10	1.05
	墙、板	4.65	2.11	1.50	1.25	1.12	1.02	0.99	0.97
室内	梁、柱	2.23	1.52	1.29	1.17	1.10	1.04	1.02	0.99
	墙、板	4.10	1.87	1.34	1.11	1.00	0.92	0.88	0.85

（5）环境湿度对混凝土保护层锈胀开裂耐久年限的影响系数 H_{RH}，应按表 7-8 确定。

表 7-8　环境湿度对混凝土保护层锈胀开裂耐久年限的影响系数 H_{RH}

环境湿度 RH/%		55	60	65	70	75	80	85
室外	梁、柱	2.40	1.83	1.51	1.30	1.15	1.04	1.04
	墙、板	2.23	1.70	1.40	1.21	1.07	0.97	0.97
室内	梁、柱	3.04	1.91	1.46	1.21	1.04	0.92	0.92
	墙、板	2.75	1.73	1.32	1.09	0.94	0.83	0.83

注：当环境湿度介于表中数值之间时，可按线性插值确定。

（6）局部环境对混凝土保护层锈胀开裂耐久年限的影响系数 H_m，应按表 7-9 确定。

表 7-9　局部环境对混凝土保护层锈胀开裂耐久年限的影响系数 H_m

局部环境系数 m		1.0	1.5	2.0	2.5	3.0	3.5	4.0
室外	梁、柱	3.74	2.49	1.87	1.50	1.25	1.07	0.83
	墙、板	3.50	2.33	1.75	1.40	1.17	1.00	0.78

局部环境系数 m		1.0	1.5	2.0	2.5	3.0	3.5	4.0
室内	梁、柱	3.40	2.27	1.70	1.36	1.13	0.97	0.76
	墙、板	3.09	2.06	1.55	1.24	1.03	0.88	0.69

注：当局部环境系数介于表中数值之间时，可按线性插值确定。

4. 一般环境混凝土保护层锈胀裂缝宽度限值耐久性评定

（1）一般环境混凝土保护层锈胀裂缝宽度限值耐久年限应考虑保护层厚度、混凝土强度、钢筋直径、环境温度、环境湿度以及局部环境的影响，并应按下列公式确定：

$$t_d = t_i + t_{cl} \tag{7-9}$$

$$t_{cl} = F_c F_f F_d F_T F_{RH} F_m t_{d0} \tag{7-10}$$

式中　t_d——混凝土保护层锈胀裂缝宽度限值耐久年限（a）；

　　　t_{cl}——钢筋开始锈蚀至混凝土保护层锈胀裂缝宽度达到限值所需时间（a）；

　　　t_{d0}——各项影响系数为 1.0 时自钢筋开始锈蚀至混凝土保护层锈胀裂缝宽度达到限值的年限（a）：对室外环境，梁、柱取 7.04，墙、板取 8.09；对室内环境，梁、柱取 8.84，墙、板取 14.48；

　　　F_c——保护层厚度对混凝土保护层锈胀裂缝宽度限值耐久年限的影响系数；

　　　F_f——混凝土强度对混凝土保护层锈胀裂缝宽度限值耐久年限的影响系数；

　　　F_d——钢筋直径对混凝土保护层锈胀裂缝宽度限值耐久年限的影响系数；

　　　F_T——环境温度对混凝土保护层锈胀裂缝宽度限值耐久年限的影响系数；

　　　F_{RH}——环境湿度对混凝土保护层锈胀裂缝宽度限值耐久年限的影响系数；

　　　F_m——局部环境对混凝土保护层锈胀裂缝宽度限值耐久年限的影响系数。

（2）混凝土保护层厚度对混凝土保护层锈胀裂缝宽度限值耐久年限的影响系数 F_c，应按表 7-10 确定。

表 7-10　保护层厚度对混凝土保护层锈胀裂缝宽度限值耐久年限的影响系数 F_c

保护层厚度 c/mm		5	10	15	20	25	30	40
室外	梁、柱	0.57	0.87	1.00	1.17	1.36	1.54	1.91
	墙、板	0.58	0.77	1.00	1.24	1.49	1.76	2.35
室内	梁、柱	0.59	0.78	1.00	1.23	1.48	1.69	2.13
	墙、板	0.47	0.74	1.00	1.26	1.53	1.82	2.45

注：当保护层厚度介于表中数值之间时，可按线性插值确定。

（3）混凝土强度对混凝土保护层锈胀裂缝宽度限值耐久年限的影响系数 F_f，应按表 7-11 确定。

（4）钢筋直径对混凝土保护层锈胀裂缝宽度限值耐久年限的影响系数 F_d，应按表 7-12 确定。

（5）环境温度对混凝土保护层锈胀裂缝宽度限值耐久年限的影响系数 F_T，应按表 7-13 确定。

表 7-11　混凝土强度对混凝土保护层锈胀裂缝宽度限值耐久年限的影响系数 F_f

混凝土抗压强度推定值 $f_{cu,e}$/MPa		10	15	20	25	30	35	40
室外	梁、柱	0.29	0.60	0.92	1.25	1.64	2.16	2.78
	墙、板	0.31	0.59	0.89	1.29	1.81	2.46	3.24
室内	梁、柱	0.34	0.62	0.93	1.33	1.85	2.49	3.24
	墙、板	0.31	0.56	0.89	1.35	1.94	2.66	3.52

注：当混凝土强度推定值介于表中数值之间时，可按线性插值确定。

表 7-12　钢筋直径对混凝土保护层锈胀裂缝宽度限值耐久年限的影响系数 F_d

钢筋直径 d/mm		4	8	12	16	20	25	28	32
室外	梁、柱	0.86	1.11	1.33	1.29	1.26	1.23	1.22	1.21
	墙、板	0.91	1.44	1.47	1.36	1.30	1.26	1.24	1.22
室内	梁、柱	0.94	1.14	1.32	1.27	1.24	1.21	1.20	1.19
	墙、板	0.92	1.40	1.41	1.29	1.23	1.19	1.17	1.15

表 7-13　环境温度对混凝土保护层锈胀裂缝宽度限值耐久年限的影响系数 F_T

环境温度 T/℃		4	8	12	16	24	28
室外	梁、柱	1.39	1.33	1.27	1.22	1.18	1.10
	墙、板	1.48	1.41	1.34	1.27	1.22	1.12
室内	梁、柱	1.42	1.34	1.28	1.22	1.16	1.07
	墙、板	1.43	1.35	1.28	1.22	1.16	1.06

注：当环境温度介于表中数值之间时，可按线性插值确定。

（6）环境湿度对混凝土保护层锈胀裂缝宽度限值耐久年限的影响系数 F_{RH}，应按表 7-14 确定。

表 7-14　环境湿度对混凝土保护层锈胀裂缝宽度限值耐久年限的影响系数 F_{RH}

环境湿度 RH/%		55	60	65	70	75	80	85
室外	梁、柱	2.07	1.64	1.40	1.24	1.13	1.06	1.06
	墙、板	2.30	1.79	1.50	1.31	1.18	1.08	1.08
室内	梁、柱	2.95	1.91	1.49	1.26	1.11	1.00	1.00
	墙、板	3.08	1.96	1.51	1.26	1.10	0.98	0.98

注：当环境湿度介于表中数值之间时，可按线性插值确定。

（7）局部环境对混凝土保护层锈胀裂缝宽度限值耐久年限的影响系数 F_m，应按表 7-15 确定。

表 7-15　局部环境对混凝土保护层锈胀裂缝宽度限值耐久年限的影响系数 F_m

局部环境系数 m		1.0	1.5	2.0	2.5	3.0	3.5	4.5
室外	梁、柱	3.10	2.14	1.67	1.38	1.20	1.06	0.88
	墙、板	3.53	2.39	1.82	1.49	1.26	1.10	0.89
室内	梁、柱	3.27	2.23	1.71	1.40	1.19	1.05	0.85
	墙、板	3.43	2.30	1.75	1.41	1.19	1.03	0.82

7.3.3 氯盐侵蚀环境混凝土结构耐久性评定

1. 氯盐侵蚀环境混凝土结构耐久性评定一般规定

（1）氯盐侵蚀环境混凝土结构耐久性应按下列极限状态评定：

① 钢筋开始锈蚀极限状态。

② 混凝土保护层锈胀开裂极限状态。

（2）钢筋开始锈蚀极限状态应为钢筋表面氯离子浓度达到钢筋脱钝临界氯离子浓度的状态；混凝土保护层锈胀开裂极限状态应为钢筋锈蚀产物引起混凝土保护层开裂的状态。

氯离子通过渗入或掺入存在混凝土中，氯离子半径小，穿透力极强，到达钢筋表面后迅速破坏钝化膜形成腐蚀电池，氯离子与铁离子反应、生成 $FeCl_2$、在水中遇 OH^- 立即生成 $Fe(OH)_2$，氯离子不会因腐蚀反应而减少，起的是催化作用、去极化作用和导电作用，使电化学反应加快，因此对氯盐侵蚀环境，钢筋锈蚀危险性随混凝土中氯离子浓度增加而增大。通过氯离子对钢筋的腐蚀机理可知，当混凝土中的氯离子浓度超过氯离子临界浓度值时，钢筋表面的钝化膜就会遭到破坏，只要其他必要条件也已具备（主要是钢筋锈蚀所需的水与氧气），就会导致钢筋锈蚀，进而影响到混凝土结构的使用寿命。

氯盐侵蚀引起的钢筋锈蚀速率比碳化引起的钢筋锈蚀速率要快，在保护层开裂前，氯盐侵蚀引起的钢筋锈蚀相对均匀、锈蚀速率相对较慢；保护层开裂后，随着氯离子侵蚀路径的增多、侵蚀速度加快，引发钢筋锈蚀速率增加，结构性能退化明显加快。根据钢筋锈蚀对既有混凝土构件危害程度，氯盐侵蚀环境可选择不同的耐久性极限状态进行耐久性评定。对于目标使用年限内不允许钢筋锈蚀的构件，如预应力构件中预应力筋，宜采用钢筋开始锈蚀极限状态进行评定；对于目标使用年限内不允许出现混凝土保护层锈胀裂缝的构件，应采用混凝土保护层锈胀开裂极限状态进行评定。

考虑氯盐环境下混凝土保护层开裂后结构性能退化明显加快，锈胀开裂至裂缝宽度达到限值所需时间较短，将混凝土保护层锈胀开裂作为耐久性寿命终结标志。

（3）钢筋开始锈蚀极限状态和混凝土保护层锈胀开裂极限状态各自有不同的耐久性裕度系数，氯盐侵蚀环境混凝土结构耐久性评级所用耐久性裕度系数应建立在不同的耐久性极限状态的基础上。

（4）保护层脱落、表面外观损伤已造成混凝土构件不满足使用功能时，混凝土构件耐久性等级应评为 g 级。

评定时构件已出现锈胀裂缝或外观损伤已不可接受，最大裂缝宽度已达到 2～3 mm 时，已不能符合适用性要求，应及时修复。

（5）氯盐侵蚀环境混凝土结构耐久性极限状态对应的耐久性裕度系数，应按下列规定确定。

① 钢筋开始锈蚀极限状态耐久性裕度系数，应按下式计算：

$$\xi_d = (t_i - t_0)/(\gamma_0 t_e) \qquad (7\text{-}11)$$

② 混凝土保护层锈胀开裂极限状态耐久性裕度系数，应按下式计算：

$$\xi_d = (t_{cr} - t_0)/(\gamma_0 t_e) \qquad (7\text{-}12)$$

式中　　t_i——钢筋开始锈蚀耐久年限（a）；

　　　　t_{cr}——混凝土保护层锈胀开裂耐久年限（a）；

t_0——结构建成至检测时的时间（a）；

t_e——目标使用年限（a）。

2. 氯盐侵蚀环境钢筋开始锈蚀耐久性评定

（1）氯盐侵蚀环境混凝土结构钢筋开始锈蚀耐久年限，应考虑混凝土表面氯离子沉积过程和混凝土保护层氯离子扩散过程的影响，按下列公式确定：

$$t_i = \left(\frac{C}{K}\right)^2 \times 10^{-6} + 0.2 t_1 \tag{7-13}$$

$$K = 2\sqrt{D}\,\text{erf}^{-1}\left(1 - \frac{C_{cr}}{C_s}\right) \tag{7-14}$$

式中　t_i——钢筋开始锈蚀耐久年限（a）；

C——混凝土保护层厚度（mm）；

K——氯盐侵蚀系数（$\text{m}\sqrt{a}$）；

D——氯离子扩散系数（m^2/a）；

erf——误差函数；

C_{cr}——钢筋锈蚀临界氯离子浓度（kg/m^3），按单位体积混凝土中总氯离子浓度计算；

C_s——混凝土表面氯离子浓度（kg/m^3），按单位体积混凝土中总氯离子浓度计算；

t_1——混凝土表面氯离子浓度达到稳定值的时间（a）。

（2）氯盐侵蚀环境混凝土表面氯离子浓度达到稳定值的时间 t_1 应按表 7-16 确定。

表 7-16　氯盐侵蚀环境混凝土表面氯离子浓度达到稳定值的时间 t_1

环　境	环境作用等级	环境状况	t_1/a
近海大气环境	Ⅲ-A	0.5 km≤d<1.0 km	20～30
	Ⅲ-B	0.25 km≤d<0.5 km	15～20
	Ⅲ-C	0.1 km≤d<0.25 km	10～15
	Ⅲ-D	d<0.1 km	10
海洋环境	Ⅲ-E	天气盐雾区	0～10
	Ⅲ-F	水位变动区、浪溅区	0

注：1. 近海大气环境指空旷无遮挡的环境。

　　2. d 为离海岸的距离。

表面氯离子浓度和临界氯离子浓度均为总氯离子浓度。从氯离子扩散的角度讲，浓度梯度应为自由氯离子浓度梯度，且对钢筋锈蚀起作用的也是自由氯离子，但自由氯离子浓度较难测取，采用的总氯离子浓度趋于保守，增加了安全储备。

考虑近海大气混凝土构件表面氯离子浓度聚集到稳定值有一个时间过程，钢筋开始锈蚀时间要大于水位变动区、浪溅区的混凝土构件，因此对近海大气与海洋轻度盐雾区的混凝土构件钢筋开始锈蚀时间应加上 $0.2\,t_1$ 的修正值，其结果总体上偏于保守。

近海大气中的盐雾，使氯离子逐渐在混凝土表面聚集，尤其是在无遮挡、海风直接吹到的部位，一段时间后，混凝土表面氯离子浓度可达到稳定值，并且表面氯离子浓度达到稳定值需要的时间与离海岸的距离有关。目前我国缺乏近海大气环境氯离子浓度达到稳定值所需时间的实测数据，表 7-16 中数值是参考美国 Life-365 标准设计程序给出的。

大气盐雾区宜根据实际环境和既有工程调查确定，分为轻度大气盐雾区与重度大气盐雾区。当缺乏相关资料时，重度大气盐雾区可为距平均水位上方 15 m 高度以内的海上大气区，轻度大气盐雾区可为距平均水位上方 15 m 高度以上的海上大气区。对轻度大气盐雾区取表中偏大值，对重度大气盐雾区取表中偏小值。

（3）混凝土表面氯离子浓度应按下列规定确定。

① 混凝土表面氯离子浓度 C_s 宜通过实测，按下列公式计算：

$$C_s = k_s \sqrt{t_1} \tag{7-15}$$

$$k_s = C_{se} / \sqrt{t_0} \tag{7-16}$$

式中　k_s——混凝土表面氯离子聚集系数；

　　　t_1——混凝土表面氯离子浓度达到稳定值的时间（a）；

　　　t_0——结构建成至检测时的时间（a），$t_0 > t_1$ 时，t_0 取 t_1；

　　　C_{se}——实测的混凝土表面氯离子浓度（kg/m³）。

② 混凝土表面氯离子浓度缺乏有效实测数据时，可按表 7-17 取值。

表 7-17　混凝土表面氯离子浓度 C_s

水位变动区 （Ⅲ-F）	浪溅区 （Ⅲ-F）	大气盐雾区 （Ⅲ-E）	近海大气区（离海岸距离）			
			0.1 km （Ⅲ-D）	0.25 km （Ⅲ-C）	0.5 km （Ⅲ-B）	1.0 km （Ⅲ-A）
19	17	11.5	5.87	3.83	2.57	1.28

近海大气区混凝土表面氯离子浓度受各种不确定性因素的影响，其混凝土质量比积累速率可在 0.004%/a～0.1%/a 内变化，因此应优先通过实测混凝土表面 15 mm 范围内的氯离子浓度变化规律，确定氯离子聚集系数。

（4）混凝土中钢筋锈蚀临界氯离子浓度宜根据建筑物所处实际环境条件和既有工程调查确定，见表 7-18。

表 7-18　钢筋锈蚀临界氯离子浓度 C_{cr}

混凝土抗压强度推定值 $f_{cu,e}$/MPa	≥40	35	≤30
近海大气与海洋盐雾区（Ⅲ-A，Ⅲ-B，Ⅲ-C，Ⅲ-D）	2.10		
浪溅区（Ⅲ-F）	1.70	1.50	1.30
水位变动区（Ⅲ-F）	2.10		
除冰盐环境及其他氯化物环境	1.30～2.10		

混凝土中钢筋开始锈蚀的氯离子浓度临界值受到混凝土孔隙液中[Cl⁻]/[OH⁻]比值大小、环境条件等许多因素的影响，综合有关资料，以全部氯离子占胶凝材料质量百分数计，氯离子浓度临界值变动范围为 0.17%～2.5%，目前比较公认的范围为 0.2%～0.6%。对处于浪溅区的混凝土构件取氯离子浓度临界值 C_{cr} 为 0.35%～0.45%或 1.30～1.70 kg/m³。位于水位变动区的混凝土常处于饱水状态，由于缺氧，氯离子浓度临界值大大提高，甚至可达胶凝材料质量

的 1.0%。位于大气区的混凝土结构相对干燥，电阻率会大大提高，阳极与阴极间的离子传导相对困难。因此，将水位变动区、大气区氯离子浓度临界值定为 0.55% 或 2.10 kg/m³。

各国标准对 C_{cr} 的取值规定差异很大，以浪溅区为例，欧洲 Dure Crete 规定为 0.5% ~ 0.9%，英国 Bamforth 规定为 0.4% ~ 1.5%，美国 life-365 规定为 0.3%，日本相关标准规定为 0.3%，C_{cr} 取值与美国、日本标准较为接近。

（5）耐久性裕度系数可按下式计算：

$$\xi_d = C_{cr} / (\gamma_0 C_0) \tag{7-17}$$

式中　C_{cr}——钢筋锈蚀临界氯离子浓度（kg/m³）；

　　　C_0——混凝土制备时掺入的氯离子浓度（kg/m³）。

由于临界氯离子浓度的随机性，且原材料含氯盐与环境外渗的氯盐在氯离子固化及对钢筋钝化膜的影响等均存在差异，原材料含氯盐的混凝土构件宜通过实际检测判断钢筋的腐蚀状态。

3. 氯盐侵蚀环境混凝土保护层锈胀开裂耐久性评定

氯盐侵蚀环境混凝土保护层锈胀开裂耐久年限，应考虑锈蚀产物向锈坑周围区域迁移及向混凝土孔隙、微裂缝中扩散的过程，按下列公式确定：

$$t_{cr} = t_i + t_c \tag{7-18}$$

$$t_c = \beta_1 \beta_2 t_{c0} \tag{7-19}$$

式中　t_{cr}——混凝土保护层锈胀开裂耐久年限（a）；

　　　t_i——钢筋开始锈蚀耐久年限（a）；

　　　t_c——钢筋开始锈蚀至混凝土保护层锈胀开裂所需的时间（a）；

　　　t_{c0}——未考虑锈蚀产物渗透迁移及锈坑位置修正的钢筋开始锈蚀至混凝土保护层锈胀开裂的时间（a）；

　　　β_1——考虑锈蚀产物向锈坑周围迁移及向混凝土孔隙、微裂缝扩散对混凝土保护层锈胀开裂时间的修正系数；

　　　β_2——考虑多个锈坑及分布对混凝土保护层开裂时间的修正系数，非角部钢筋取 1.3，角部钢筋取 12。

表 7-19　混凝土表面氯离子浓度 C_s

	混凝土抗压强度推定值 $f_{cu,e}$/MPa	40	35	30	25
环境类型	近海大气环境	1.05	1.10	1.15	1.25
	海洋环境、除冰盐环境	1.10	1.15	1.25	1.35

注：混凝土强度介于表中所列数值之间时，可按插值法确定。

对于氯盐侵蚀环境的钢筋混凝土锈蚀，锈蚀形态以坑蚀为主，锈蚀产物向锈蚀坑两侧无锈蚀区域的钢筋-混凝土界面过渡区的迁移及向混凝土孔隙与微裂缝中的渗透，会降低锈胀力，增大混凝土表面开裂时刻对应的钢筋临界锈蚀率，推迟裂缝的产生时间。

由于临界氯离子浓度的随机性，且原材料含氯盐与环境外渗的氯盐在氯离子固化及对钢筋钝化膜的影响等均存在差异，原材料含氯盐的混凝土构件宜通过实际检测判断锈胀开裂状态钢筋的腐蚀状态。

7.3.4 冻融环境混凝土结构耐久性评定

1. 冻融环境混凝土结构耐久性评定一般规定

（1）冻融环境混凝土结构耐久性应按下列极限状态评定：

① 混凝土构件表面剥落极限状态。

② 钢筋锈蚀极限状态。

（2）混凝土构件表面剥落极限状态应为冻融循环作用引起混凝土构件表层水泥砂浆脱落、粗骨料外露，构件表面剥落达到剥落率限值、剥落深度限值的状态；钢筋锈蚀极限状态应包括钢筋开始锈蚀极限状态、混凝土保护层锈胀开裂极限状态。

关于混凝土冻融损伤机理及劣化规律、抗冻性评价指标、冻融破坏预防等方面，各国学者开展了大量理论分析和试验研究，但至今还没有普遍认可的时变模型，选择合理的评价指标成为冻融环境混凝土结构耐久性评定的难题。

一方面，混凝土冻融损伤造成混凝土材料性能劣化是一个由表及里的发展过程，冻融损伤过程中，混凝土由冻融前的密实状态逐步变成疏松状态，在混凝土内部形成大量的微裂缝，并且混凝土表面发生逐层剥落。现有的室内加速试验方法中普遍选用相对动弹性模量和质量损失率来评价冻融后混凝土的内部损伤和表层剥落，但对实际工程而言，这两个指标较难准确获得，因此直接选择混凝土表面剥落状况作为冻融损伤的主要评价指标，即第一个耐久性极限状态为混凝土表面剥落极限状态。

另一方面，冻融引起的混凝土损伤加速了腐蚀介质的渗透，造成混凝土对钢筋保护作用降低，加速了混凝土中钢筋的锈蚀。另外，冻融损伤混凝土的抗裂性能降低，锈蚀产物的积累更易引起混凝土保护层开裂，并加快锈胀裂缝的开展。因此，将钢筋锈蚀极限状态作为冻融环境混凝土结构耐久性评定的另一个极限状态。

（3）冻融环境混凝土结构钢筋锈蚀耐久性应根据引起钢筋锈蚀的原因，分一般冻融环境、寒冷地区海洋环境、除冰盐环境进行评定。

根据混凝土结构损伤机理和钢筋锈蚀的原因，冻融环境可分为一般冻融环境、寒冷地区海洋环境和除冰盐环境三类。在一般冻融环境下，冻融造成的混凝土材料损伤，将加速碳化的发展，进而影响混凝土中钢筋的锈蚀；对寒冷地区海洋环境，冻融循环造成混凝土材料损伤的同时，将加速氯离子的侵蚀，进而加快混凝土中的钢筋锈蚀；对除冰盐环境，除冰盐提供的氯离子更为集中，持续时间较短，冻融损伤使氯离子渗透速度更快，除冰盐环境钢筋锈蚀通常比海洋环境钢筋锈蚀更为严重。

（4）长期使用中未发生冻融破坏的构件，混凝土结构耐久性等级可评为 a 级；出现粗骨料剥落的构件应评为 c 级。

当结构经历数十年尚未发生冻融损伤时，依据工程经验该结构不会发生冻融破坏，冻融耐久性等级可直接评为 a 级。对于某些已出现明显冻融损伤的构件，现场检测鉴定人员可根据经验直接评为 c 级。

2. 冻融环境混凝土构件表面剥落耐久性评定

（1）冻融环境混凝土构件表面剥落耐久性等级应根据混凝土构件表面剥落率、平均剥落深度、最大剥落深度，按表 7-20 进行评定。

表 7-20　混凝土构件表面剥落耐久性等级评定

耐久性等级	a 级	b 级	c 级
一般构件	$\alpha_{FT}<1\%$ 且 $d_{FT}/c<10\%$ 且 $d_{FT.max}/c<15\%$	$1\% \leqslant \alpha_{FT} \leqslant 5\%$ 或 $10\% \leqslant d_{FT}/c \leqslant 50\%$ $15\% \leqslant d_{FT.max}/c \leqslant 75\%$	$\alpha_{FT}>5\%$ 或 $d_{FT}/c>50\%$ 或 $d_{FT.max}/c>75\%$
薄壁构件	$\alpha_{FT}<1\%$ 且 $d_{FT}/c<10\%$ 且 $d_{FT.max}/c<10\%$	$1\%<\alpha_{FT}<5\%$ 且 $d_{FT}/c<10\%$ 且 $d_{FT.max}/c<10\%$	$\alpha_{FT} \geqslant 5\%$ 或 $d_{FT}/c \geqslant 10\%$ 或 $d_{FT.max}/c \geqslant 10\%$

注：α_{FT} 为混凝土表面剥落率（%）；d_{FT} 为平均剥落深度（mm）；$d_{FT.max}$ 为最大剥落深度（mm）；c 为混凝土保护层厚度（mm）。

为全面准确反映冻融损伤后混凝土表面的剥落状态，采用混凝土表面剥落率、平均剥落深度、最大剥落深度三个指标共同表征。表面剥落率主要反映冻融损伤的影响范围，平均剥落深度、最大剥落深度反映了冻融循环造成损伤的严重程度和变异性。采用剥落深度与钢筋保护层厚度比值作为评定指标，主要考虑冻融损伤对混凝土内部钢筋保护作用的影响。

（2）对同一冻融环境，混凝土构件表面剥落率 α_{FT} 应取表面剥落面积与构件测量面的表面积之比，平均剥落深度 d_{FT} 应取所有测试表面剥落深度平均值的最大值，最大剥落深度 $d_{FT.max}$ 应为所有测试表面剥落深度的最大值。

相关规范明确了混凝土表面剥落率、平均剥落深度、最大剥落深度的确定方法。其中：构件测量面指由于冻融造成的混凝土表面剥落的构件表面，不是指测试构件的所有表面，并且测量表面积为同一冻融环境的构件总表面积；平均剥落深度计算时仅针对已出现表面剥落的范围进行平均。

3. 冻融环境钢筋锈蚀耐久性评定

目前，冻融损伤对混凝土中钢筋锈蚀速度以及混凝土保护层锈胀开裂方面的研究相对较少，对于一般冻融环境及寒冷地区海洋环境下钢筋锈蚀发展规律方面的研究成果不多，仅在冻融损伤对混凝土中性化发展以及盐冻情况氯离子扩散规律方面的研究有一些成果。未考虑混凝土冻融损伤对钢筋锈蚀速度及混凝土锈胀开裂的影响，仅通过调整局部环境系数以及氯离子扩散系数分别反映冻融损伤对混凝土中性化以及混凝土氯离子扩散速率的影响。

除冰盐环境与海洋环境中钢筋表面氯离子积累过程有很大不同，海洋环境中钢筋表面的氯离子浓度由沉积速度控制，而除冰盐环境钢筋表面的氯离子浓度由渗透速度控制。考虑除冰盐环境的复杂性、较大的离散性，建议通过实测确定钢筋表面氯离子浓度准确评定该环境下混凝土结构的耐久性。

7.3.5　硫酸盐侵蚀混凝土结构耐久性评定

1. 硫酸盐侵蚀混凝土结构耐久性评定一般规定

硫酸盐侵蚀环境混凝土结构耐久性应按混凝土构件腐蚀损伤极限状态评定。

混凝土构件腐蚀损伤极限状态应为混凝土腐蚀损伤深度达到限值的状态。混凝土腐蚀损

伤深度限值对钢筋混凝土构件取混凝土保护层厚度,对素混凝土构件应取截面最小尺寸的 5%
与 70 mm 二者中的较小值。

混凝土的硫酸盐侵蚀机制分为化学腐蚀与盐结晶腐蚀。其中,化学腐蚀产物主要为钙矾
石、石膏或碳硫硅钙石,具体取决于环境中硫酸盐浓度、温湿度和混凝土原材料。盐结晶腐
蚀的产物取决于侵蚀环境中盐的类型与温湿度,盐析出过程中晶体的长大会对混凝土内部形
成膨胀压力,导致混凝土损伤直至破坏。考虑到盐结晶腐蚀的复杂性以及现阶段研究成果,
主要针对腐蚀产物以钙矾石为主的化学腐蚀进行耐久性评定。

处于硫酸盐侵蚀环境的混凝土结构,混凝土的腐蚀损伤分为表层剥落和内部损伤。上述
两种损伤形式对钢筋混凝土结构及其构件的影响主要体现在对钢筋的保护作用降低,继而影
响构件或结构的使用寿命。对钢筋混凝土结构及其构件,取腐蚀损伤深度达到钢筋表面的状
态作为硫酸盐侵蚀混凝土腐蚀损伤极限状态,即当混凝土保护层完全丧失对钢筋的保护作用
为钢筋混凝土结构构件的耐久性极限状态。对素混凝土构件,硫酸盐侵蚀的影响主要表现在
截面有效尺寸的减小,腐蚀损伤极限状态用两个控制指标:构件截面最小几何尺寸的 5%和
70 mm,取两者中的较小值作为可接受的最大腐蚀深度。对截面尺寸小于等于 1 400 mm 的构
件,5%截面损伤对结构安全性影响较小,但对结构正常使用影响较大,取截面最小尺寸的 5%
为可接受的最大腐蚀深度;对截面尺寸大于 1 400 mm 的构件,5%截面损伤混凝土表面会出现
严重剥落酥松,考虑到大尺寸素混凝土构件主要应用在水工混凝土结构中,参考水工混凝土
结构保护层厚度规定取 70 mm 为可接受的最大腐蚀深度。

保护层脱落、表面外观损伤已造成混凝土构件不满足相应的使用功能时,混凝土构件耐
久性等级应评为 c 级。

2. 硫酸盐侵蚀混凝土构件腐蚀损伤耐久性评定

(1)混凝土结构遭受硫酸盐腐蚀损伤剩余使用年限应按下式确定:

$$t_{re} = \frac{[X] - X}{R} \tag{7-20}$$

式中　t_{re}——结构剩余使用年限(a);

　　　[X]——混凝土腐蚀损伤深度限值(mm);

　　　X——混凝土构件腐蚀损伤深度(mm),为混凝土构件剥落深度 X_s,与硫酸根离子浓度
　　　　　达到 4%对应的深度 X_d 之和;其中,硫酸根离子浓度以 SO_3 相对于混凝土胶凝材
　　　　　料的质量百分数计;

　　　R——混凝土硫酸盐腐蚀速率(mm/a)。

硫酸盐侵蚀环境混凝土结构耐久性寿命预测模型,采用的是 ACI Committee 365 报告
Service-Life Prediction 中的 Atkinson 传输反应模型。该模型认为结构剩余使用年限 t,与混凝
土硫酸盐腐蚀速率 R 呈正比例关系,R 是综合反映硫酸根离子在混凝土中的扩散速度、与混
凝土中铝相物质的反应速度、腐蚀产物膨胀导致混凝土开裂与剥落速度的系数,具有明确的
物理含义,并且随时间的改变而变化。

(2)对下列情况进行混凝土结构耐久性评定时,应根据专项论证进行。

①硫酸钠、硫酸镁、氯盐等多种盐共同作用。

②存在明显干湿循环作用,混凝土硫酸盐腐蚀主要表现为盐结晶物理破坏。

国内外相关研究成果表明，当硫酸盐与氯盐同时存在复合溶液中，氯盐会延缓硫酸盐腐蚀损伤。复合溶液中的氯离子扩散系数大于硫酸根离子的扩散系数，能够优先进入混凝土内部与铝相反应生成不稳定络合物，造成与硫酸盐反应的铝相量减少，从而一定程度延缓硫酸根离子对混凝土的侵蚀。国内部分高校及研究院的研究成果表明：（5% ~ 10%）NaCl+10% Na_2SO_4。溶液中浸泡 210 ~ 270 d，混凝土表面完好无剥落，且随着氯盐浓度提高，混凝土表面几乎无变化；当溶液中无氯盐时，混凝土试块则出现明显的剥落现象。

目前多数研究成果还是主要集中于一种或两种盐的复合作用，多种盐复合作用的成果较少。针对硫酸钠、硫酸镁、氯盐等多种盐复合作用及干湿循环条件下硫酸盐结晶破坏的混凝土腐蚀损伤机理与性能劣化规律目前尚无定论，宜开展专项研究进行其耐久性评定。

7.3.6　混凝土碱-骨料反应耐久性评定

1. 混凝土碱-骨料反应耐久性评定一般规定

（1）表面状况和服役环境进行评定。

混凝土发生碱-骨料反应的 3 个必要条件：相当数量的碱、相当数量的碱活性骨料、使用环境有足够的湿度。

混凝土中的碱含量越高，骨料的活性越强，可供碱骨料反应的物质就越多，混凝土碱-骨料反应破坏就越严重。

混凝土中 SiO_2/Na_2O 比值会影响混凝土内部的膨胀压力，混凝土在一定含碱量条件下，各种碱活性骨料造成的膨胀压力最大匹配比例不尽相同，因此骨料的品种也会影响碱-骨料反应程度。

碱-骨料反应造成混凝土破坏的根本原因是混凝土内部的膨胀，目前对膨胀机理的解释有两种：一是反应产物吸水膨胀理论，二是渗透压理论。无论哪种理论产生膨胀必须有充足的水分存在，环境湿度越大，膨胀力越大。

碱-骨料反应的直观破坏表现为混凝土大面积开裂，反应产物向外渗透并在表面富集，混凝土表面状况一定程度上反映了碱-骨料反应破坏的严重程度。

综上，根据混凝土含碱量、骨料活性、混凝土表面状况和服役环境进行碱-骨料反应耐久性等级的评定。

（2）混凝土碱-骨料反应耐久性评定的服役环境可划分为干燥环境、潮湿环境和含碱环境。

干燥环境包括室内正常环境、干燥通风环境等；潮湿环境包括干湿交替环境、直接接触水的环境等；含碱环境指环境中含有一定量的钾、钠离子，包括海水、盐碱地、除冰盐环境等。

（3）干燥环境下可不进行混凝土碱-骨料反应耐久性评定。

研究表明，相对湿度 100%条件下，碱-骨料反应引起混凝土柱产生很大的膨胀；而相对湿度 50%条件下的混凝土柱却未膨胀，将其重新置于相对湿度 100%条件下时又继续发生膨胀，说明碱-骨料反应需要足够的湿度。大量研究资料表明，干燥环境一般不会发生混凝土碱-骨料反应。

（4）混凝土碱-骨料反应耐久性可根据现场检测和室内试验结果评定。

2. 混凝土碱-骨料反应耐久性评定

（1）混凝土碱-骨料反应耐久性等级应根据是否具备反应条件、碱-骨料反应发生风险及反应严重程度，按表 7-21 进行评定，并应取最低等级为评定等级。

表 7-21　混凝土碱-骨料反应耐久性等级评定

评定等级		a	b	c
评定指标	碱含量	≤限值	>限值	
	集料活性	无	有	
	碱-骨料反应风险		低	中	高
	碱-骨料反应程度		低	中	高
	膨胀率		<400 με	≥400 με

根据碱-骨料反应的 3 个必要条件和已出现的破坏程度选择碱含量、集料活性、碱-骨料反应风险、碱-骨料反应程度、膨胀率五个评价指标进行混凝土碱-骨料反应耐久性评定。

（2）混凝土含碱量限值应按表 7-22 确定。

表 7-22　混凝土含碱量限值

反应类型	环境	一般结构	重要结构	特殊重要结构
碱-硅酸反应	干燥	不限	不限	3.0
	潮湿	3.5	3.0	2.0
	含碱环境	3.0	非活性骨料	

对特殊重要工程，表中含碱量限值已属最安全的控制标准；对一般工程，依据英国、日本的资料，产生异常膨胀的含碱量一般为 3.5～4.0 kg/m^3，表中限值也有一定的安全储备。

（3）混凝土碱-骨料反应风险应依据现场检测结果，按表 7-23 进行评定。

表 7-23　混凝土碱-骨料反应风险评定

反应风险		低	中	高
检测项目	混凝土表面污染	无	轻微污染伴随裂缝	裂缝两边混凝土颜色深浅区别大
	表面团状沉积物	无	少量	多
	表面挤出物	无	裂缝处可见少量白色挤出物	翻缝处多见发黏的挤出物
	结构所处环境	干燥，有防护	外露，但不潮湿	构件长期接触水

（4）混凝土碱-骨料反应严重程度宜根据是否有反应产物及反应产物的形貌和成分，按表 7-24 评定。

表 7-24　混凝土碱-骨料反应严重程度评定

碱-骨料反应严重程度	特征描述
低	没有凝胶，未见膨胀性反应
中	有活性骨料裂开，或已知反应骨料周边有反应环
高	骨料中有典型的凝胶向周边扩散，裂缝及空隙中有凝胶堆积

注：碱-骨料反应产物的测定，应在结构典型部位钻取芯样，密封后带回实验室用带能谱的电子显微镜分析确定。

目前对混凝土碱-骨料反应发生的风险条件并没有定量的评价指标，仅通过现场观察判断

188

碱-骨料反应的风险，选用的检测项目都是体现混凝土碱-骨料反应的常见特征。混凝土表面污染、表面团状沉积物、表面挤出物都是碱-骨料反应产物向混凝土表面渗透并沉积的表现，这些物质越多表明碱-骨料反应程度越严重。

（5）当被测混凝土芯样 1 年的膨胀率高于 400 με 时，应评定为结构混凝土继续膨胀的风险高。

依据《普通混凝土长期性能和耐久性能试验方法标准》（GB/T 50082—2009）第 15 章"碱-骨料反应试验"，若混凝土棱柱体 1 年膨胀率超过 0.04%，则表明混凝土中的碱-骨料反应具备潜在危害。对现场取回的芯样，目前没有专门的评定标准，因此将膨胀率超过 400 με 作为判断依据。

7.3.7　地下工程耐久性评估和分级

在役地下工程的耐久现状，可通过现场初步调查对其表观劣化类型和特征进行定性，判断劣化（病害）对于地下工程结构耐久性能的影响程度，预防和整治地下工程劣化（病害），因此建立合理、便利的地下工程劣化（病害）评估分级体系是十分必要的。有关地下工程耐久性能评估和分级的研究，国内外学者主要集中于定性评价的程度，定量评价及其量化分级的研究还不成熟。本章按照病害的种类，对国内外有关病害分级的成果进行分析，获得了隧道开裂、水害、冻害、表观病害和综合等分级评价对比指标，为合理确定地下工程病害等级提供参考。

1. 隧道衬砌开裂病害等级

隧道衬砌开裂是指衬砌表面出现裂缝，是衬砌变形的结果，主要包括张裂、压溃和错台三种状态（图 7-3），纵向、横向和斜向开裂三种类型（图 7-4）。评价开裂的主要指标有裂缝宽度、长度、深度、面积和状态。

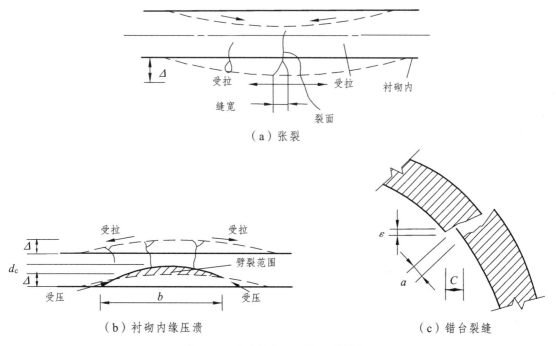

图 7-3　隧道衬砌开裂的三种状态

（a）纵向开裂　　　　　（b）横向开裂　　　　　（c）斜向开裂

图 7-4　隧道衬砌开裂的三种类型

日本铁路隧道、日本道路隧道、我国铁路隧道对裂缝病害进行了定量分级。几种裂缝分级中，等级数和名称均不相同，按照病害严重程度由大到小，日本铁路隧道分为2A、A1、A2、B、C 五级，日本道路隧道分为 3A、2A、A 和 B 四级，我国铁路桥隧建筑物劣化评定标准（隧道）分为 AA、A1、B、C 和 D 五级，我国铁路运营隧道衬砌安全等级评定暂行规定则分为 4、3、2 和 1 四级。为了便于比较和分析，本章使用极严重、严重、中等、轻微和极轻微来定义五级，用极严重、严重、轻微和极轻微定义四级。具体各分级的有关规定如表 7-25 所示。

表 7-25　衬砌裂缝分级

来源	极严重	严重	中等	轻微	极轻微
铁路桥隧建筑物劣化评定标准——隧道	AA	A1	B	C	D
	开裂或错台长度 $L>10$ m，宽度 $a>5$ mm，且变形继续发展，拱部开裂呈块状，有可能掉落；压溃范围>3 m^2	开裂或错台 $L=5\sim10$ m，$a>5$ mm；开裂使衬砌呈块状，在外力作用下有可能崩塌和剥落	开裂或错台 $L<5$ m，$a=3\sim5$ mm；裂缝有发展，但速度不快；压溃范围 $1\sim3$ m^2	开裂或错台 $L<5$ m，$a<3$ mm；压溃范围<1 m^2	一般龟裂或无发展状态；无明显压溃
日本铁路隧道	2A	A1	A2	B	C
	压溃 $L>3$ m；密集水平开裂或错动 $L>10$ m，$a>5$ mm；水平开裂或错动，且有横向开裂，$L>5$ m，$a>5$ mm	压溃 $L<3$ m；水平开裂或错动 $L>5$ m，$a>5$ mm；水平开裂或错动，较密集或有横向开裂，$L<5$ m，$a>5$ mm	开裂或错动 $L<5$ m，$a<3$ mm；产生新的开裂或既有裂缝再度发展	开裂或错动 $L<5$ m，$a<3$ mm；有裂缝，但发展极缓慢或停止，但可能再发生	有开裂，无发展，且不会再发展
公路养护技术规范	3A	2A		1A	B
	裂缝密集，出现剪切性裂缝，发展速度快	裂缝密集，出现剪切性裂缝，发展速度较快		存在裂缝，有一定发展趋势	存在裂缝，但无发展趋势

2. 隧道衬砌水害分级

地下隧道水害主要指渗水和漏水对隧道功能的影响。隧道渗漏水病害类型可分为：隧道漏水、涌水（拱部滴水、隧底冒水、孔眼渗水）、隧道衬砌周围积水、潜流冲刷和侵蚀性水对衬砌的侵蚀等。隧道的漏、涌水病害是由围岩地下水、地表水等以渗、漏、淌、涌等形式进入隧道内所造成的危害；衬砌周围积水病害是隧道建成后地表水或地下水向隧道周围渗流汇集从而影响隧道功能使用；侵蚀性水对衬砌的侵蚀（水蚀）是围岩中地下水因含有盐类、酸类和碱类等化学成分，对混凝土衬砌起腐蚀作用而形成病害（水蚀病害）。工程上一般以前两种病害为主。具体各分级的有关规定如表 7-26 所示。

表 7-26　隧道水害分级

来源	极严重	严重	中等	轻微	极轻微
	AA	A1	B	C	D
铁路桥隧建筑物劣化评定标准——隧道	水突然涌入隧道，淹没轨面，危及行车安全；电力牵引区段，拱部漏水直接传至接触网	pH<4.0，水泥被挥解，混凝土可能会出现崩裂；隧底冒水，拱部滴水成线，严寒地区边墙淌水，造成严重翻浆冒泥、道床下沉，不能保持正常轨道的几何尺寸，危害正常运行	pH=4.1～5.0，在短时间内混凝土表面凹凸不平；隧道滴水、淌水、渗水及排水不良引起洞内局部道床翻浆冒泥	pH=5.1～6.0，混凝土表面容易变酥、起毛，漏水使基床状态恶化，钢轨腐蚀，养护周期缩短	pH=5.1～7.9；混凝土表面有轻微腐蚀；有漏水，但对列车运行及旅客安全无威胁，且不影响隧道功能
	3A	2A	1A	B	
公路养护技术规范	从衬砌裂缝等处喷射水流，严重影响行车安全；在寒冷地区，由于漏水等，形成挂冰、冰柱，侵入规定限界，砂土等伴随漏水流出，铺砌层可能发生浸没和沉降	从衬砌裂缝等处漏水，会影响行车安全；由于排水不良，铺砌层积水	从衬砌裂缝等处漏水，不久可能会影响行车安全；由于排水不良，铺砌层可能积水	从衬砌裂缝等处渗漏水，但几乎没有影响	
	3A	2A	A	B	
日本公路隧道	衬砌开裂，漏水喷出，影响行车安全；在寒冷地区，因漏水结冰，侵入规定限界，伴随涌水有土砂流出，路面可能塌陷、下沉	因衬砌开裂，漏水落下，可能影响通行车辆安全；因排水不良，路面滞水	因衬砌开裂，漏水滴下，一定时间后，可能有损行车安全；因排水不良，路面可能滞水	因衬砌开裂，漏水浸出，对行车安全几乎没有影响；路面无滞水	

3. 隧道冻害分级

在北方严寒地区，由于地下水或地表水丰富，地下水在低温下冻结成冰，体积膨胀，造成隧道结构和使用功能受到损害，称为冻害。根据《铁路桥隧建筑物劣化评定标准——隧道》（TB/T 2820.2—1997）的定义，冻害类型可分为挂冰、冰锥、冰塞、冰楔、围岩冻胀、衬砌材质冻融破坏和衬砌冷缩开裂七种。

挂冰：地下水从混凝土衬砌中渗漏后遇低温而不断冻结，形成挂冰，如在顶板则形成冰溜、在侧墙形成冰柱和侧冰。

冰锥：衬砌漏水落在道床上，逐渐冻结，可生成丘状冰锥；如衬砌漏水和涌水沿隧道底部流淌，逐渐冻结，就形成冰漫型冰锥。

冰塞：隧道内排水管或沟，由于某断面处达到结冰条件而先行结冰，堵塞通道，影响排水功能的发挥。

冰楔：由于衬砌背后的积水结冻后体积膨胀，对衬砌产生了膨胀挤压力，当压力过大时，衬砌发生变形破坏的现象。

围岩冻胀：围岩中的地下水受冻结冰后，体积发生膨胀，这种膨胀压力压挤衬砌、洞门墙、翼墙等结构，并使得这些结构发生开裂破坏，或洞口边坡冻融坍塌等现象。

衬砌材质冻融破坏：衬砌混凝土中的孔隙、缺陷等充满了地下水，经反复冻融后，混凝土材料劣化，出现酥松、酥碎、剥落等现象。

衬砌冷缩开裂：由于混凝土衬砌在施工阶段和使用阶段处于不同温度状态，一般施工时温度高（一般大于 0 ℃），使用阶段随气温不断变化，在冬季当温度很低时，会在衬砌中产生明显的冷缩环向裂纹的现象。

这些冻害视其对隧道功能的影响程度的不同，可进行等级评定，见表 7-27。

表 7-27　冻害对隧道功能影响程度的等级评定

冻害等级		隧道状态
A	AA（极严重）	冻溜、冰柱、冰锥等不断发展，侵入限界，危及行车安全； 接触网及电力、通信、信号的架线上挂冰，危及行车安全和洞内作业人员安全；道床结冰（丘状冰锥），覆盖轨面，严重影响行车
A	A1（严重）	避车洞结冰不能使用，严重影响洞内作业人员的安全； 冰楔和围岩冰胀的反复作用使衬砌变形、开裂并构成纵横交错的裂缝
B（较重）		冻融使衬砌破坏比较严重；冻融使道床翻浆冒泥、轨道几何尺寸恶化
C（中等）		冻害造成衬砌变形、开裂，但裂缝未形成纵横交错；冻融使衬砌破坏，但不十分严重；冻害使洞内排水设备破坏 冻融使线路的养护周期缩短
D（轻微）		有冻害，但对行车安全无影响，对隧道使用功能影响极轻微

4. 衬砌材料劣化评定

隧道衬砌材料的劣化主要由内外因作用引起。外因主要为各种隧道病害，如水害、冻害、盐害、烟害、变形、围岩膨胀等；内因主要指结构材料的碳化、钢筋锈蚀、地下水腐蚀、水泥量不够、施工缝充填不实、碱性反应等。根据《铁路桥隧建筑物劣化评定标准——隧道》（TB/T 2820.2—1997）的定义，隧道衬砌材料劣化是指修建衬砌的材料，如砖、石块、混凝土等，在大气、水、烟、盐等环境条件侵蚀介质作用下，强度不断减小的现象。

其类型主要有：

（1）混凝土衬砌的腐蚀。在各种恶劣条件下，衬砌混凝土强度降低，混凝土表面或内部出现起毛、酥松、麻面、蜂窝、起鼓、剥落、骨料分离等病害现象，严重者可成粉末或豆腐渣状。

（2）砌块衬砌的腐蚀。用砖、石块等材料砌筑成的衬砌，其腐蚀作用主要是灰缝和砌块发生了腐蚀。灰缝腐蚀使砌块间粘结力降低，灰缝掉落，砌块松动等；砌块腐蚀式砌块强度降低，承载能力下降。

不同规范对衬砌材料的劣化作用进行了分类，方法略有不同，具体分类见表7-28。

表7-28　隧道衬砌劣化分级

来源	极严重	严重	中等	轻微	极轻微
	AA	Al	B	C	D
铁路桥隧建筑物劣化评定标准——隧道	混凝土衬砌材料劣化严重，经常发生剥落，危及行车安全，衬砌厚度为原设计厚度的3/5，混凝土强度大大下降； 砌块衬砌的拱部接缝劣化严重，拱部衬砌有可能掉落大块体	混凝土衬砌材料劣化，稍有外力或震动，即会崩塌或剥落，对行车产生重大影响，腐蚀深度10 mm，面积达0.3 m²；衬砌有效厚度为设计厚度的2/3左右；砌块衬砌接缝开裂，其深度大于10 mm，砌块错落大于1 cm	混凝土衬砌剥落，材质劣化，衬砌厚度减少，混凝土强度有一定的降低； 砌块衬砌接缝开裂，但深度小于10 cm或砌块有剥落，但剥落体在40 mm以下	混凝土衬砌有剥落，材质劣化，但发展较慢；砌块衬砌接缝开裂，但深度不大，或砌块有风化剥落，但块体很小	混凝土衬砌有起毛或麻面蜂窝现象，但不严重；衬砌砌块有轻微风化
	3A	2A	IA	B	
公路养护技术规范	衬砌断面强度明显下降，结构物功能损害明显； 衬砌拱部混凝土起层、剥落，混凝土碎块可能掉落或已掉落； 钢材锈蚀严重	衬砌断面强度有相当程度的下降，结构物功能受到一定的损害； 侧墙部位混凝土起层、剥落，混凝土碎块可能掉落或已掉落，钢材腐蚀，钢材断面明显减小，结构物功能受到损害	衬砌材料强度有所降低，结构功能可能受到损害； 钢材孔蚀或表面全部生锈、腐蚀	衬砌存在劣化情况，但对强度几乎没有影响，且难以确定起皮、剥落； 存在钢材表面局部腐蚀情形	
	4	3	2	1	
铁路运营隧道衬砌安全等级评定暂行规定	衬砌腐蚀厚度大于设计厚度的2/5	衬砌腐蚀厚度大于设计厚度的1/5，小于或等于2/5	衬砌腐蚀厚度小于设计厚度的1/5		
	3A	2A	A	B	
日本公路隧道	衬砌断面强度显著降低，拱部产生压溃，混凝土块可能掉落；钢材腐蚀严重	衬砌断面强度有一定程度降低，边墙混凝土劣化，碎块有掉落的可能或已掉落； 钢材腐蚀，钢材断面减小，功能受到损伤	衬砌断面强度降低，可能发展；钢材腐蚀、生锈，结构功能受到一定程度的损伤	衬砌材料有劣化，但对断面强度无影响，无剥落、压溃； 钢材表面有局部腐蚀，对功能无影响	

5. 地下工程安全性综合评价

地下工程安全性状况评定是对工程使用功能从宏观层次、使用价值和运营能力微观层次进行综合评价的结果。评价分为定性方法和定量方法。目前规范采用定性方法较多，采用定量分析方法也逐步开展。由于影响地下工程耐久性能各因素存在一定程度的随机性、模糊性、不确定性和偶然性，因此各种数学方法都在尝试应用于地下工程安全性的定量综合评估。常见的方法有：专家系统评估方法、层次分析方法、灰色系统评估理论、多属性决策法、模糊综合评估法、人工神经网络理论、非线性分析系统理论，以及组合型综合评估理论等。目前我国已有一些规范或标准采用了层次分析理论进行评估。如《公路养护技术规范》（JTGH 10—2009）采用了层次分析法综合评价公路的技术状态，《公路桥梁技术状况评定标准》（JTG/TH 21—2011）也采用层次分析法对桥梁的技术状态进行评估。

地下工程的安全性评估中，常采用定性的评价方法。表7-29给出了不同规范（标准）对隧道安全性综合评价的方法，供读者参考。

表 7-29　隧道安全综合评价分级

来源	极严重	严重	中等	轻微	极轻微
铁路桥隧建筑物劣化评定标准——隧道	AA	A1	B	C	D
	结构功能严重劣化，危及行车安全，应立即采取措施	结构功能严重劣化，进一步发展危及行车安全，应尽快采取措施	劣化继续发展会升至A级，应加强监视，必要时采取措施	影响较少，应加强检查，正常维修	无影响，应正常保养及巡检
日本铁路隧道	AA	A1	A2	B	C
	危及运行安全，隧道病害程度重大，应立即采取措施	对运行安全迟早会造成威胁，有异常外力时危险；病害持续发展，使用功能继续降低。应及早采取措施	对运行安全以后有危险，隧道病害发展，使用功能会降低。必要时采取措施	如发展，会变为A级。加强检测，必要时采取措施	目前对行车安全无影响，病害程度较轻微；对重点部位检查
公路养护技术规范	3A	2A	1A	B	
	结构存在严重破坏，已危及行人、行车安全，必须立即采取紧急对策措施	结构存在较严重破坏，将会危及行人、行车安全，应尽早采取对策措施	结构存在破坏，可能会危及行人、行车安全，应准备采取对策措施	结构存在轻微破损，现阶段对行人、行车不会有影响。但应进行监视或观测	
铁路运营隧道衬砌安全等级评定暂行规定	AA	A1	B	C	
	衬砌病害和衬砌缺陷均为4级；或衬砌病害为4级，衬砌缺陷为3级，围岩为V级，地下水发育；病害已危及行车安全	衬砌病害和衬砌缺陷均为3级；或衬砌病害为3级，衬砌缺陷为2级，围岩为IV、V级，地下水发育；病害发展较快，存在危及行车安全可能	衬砌病害和衬砌缺陷为2级；或衬砌病害为2级，衬砌缺陷为1级，围岩为IV、V级，地下水发育；病害有发展，对行车安全尚未产生影响	衬砌病害和衬砌缺陷均为1级；对行车安全无影响	

来源	极严重	严重	中等	轻微	极轻微
	3A	2A	A	B	
日本公路隧道	病害显著，对通行者、通行车辆有危险，应立即采取对策	有病害，且在发展，早晚会对通行者、通行车辆造成威胁，应及早采取对策	有病害，将来会对通行者、通行车辆造成危险，应重点监视，有计划采取对策	无病害或病害轻微，对通行者、通行车辆无影响，可进行监视	

7.4 结构可靠性鉴定

7.4.1 结构可靠性的数学模型与定义

1. 结构可靠性

结构可靠性：结构在规定的时间内，在规定的条件下，完成预定功能的能力。一般来说，结构应满足下列各项功能要求：

（1）能承受在正常施工和正常使用期间可能出现的各种作用（荷载）。

（2）在正常使用时，结构及其组成部件具有良好的工作性能。

（3）在正常维护下具有足够的耐久性。

（4）在发生规定的偶然事件情况下，结构能保持必要的整体稳定性。

2. 结构可靠度

结构可靠度：结构在规定的时间内，在规定的条件下，完成预定功能的概率（$Z \geq 0$），记为 P_s。不能完成预定功能的概率，即失效概率，记为 P_f。则：

$$P_s = P(Z \geq 0), \quad P_f = P(Z < 0), \quad P_s + P_f = 1 \qquad (7\text{-}21)$$

规定的时间：分析结构可靠度考虑各项基本变量与时间所取用的时间参数，称为设计基准期。

规定的条件：结构设计时所确定的正常设计、正常施工和正常使用的条件。

预定功能：上述的 4 项功能，完成各项功能的标志用"极限状态"来衡量。

3. 结构可靠指标

结构可靠指标为度量结构可靠度的数值指标，可靠指标 β 为失效概率 P_f 负的标准正态分布函数的反函数。

当采用一次二阶矩方法计算可靠指标时，应符合下列规定。

（1）当仅有作用效应和结构抗力两个相互独立的基本变量且均服从正态分布时，结构构件的可靠指标可按下式计算：

$$\beta = \frac{\mu_R - \mu_S}{\sqrt{\sigma_R^2 + \sigma_S^2}} \qquad (7\text{-}22)$$

式中　β——结构构件的可靠指标；

　　　　μ_R，σ_R——结构构件抗力的平均值和标准差；

　　　　μ_S，σ_S——结构构件作用效应的平均值和标准差。

（2）当有多个相互独立的非正态基本变量结构构件的可靠指标时，应按下列公式迭代计算：

$$\beta = \frac{g(x_1^*, x_2^*, \cdots, x_n^*) + \sum_{j=1}^n \left.\frac{\partial g}{\partial X_j}\right|_R \left(\mu_{X_j'}^* - x_j^*\right)}{\sqrt{\sum_{k=1}^n \sum_{j=1}^n \left(\left.\frac{\partial g}{\partial X_k}\right|_P \left.\frac{\partial g}{\partial X_j}\right|_P\right) \rho_{X_i'} y_j \sigma_{X_k'} \sigma_{X_j'}}} \tag{7-23}$$

$$\alpha_{X_i'} = -\frac{\sum_{j=1}^n \left.\frac{\partial g}{\partial X_j}\right|_{P\rho_{X_i' X_j'\sigma X_j'}}}{\sum_{k=1}^n \sum_{j=1}^n \left.\frac{\partial g}{\partial X_k}\right|_P \left.\frac{\partial g}{\partial X_j}\right|_{P\rho_{X_k' X_j'}\sigma_{X_k'}\sigma_{x_j'}}} (i=1,2,\cdots,n) \tag{7-24}$$

$$x_i^* = \mu_{X_i'} + \beta\alpha_{X_i'}\sigma_{X_i'} (i=1,2,\cdots,n) \tag{7-25}$$

$$\mu_{X_i'} = x_i^* - \Phi^{-1}[F_{X_i}(x_i^*)]_{\sigma_i'} (i=1,2,\cdots,n) \tag{7-26}$$

$$\sigma_{X_i'} = \frac{\varphi\{\Phi^{-1}[F_{X_i}(x_i^*)]\}}{f_{X_i}(x_i^*)} (i=1,2,\cdots,n) \tag{7-27}$$

式中　$g(\cdot)$——结构构件的功能函数，包括计算模式的不定性；

　　　　$X_i(i=1,2,\cdots,n)$——基本变量；

　　　　$x_i^*(i=1,2,\cdots,n)$——基本变量 X_i 的验算点坐标值；

　　　　$\left.\dfrac{\partial g}{\partial X_i}\right|_P$——功能函数 $g(X_1, X_2, \cdots, X_n)$ 的一阶偏导数在验算点 $P(x_1^*, x_2^*, \cdots, x_n^*)$ 处的值；

　　　　$\mu_{X_i'}$，$\sigma_{X_i'}$——基本变量 X_i 的当量正态化变量 X_i' 的平均值和标准差；

　　　　$f_{X_i}(\cdot)$，$F_{X_i}(\cdot)$——基本变量 X_i 的概率密度函数和概率分布函数；

　　　　$\varphi(\cdot)$，$\Phi(\cdot)$，$\Phi^{-1}(\cdot)$——标准正态随机变量的概率密度函数、概率分布函数和概率分布函数。

（3）当有多个非正态相关的基本变量结构构件的可靠指标时，用下列公式替换后进行迭代计算：

$$\beta = \frac{g(x_1^*, x_2^*, \cdots, x_n^*) + \sum_{j=1}^n \left.\frac{\partial g}{\partial X_j}\right|_R \left(\mu_{X_j'}^* - x_j^*\right)}{\sqrt{\sum_{k=1}^n \sum_{j=1}^n \left(\left.\frac{\partial g}{\partial X_k}\right|_P \left.\frac{\partial g}{\partial X_j}\right|_P\right) \rho_{X_i'} y_j \sigma_{X_k'} \sigma_{X_j'}}} \tag{7-28}$$

$$\alpha_{X_i'} = -\frac{\sum_{j=1}^n \left.\frac{\partial g}{\partial X_j}\right|_P \rho_{X_i' X_j'}\sigma_{X_j'}}{\sum_{k=1}^n \sum_{j=1}^n \left.\frac{\partial g}{\partial X_k}\right|_P \left.\frac{\partial g}{\partial X_j}\right|_{P\rho_{X_k' X_j'}} \sigma_{X_i'}\sigma_{x_j'}} (i=1,2,\cdots,n) \tag{7-29}$$

式中　$\rho_{X'_k X'_j}$——当量正态化变量 X'_i 与 X'_j 的相关系数，可近似取变量 X_i 与 X_j 的相关系数

$\rho_{X_k X_j}$。

4. 结构极限状态和极限状态方程

1）结构功能的极限状态

整个结构或结构的一部分超过某特定状态就不能满足设计规定的某一功能要求，此特定状态称为该功能的极限状态。我国《工程结构可靠度设计统一标准》将极限状态划分为：

（1）承载能力极限状态。

（2）正常使用状态极限状态。

（3）耐久性极限状态。

2）极限状态方程

结构功能函数：在进行结构可靠度分析和设计时，应针对所要求的结构各种功能，把这些有关因素作为"基本变量" X_1，X_2，$\cdots$，X_n 描述结构功能的函数：$Z = G(X_1, X_2, \cdots, X_n)$。

如：将作用方面的基本变量组合成综合作用效应 S，抗力方面的基本变量组合成综合抗力 R，则结构功能函数 $Z = R - S$。

（1）$Z = R - S > 0$，表明结构处于可靠状态。

（2）$Z = R - S = 0$，表明结构处于极限状态。

（3）$Z = R - S < 0$，表明结构处于失效或破坏。

极限状态方程为：

$$Z = G(X_1, X_2, \cdots, X_n) = 0 \tag{7-30}$$

7.4.2　可靠性分析方法

混凝土结构耐久性设计的极限状态方程功能随机过程可以表示为：

$$Z(t) = R(t) - S(t) \tag{7-31}$$

式中　$Z(t)$——混凝土结构极限状态功能随机过程；

$R(t)$——混凝土结构抗力下降过程；

$S(t)$——混凝土结构荷载变化功能随机过程。

在 $t = 0$ 时刻，即结构刚建成投入使用时，满足该式的结构构件可靠指标为定值。

在一般情况下，结构在内、外因素的共同作用下会发生耐久性损伤，表现为承载力下降，即结构抗力随机过程 $R(t)$ 随时间而降低。而构件荷载效应 $S(t)$ 因环境作用方式、结构构件形式、荷载作用形式等的基本恒定性，在结构使用期内基本不会发生变化，或者以很小的幅度变化。因此，$R(t)$ 和 $S(t)$ 在结构使用期内随时间的相对变化，会产生结构功能的衰退，即结构可靠度指标降低。

考虑这种由于结构耐久性损伤引起的结构可靠性降低，结合现行规范的通用设计表达式，则基于近似概率的耐久性设计的极限状态方程如下：

$$\begin{cases} \gamma_0 S \leqslant \eta R \\ \eta = \dfrac{\beta_0}{\beta_0 + \beta_t - \beta(t)} \end{cases} \tag{7-32}$$

式中　γ_0——构件安全等级分项系数；

　　η——混凝土结构持久性设计系数，为结构 $\beta(t)$ 的函数；

　　$\beta(t)$——达到目标使用年限时建设单位要求的可靠度指标确定值，一般按规范取值；

　　　　$\beta(t)$ 为结构可靠度下降过程，为时间 t 的函数。

据此，隧道衬砌结构计算和验算部分耐久性设计流程如图 7-5 所示。

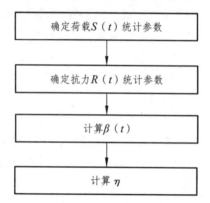

图 7-5　计算和验算部分耐久性设计流程图

7.4.3　结构抗力的随机过程模型

对于混凝土结构，随着时间的增长，各种因素将对混凝土结构中混凝土和钢筋的强度造成损伤，使结构可靠性不断下降。严格讲，各因素对混凝土结构的损伤程度是随机过程，相应的强度下降也是随机过程。因此，结构耐久性评估的首要问题就是要求出这些随机过程的分析方法。国内外已对这些因素引起的损伤过程进行了大量的研究，得出了各种各样的分析方法（或计算公式）。钢筋混凝土结构由混凝土和钢筋组成。结构在使用过程中一直受到建筑装饰（如抹灰、粉刷等）的保护，截面尺寸一般不发生变化。因此，假设结构抗力的降低主要是由于混凝土强度和钢筋强度的降低而引起的。结构的抗力随机过程表示为：

$$R(t)=R_0\varphi(t) \tag{7-33}$$

式中：R_0 为 $t=0$ 时刻结构构件抗力；$\varphi(t)$ 为一确定性的函数。

若结构抗力 $R(t)$ 的分布概型不随时间变化，则平均值和变异系数分别表示为：

$$\begin{cases} \mu_{Rut} = \mu_{R0}\varphi(t) \\ \delta_{R(t)} = \delta_{R0} \end{cases} \tag{7-34}$$

对于任意两个不同时刻 t_1、t_2 的抗力值 $R(t_1)$ 和 $R(t_2)$，它们为随机变量，两个随机变量的自相关系数为：

$$r[R(t_1),R(t_2)] = \frac{\text{COV}[R(t_1),R(t_2)]}{\sigma_{R(t_1)}\sigma_{R(t_2)}} \tag{7-35}$$

抗力衰减随机过程在任意两个不同时刻 t_1，t_2 的抗力值 $R(t_1)$ 和 $R(t_2)$是完全相关的。通过对北京地区民用建筑混凝土结构的调查，并结合以往的研究成果得出北京地区混凝土和钢筋强度的衰减模型：

$$\begin{cases} \mu_{cu}(t) = \mu_{cu}[1-8\times10^{-7}(t/a)^3] \\ \delta_{cu}(t) = \delta_{cu} \\ \mu_{f_y}(t) = \mu_{f_y}[1-2.2\times10^{-6}(t/a)^3] \\ \delta_{f_y}(t) = \delta_{jy} \end{cases} \quad (7\text{-}36)$$

式中 $\mu_{cu}(t)$, $\mu_{f}(t)$——在使用了 t 时刻的混凝土和钢筋强度平均值;

$\delta_{cu}(t)$, $\delta_{f_y}(t)$——在使用了 t 时刻的混凝土和钢筋强度变异系数;

μ_{cu}, μ_{f_y}, δ_{cu}, δ_{f_y}——上述各变量在 $t=0$ 时的值。

7.4.4 结构荷载的随机过程模型

对于荷载效应而言,规范中推荐采用"荷载结构法"或"地层结构法"求解。结构的荷载效应往往与围岩特性(围岩容重、摩擦角、黏聚力、覆盖层厚度等)有关,而这些参数又具有一定的离散型和变异性,因此必然会造成结构内力的变异性。在实践中,由于地下求解过程的复杂性,往往不能将结构荷载效应表述为外界要素的显示函数,一般采用随机数值分析的办法进行。

结构上荷载的作用是由可变荷载作用和永久荷载作用组成。可变荷载作用随时间的变化而变化,为随机过程,而永久荷载作用不随时间变化,为随机变量:

$$S(t)=C_Q Q(t)+C_G G \quad (7\text{-}37)$$

其中:$Q(t)$ 为可变荷载作用,随机过程;Q 为永久荷载作用,随机变量。由于《建筑结构可靠度设计统一标准》在计算结构可靠度时采用的是考虑基本变量概率分布类型的一次二阶矩结构可靠度分析方法,各种基本变量是按随机变量考虑,所以,须将可变荷载作用随机过程 $Q(t)$ 转换为设计基准期(或今后的要求服役基准期)T 内最大荷载随机变量;$Q_T = \max_{0\le t\le T} Q(t)$ 才便于进行分析计算。

实际上,运算中对荷载模型做如下假定:

(1)将设计基准期 T 年分为 N 个相等的时段,每个时段为 τ,即 $\tau=T/N$。

(2)计时段 τ 内荷载最大值 Q(随机变量)的概率分布函数为 $F_\tau(x)$(时段 τ 大小不同,荷载最大值 Q 也不同)。

(3)各时段 Q 相互独立且具有相同的分布函数,于是,按最大项的极值分布原理,给出连续 N 个时段(相当于设计基准期 T 年)荷载 Qr 最大值(随机变量)的分布函数为:

$$\begin{aligned} F_T(x) &= P(Q_T \le x) = P(\max_{15\le N} Q_t \le x) \\ &= P(Q_1 \le x)P(Q_2 \le x)\cdots P(Q_N \le x) \\ &= \prod_{i=1}^N P(Q_i \le x) = [F_\tau(x)]^N \end{aligned} \quad (7\text{-}38)$$

由于永久荷载的变异性较小,而且一旦建筑物建成之后,结构上的永久荷载可以通过实测量取,因此可将永久荷载取为定值。

7.4.5 结构动态可靠性分析与评定

工程结构在全寿命周期内受到的各类外在的荷载及作用以及内在的抗力都是随机的且具

有时变性，因此，导致结构的性能也发生不断的变化。工程结构在全寿命周期内要经受多种随着时间而不断变化的外在的和内在的作用影响，从而导致结构的各项性能也随着时间变化，一般表现为衰减，因此，结构的可靠性必然具有时变性。定义结构（或者构件）在一段时间（ $t_c, t_c + T_R$ ）内完成预定功能的概率为结构的时变可靠度，其失效概率为：

$$P_f(t_c, T_R) = P[g(t) < 0] = P[R(t) < S(t), t \in (t_c, t_c + T_R)] \tag{7-39}$$

式中： $R(t)$ 为结构抗力的随机过程，反映抗力随时间的变化； $S(t)$ 为作用效应的随机过程，反映作用效应随时间的变化； t_c 为结构已使用时间； T_R 为结构的剩余寿命。当 $t_c = 0$， $T_R = T_L$（ T_L 为结构的设计使用寿命），那么 $P_f(0, T_L)$ 表示为结构全寿命期内的动态可靠度；如 $t_c > 0$， $t_c + T_R = T_L$，那么， $P_f(t_c, T_R)$ 表示为已建结构剩余寿命期内的动态可靠度。为求得上式的可靠度，可将随机过程离散化，即认为结构在剩余使用寿命期限内完成预定功能的概率等同于一系列最不利作用发生时刻结构抗力不小于作用效应事件同时发生的概率：

$$P_f(t_c, T_R) = P[R(t_1) < S(t_1) \cap \cdots \cap R(t_i) < S(t_i) \cap \cdots \cap R(t_n) < S(t_n), t_i \in (t_c, t_c + T_R)] \tag{7-40}$$

式中， $1 \leq q < h < \cdots < 1 \leq t + T_p$，且 $R(t_i) < S(t_i)$ 为第 i 个最不利作用发生时的极限状态方程。结构的真实失效概率应表示为条件概率的形式，即服役 t_c 后的真实失效概率为：

$$P_f(t | t_c) = \frac{P_f(t + t_c) - P_f(t_c)}{1 - P_f(t_c)} \tag{7-41}$$

结构可靠性具有时变性，在全寿命周期的不同阶段中不断变化，且差别较大，因此，需建立结构在不同阶段的可靠度模型。

1. 设计阶段可靠度

它是设计人员按各类规范要求设计所得的结构可靠度，也称理论可靠度。当前结构可靠度的概念和定义主要是针对设计的，其中所使用的 f&(r) 及 fs(s) 需通过已有资料统计分析获得，因此，其数值一般接近于规范规定的目标可靠度。一般而言，从设计的角度出发，同类型的一批结构设计所得的预期可靠度应比较接近。但从使用角度来看，由于施工过程的不确定性以及结构服役时所受到的损伤也不同，经历的维护及维修等过程也不尽相同，因此，结构在未来服役期内会具有不同的可靠度。

2. 施工阶段可靠度

结构处于施工期中，假设已施加的施工荷载为 Q，此时失效概率为：

$$P_f = Z(R'(t) - S'(t) - E < 0 | R' > Q) \tag{7-42}$$

式中， E 表示人为错误的随机变量，考虑到施工过程中各类人为错误最易发生。由于施工阶段材料还没达到设计强度，且施工后初期结构强度增强较快，因而须考虑抗力的时变性。尤其对于现浇的钢筋混凝土结构，在相当一段时间内施工期的结构自身抗力明显小于运营服役期的结构抗力，若不改变结构的支承边界条件，结构最危险的阶段可能不是在建成之后，而是在施工阶段。因此，施工期需要增加必要的支撑结构，这使得施工期的结构抗力模式不同于结构的运营期，且施工期的部分荷载类型、大小也异于结构运营期。

3. 运营阶段可靠度

工程结构进入运营期后就已经意味着结构已经建成，进入了服役阶段。此时，由于结构已经完全确定，结构材料、尺寸等实际的参数在理论上可完全获得，由此可为结构抗力和作用效应的计算提供比设计期及施工期更为可靠的信息，因此，理论上可确定结构在任一时点的抗力和作用效应。但由于认识、检测等的局限性，结构的各个参数仍需视为随机变量。然而由于结构本身的确定使得结构运营期的各类参数的不确定性异于设计期，在性质上有所偏差，在数量上显得相对较小。因此，结构进入服役期后需根据实际结构重新检测结构抗力及重新核算作用效应。另外，由于设计和施工过程中存在着大量的不确定性因素，且不可避免地存在某些人为错误，使得刚进入运营期的新建结构的可靠度（可称为运营期初始可靠度）和设计阶段以及施工阶段的可靠度并不在同一个水平，它们之间既有共同点又有不同点：共同点是结构具有相同的失效准则和具有相同的预定工作年限，因而具有相同的荷载理论值，并具有相同的工作条件；不同点是在结构的施工过程中不可避免地存在施工误差，且使用的材料也不可避免地与设计存在差别，结构设计中所采用的计算简图、假定等也与真实结构存在差异。虽然如此，运营期初始可靠度和设计阶段的可靠度都是常数，且不随时间而改变，但二者是不相同的。在结构建成后，设计阶段可靠度就失去了应用价值，而运营期初始可靠度则是结构服役期动态可靠度的初始值。此时，$P_f(0, T_L)$ 为运营期初始可靠度，$P_f(t_c, T_R)$ 为运营期时的可靠度。

4. 老化阶段可靠度

结构在使用后期，性能劣化导致结构抗力将下降至 R'。虽然对于结构预期使用寿命的期望降低使得核算结构实际可靠度时选取作用的大小允许一定程度的降低，但由于结构劣化趋势严重，结构可靠度已接近结构性能的可接受最低水平。此阶段结构的可靠度可表示为：

$$P_f = Z[R^*(t) - S^*(t) < 0 | t_e] \tag{7-43}$$

7.5 地下混凝土结构寿命预测与剩余寿命预测

7.5.1 地下混凝土结构寿命评估准则

混凝土结构耐久性是基于材料耐久性研究的进一步深化。混凝土结构在自然环境和使用条件下，材料逐渐老化，从而导致结构性能劣化，出现损伤甚至损坏，是一种不可逆的过程。它不是直接的力学因素引起的。混凝土材料耐久性问题是物理化学作用的结果，继而影响到建筑物的使用功能和结构的承载能力，最终影响整个结构的安全。在进行结构寿命预测之前，必须明确结构的预定功能是什么，如何判断结构的功能失效，即耐久性极限状态的定义。

1. 碳化寿命准则

碳化寿命准则是以保护层混凝土碳化，从而失去对钢筋的保护作用，使钢筋开始产生锈蚀的时间作为混凝土结构的寿命。到目前为止，基本上是以混凝土碳化深度达到钢筋表面作为钢筋开始锈蚀的标志。

碳化寿命准则适用于：不允许钢筋锈蚀的钢筋混凝土构件（如预应力构件等）。但是对大多数混凝土结构来说，以钢筋开始锈蚀作为结构使用寿命终止的标志，显然过于保守，也是不现实的。

2. 锈胀开裂寿命准则

锈胀开裂寿命理论是以混凝土表面出现钢筋锈胀裂缝所需时间作为结构的使用寿命。这一准则认为，混凝土中的钢筋锈蚀使混凝土纵裂以后，钢筋锈蚀速度明显加快，将这一界限视为危及结构安全，需要维修加固的前兆。但是锈胀开裂对于大多数结构的安全性和适用性影响不大。

锈胀开裂寿命准则适用于：有装修、观感要求的结构构件；恶劣环境的混凝土结构。锈胀开裂的标准很难定量。

3. 承载力寿命准则

承载力寿命理论是考虑钢筋锈蚀等引起的抗力退化，以构件的承载力降低到某一界限值作为耐久性极限状态。或基于承载力的可靠指标降低到不满足要求。

对混凝土结构耐久性破坏准则的合理选择是进行耐久性评估与寿命预测的重要前提。混凝土结构的性能退化过程是一个极其复杂的演化过程，不仅取决于结构本身，而且与结构所处环境有非常密切的关系。因此，并不存在一个规定不变的耐久性评估准则，对不同类型的结构、不同的使用环境等应区别对待。

以上四种寿命准则基本上属于结构的技术性使用寿命，主要是从结构的安全性和适用性方面给出了判断结构耐久性终结的标准，而未能考虑经济因素等在结构耐久性评估中的作用。更为合理的耐久性标准不应单纯从结构的安全性与适用性的角度考虑，还应综合考虑结构的经济效益与社会效益、结构耐久性破坏及功能丧失所造成的损失以及社会经济发展水平等诸多因素，采用风险决策方法来设置耐久性极限标准。

7.5.2 地下混凝土结构使用寿命预测方法

使用寿命因其与材料性能、细部劣化、暴露状态、劣化机理等许多因素及其相互作用有关而甚难量化。混凝土的劣化往往是多种因素的综合作用结果，至少是一种侵蚀过程和荷载的共同作用。但综合作用的机理相当复杂不甚明了，所以目前对混凝土结构服役寿命的预测还只能考虑其中一个主要因素。目前，预测结构服役寿命的方法主要有以下几种。

1. 基于经验的预测方法

根据以往积累的经验与大量实验室和现场试验的结果，对使用寿命作半定量的预测，其中包含了推理与经验知识。目前常用的混凝土规范实际上也是基于这种方法来预测寿命的，认为如果能够按照规范中提出的工法和原则，混凝土就能够满足原定的使用寿命。要是设计的寿命比较长，如果遇到一种新的情况而缺少经验或者使用环境条件恶化，这种预测方法就不太可靠。

2. 加速试验预测方法

混凝土的耐久性试验现在多采用加速试验，如采用较高的湿度或温度环境、较高浓度的物质侵蚀以加速裂化过程。劣化机理在加速试验环境下的应该与实际使用条件下的相同。应用加速试验结果的最大缺陷在于没有正常使用环境下的长期数据，但至少可以解决提供预测使用寿命的数学模型。

3. 数学模型预测方法

该种方法是目前使用最为广泛的方法，其预测的可靠程度与环境参数选取的准确性以及模型的材料、合理性有很大关系。

4. 寿命预测的随机方法

上述的各种方法都是把影响结构使用寿命的各个因素作为确定的量值，由此得出的寿命预测结果只能表示均值意义上的使用寿命。在耐久性评估中无论采用哪一种寿命准则，影响结构使用寿命的各个因素都属于随机变量，甚至是随时间变化的随机过程。因此与上述的确定性方法相比，在进行结构的耐久性评估与寿命预测时，应用概率的方法显然是更为合理的。

7.5.3　地下混凝土结构碳化寿命分析

碳化作用下的城市地下结构耐久性能退化过程为：碳化深度达到钢筋表面—钢筋开始生锈—钢筋锈蚀膨胀—混凝土结构保护层开裂—裂缝继续扩展—N 次维修—结构失效。对于城市地下结构工程，可取碳化寿命准则为：当碳化造成的混凝土表层锈胀开裂裂缝宽度达到一定限度时，认为混凝土结构耐久性使用寿命终止。

即碳化作用下的城市地下混凝土结构寿命组成为：

$$T_c + T_i + T_p + T_W = T_R + T_W \tag{7-44}$$

式中　T_c——地下结构在碳化侵蚀下的耐久性寿命；

T_i——地下结构在碳化作用下的钢筋开始生锈的时间，取碳化深度到达钢筋保护层厚度的时间，可通过混凝土碳化深度预测模型计算得到；

T_p——从混凝土中的钢筋生锈到结构保护层出现裂缝的时间；

T_W——从结构保护层出现裂缝到裂缝扩展到规定值的时间，在大量工程调查基础上取一个经验值；

T_R——第一次维修时间。

定义了结构碳化寿命组成，通过计算各个阶段的寿命值，累加可得到结构在碳化作用因素的耐久性寿命。

7.5.4　地下混凝土结构锈胀开裂寿命分析

牛荻涛随机模型是以环境条件与混凝土质量为主要影响因素，考虑了多种因素综合作用，考虑问题比较全面，在此可用该模型预测碳化深度，从而计算结构在碳化作用下的钢筋开始生锈的时间。地下混凝土结构的碳化耐久性寿命包括两个部分，前一部分可以采用弹塑性力学理论计算求得理论值，后一部分可在实验及工程调查的基础上取经验值，此应用到：

$$\rho(t) = \frac{c \cdot \cos\phi + G \cdot \varepsilon^{\mathrm{p}}}{(n-1) \cdot G \cdot (1+\varepsilon^{\mathrm{p}})} \cdot (1+2m)^2 \tag{7-45}$$

接着，参考应用牛荻涛锈蚀量计算模型，其应用条件：① 单纯考虑混凝土碳化引起的钢筋锈蚀；② 空气中的氧通过混凝土保护层扩散，遵循 Fick 第一定律。钢筋开始锈蚀时间 T_i 为：

$$\begin{cases} T_i = \left(\dfrac{h_c}{K_c}\right)^2 \\ K_c = K_{el}K_{ei}K_t \left(\dfrac{24.48}{\sqrt{f_{cuk}}} - 2.74\right) \end{cases} \tag{7-46}$$

式中　T_i——锈蚀开始时间（a）；

h_c——混凝土保护层厚度（mm）；

K_c——混凝土碳化系数（mm/$\sqrt{a}$）；

f_{cuk}——混凝土抗压强度标准值（MPa）；

K_{el}——地区影响系数，北方为 1.0，南方及沿海为 0.5 ~ 0.8；

K_{ei}——室内外影响系数，室外为 1.0，室内为 1.87；

K_t——养护时间影响系数，一般施工情况取为 1.50。

接下来求解 T_p 值，t 时刻钢筋锈蚀质量损失为：

$$\begin{cases} W_t = 83.81 \cdot D_0 \dfrac{R}{K_c^2} \left[\begin{array}{l} \sqrt{R^2 - (R+h_c - K_c\sqrt{t})^2} - \\ (R+h_c - K_c\sqrt{t})\arccos\dfrac{R+h_c - K_c\sqrt{t}}{R} \end{array} \right] \\ D_0 = 0.01 \left(\dfrac{32.15}{f_{cuk}} - 0.44\right) \end{cases} \tag{7-47}$$

式中　t——时间（a），$t > T_i$；

W_t——t 时刻的锈蚀量损失（g/mm）；

D_0——氧气扩散系数（mm²/s）；

R——原始钢筋半径（mm），$R = d/2$。

牛荻涛采用大于腐蚀临界湿度的发生概率 P_{RH} 对式（7-47）钢筋锈蚀量损失修正为：

$$W_t = 2.35 P_{RH} \cdot D_0 \dfrac{R}{K_c^2} \left[\begin{array}{l} \sqrt{R^2 - (R+h_c - K_c\sqrt{t})^2} - \\ (R+h_c - K_c\sqrt{t})\arccos\dfrac{R+h_c - K_c\sqrt{t}}{R} \end{array} \right] \tag{7-48}$$

对应 t 时刻，相应的钢筋截面质量损失率 $\rho(t)$ 为：

$$\rho(t) = \frac{W_t}{\pi R^2 \rho_{Fe} \times 10^{-3}} \times 100 \tag{7-49}$$

式中 ρ_{Fe}——钢铁密度，式（7-49）化简并忽略高阶小量可以变为：

$$\rho(t) = P_{RH} \cdot D_0 \frac{1}{100 \cdot (d/2) \cdot K_c^2} \left[\begin{matrix} \sqrt{(d/2)^2 - (d/2 + h_c - K_c\sqrt{t})^2} - \\ (d/2 + h_c - K_c\sqrt{t})\arccos\dfrac{d/2 + h_c - K_c\sqrt{t}}{d/2} \end{matrix} \right] \quad （7\text{-}50）$$

把式（7-50）代入式（7-45）化简得到碳化腐蚀下混凝土锈胀开裂寿命预测模型：

$$\frac{c \cdot \cos\phi + G \cdot \varepsilon^p}{(n-1) \cdot G \cdot (1 + \varepsilon^p)} \cdot (1 + 2m)^2$$

$$= P_{RH} \cdot D_0 \frac{1}{100 \cdot (d/2) \cdot K_c^2} \left[\begin{matrix} \sqrt{(d/2)^2 - (d/2 + h_c - K_c\sqrt{t})^2} - \\ (d/2 + h_c - K_c\sqrt{t})\arccos\dfrac{d/2 + h_c - K_c\sqrt{t}}{d/2} \end{matrix} \right] \quad （7\text{-}51）$$

对于式（7-51）难以直接得到解析表达式，在实际工程应用中采用迭代法实现。先按式（7-51）左边公式求得混凝土锈胀开裂临界锈蚀率 $\rho'(t)$；然后按式（7-46）求得开始锈蚀时间 T_i；按式（7-52）计算迭代步长；最后取 $T_1, T_2, T_3, \cdots, T_n(T > T_i)$ 代入式（7-51）右边公式迭代计算求得相应的锈蚀率 $\rho_1(T), \rho_2(T), \rho_3(T), \cdots, \rho_n(T)$；当 $\rho_n(T) \geq \rho'(t)$ 时，停止迭代计算。此时对应的时间 T_n 就是胀锈开裂预测寿命值。

$$T_n = T_i + n \cdot \Delta t \quad (n = 1, 2, 3 \cdots) \quad （7\text{-}52）$$

式中 Δt——时间迭代步长，一般取 $1 \sim 3$ a。

7.5.5 地下混凝土结构承载力寿命分析

隧道结构在建成投入使用后，结构所受的内力大小基本保持不变，这一点可由第 3 章的结论部分得到印证。但由于外界环境的侵蚀作用，隧道衬砌结构会发生耐久性损伤，其强度会逐渐减小，结构安全系数也因此会逐渐下降。在安全系数降至规范规定的限值时，即为承载力寿命准则条件下隧道衬砌结构服役寿命的极限状态。从结构建成投入使用到这一时刻所经历的时间也即是承载力寿命控制的隧道衬砌结构的服役寿命 T_2。衬砌结构耐久寿命 T_2，可按下式表示：

$$T_2 = t_i + t_p \quad （7\text{-}53）$$

式中 t_i——脱钝时间，即从衬砌结构完成到钢筋开始锈蚀的时间，与裂缝限值准则条件下的钢筋开始锈蚀时间 t_i 相同；

t_p——从钢筋开始锈蚀到隧道衬砌结构安全系数减小到规范限定值的时间，该阶段是由于钢筋锈胀作用使衬砌结构发生了耐久性损伤。

7.6 思考题

7-1 阐述结构可靠性、结构可靠度的定义及结构可靠指标的计算方法。

7-2 阐述地下混凝土结构寿命评估准则。

7-3 常用地下工程结构耐久性检测方法有哪些？

7-4 地下混凝土结构使用寿命预测方法有哪些？

第8章 地下工程混凝土结构修复和加固

虽然混凝土结构具有寿命长和较长时间无需维护的特点，但混凝土结构建成投入使用后，在长期的自然环境和使用环境的双重作用下，混凝土结构仍会出现不可避免的损伤劣化现象，而且损伤劣化程度也会随着时间的推移逐渐加重。尤其是地下工程，它具有不可拆除的特点，不可拆除意味着主要构件只能做加强而不能彻底更换，而地下混凝土工程结构损伤劣化现象非常普遍，原因多种多样，但是无论哪种损伤劣化，一般都会影响混凝土结构的外观形象，损伤劣化严重时，还会直接影响结构的承载能力和安全状态。因此，针对发生损伤劣化的混凝土结构或结构进行修复、加固和补强也就变得不可避免。

8.1 混凝土结构耐久性维修加固相关标准规范

建筑物建成交付后在使用过程中，受到荷载及环境的影响性能会出现衰退，同时也难免遭受人为的损伤。为保证建筑物继续使用，针对建筑物实际存在的问题，通过维修、加固等技术手段恢复或提高建筑物的可靠性。维修、加固、改造本身也包含着设计、施工等环节，但相对新建筑的设计和施工，它有一定的特殊性。如果加固或改造不当，则可能酿成新的工程事故。

建筑物的可靠性工程是对建筑物整个生命历程的全过程管理，既涉及材料学、结构工程、可靠度理论等基础理论，也涉及施工、维护、检测、监测、维修、加固、改造、解体移位等诸多的工程技术，同时它还依赖于系统的法律制度、规范体系和管理制度。目前，我国对建筑物的使用并没有制定统一的管理标准，主要由业主或使用者根据具体的情况制定相应的管理制度，但在技术方面，则建立了较为完善的规范体系，内容基本可概括为设计，材料，施工，勘察、试验和检测，质量评定和鉴定，维修、加固和改造等方面。在维修加固方面，目前尚没有专门针对耐久性加固的标准或规范，而主要在安全性加固方面，先后颁布了《混凝土结构加固设计规范》（GB 50367—2013）、《既有建筑地基基础加固技术规范》（JGJ123—2012）、《建筑抗震加固技术规程》（JGJ 116—2009）、《碳纤维片材加固修复混凝土结构技术规程》（CECS 146：2003）、《古建筑木结构维护与加固技术标准》（GB/T 50165—2020）、《混凝土结构后锚固技术规程》（JGJ 145—2013）等规范、规程。

在存在耐久性问题的混凝土结构维修加固前，应按现行国家标准《既有混凝土结构耐久性评定标准》（GB/T 51355—2019）进行耐久性鉴定评估。当与抗震加固结合进行时，尚应按现行国家标准《建筑抗震设计规范》（GB 50011—2010）或《建筑抗震鉴定标准》（GB 50023—2009）进行抗震能力鉴定。同时为使混凝土结构的加固做到技术可靠、安全适用、经济合理、确保质量，应依照上述规范要求进行设计、施工，以避免在加固工程中留下安全隐患。本章重点介绍《混凝土结构加固设计规范》（GB 50367—2013）中的相应内容，其中的内容与

《混凝土结构设计规范》（GB 50010—2010）相对应。当然，由于结构的维修加固是一个新领域，尤其是针对耐久性问题，其标准规范体系中还有不少缺口，需要在实践中不断完善。

8.2 混凝土结构维修加固的基本原则和程序

8.2.1 结构维修加固的基本要求

（1）混凝土结构应依据《既有混凝土结构耐久性评定标准》（GB/T 51355—2019）等国家标准规范进行耐久性评估，以确定是否需要加固。由于混凝土结构加固设计所面临的不确定因素比新建工程复杂得多，在加固时，应根据鉴定结论和委托方提出的要求，由有资质的专业技术人员按规范和业主的要求进行加固设计。而承重结构的加固效果，除了与其所采用的方法有关外，还与该建筑物现状有着密切的关系。就整个结构而言，其安全性不仅取决于局部的加固部分，还取决于原结构方案及其布置是否合理，构件之间的连接是否可靠，即结构的结构整体性是否具有足够的延性和冗余度。因此，加固设计的范围，可按建筑物整体或其中某独立区段确定，也可按指定的结构、构件或连接确定，但均应考虑该结构的整体性。

（2）被加固的混凝土结构、构件，其加固前的服役时间各不相同，其加固后的结构功能又有所改变，因此不能直接沿用其新建时的安全等级作为加固后的安全等级，而应根据业主对该结构下一目标使用期的要求，以及应根据结构破坏后果的严重性、结构的重要性和加固设计使用年限进行定位，由委托方与设计单位共同商定。

（3）混凝土结构的加固设计，应与实际施工方法紧密结合，采取有效措施，保证新增构件和部件与原结构连接可靠，新增截面与原截面粘结牢固，形成整体共同工作；并应避免对未加固部分，以及相关的结构、构件和地基基础造成不利的影响。

（4）由高温、高湿、冻融、冷脆、腐蚀、振动、温度应力、收缩应力、地基不均匀沉降等原因造成的结构损坏，在加固时应采取有效的治理对策，并应正确把握处理的时机，不应对加固后的结构重新造成损坏。一般应先治理后加固，也有一些防治措施可能在加固后采取。因此，在加固设计时应合理地安排好治理与加固的工作顺序，以使这些有害因素不至于复萌，这样才能保证加固后结构的安全和正常使用。

（5）混凝土结构的加固设计，应综合考虑其技术经济效果，避免不必要的拆除或更换。

（6）对加固过程中可能出现倾斜、失稳、过大变形或坍塌的混凝土结构，应在加固设计文件中提出相应的临时性安全措施，并明确要求施工单位必须严格执行。

（7）混凝土结构的加固设计系以委托提供的结构用途、使用条件和使用环境为依据进行的。如果加固后随意改变其用途、使用条件和使用环境将严重影响结构加固部分的安全性和耐久性。因此，未经技术鉴定或设计许可，不得改变加固后结构的用途和使用环境。

8.2.2 结构加固的设计原则

结构耐久性加固设计原则，是基于结构耐久性的恢复以提升其使用寿命，并根据需要确定保护层加厚、阴极防护或者再碱化等措施。当耐久性评定为不合格，并且没有采取相应措施，发展成安全性问题时，应利用结构分析方法进行计算加固的设计原则。

再有，一般耐久性修复，主要是将钢筋锈蚀的几个条件处理掉，比如改变使用环境（有的时候也是可行的，本来用海水的地方换用淡水等），再比如保护涂装（隔断入侵通道）等方法。总之，在无氧、无水等条件下，结构的耐久性性能应该高很多。

（1）混凝土结构加固设计采用的结构分析方法，应遵守现行国家标准《混凝土结构设计规范》（GB 50010—2010）规定的结构分析基本原则，且在一般情况下，应采用线弹性分析方法计算结构的作用效应。由于线弹性分析方法是最成熟的结构加固分析方法，迄今为止被结构加固设计规范和指南所广泛采用。塑性内力重分布分析方法目前仅在增大截面加固法中有所应用。若设计人员认为所采用的加固法需按塑性内力重分布分析方法进行计算时，应有可靠的试验依据，以确保被加固结构的安全。另外，还应指出的是，即使是增大截面加固法，在考虑塑性内力重分布时，也应遵守现行有关规范、规程对这种分析方法所作出的限制性规定。

（2）加固混凝土结构时，应按下列规定进行承载能力极限状态和正常使用极限状态的设计、验算。

① 结构上的作用，应经调查或检测核实，并应按规定和要求确定其标准值或代表值，若此项工作已在可靠性鉴定中完成，宜加以引用。

② 被加固结构、构件的作用效应，应按下列要求确定：

a. 结构的计算图形，应符合其实际受力和构造状况。

b. 作用效应组合和组合值系数以及作用的分项系数，应按现行国家标准《建筑结构荷载规范》（GB 50009—2012）确定，并应考虑由于实际荷载偏心、结构变形、温度作用等造成的附加内力。

③ 结构、构件的尺寸，对原有部分应采用实测值；对新增部分，可采用加固设计文件给出的名义值。

④ 原结构、构件的混凝土强度等级和受力钢筋抗拉强度标准值应按下列规定取值：

a. 当原设计文件有效且不怀疑结构有严重的性能退化时，可采用原设计的标准值。

b. 当结构可靠性鉴定认为需重新进行现场检测时，应采用检测结果推定的标准值。

c. 当原构件混凝土强度等级的检测受实际条件限制而无法取芯时，可采用回弹法检测，但其强度换算值应按规定进行龄期修正，且仅可用于结构的加固设计。

⑤ 加固材料的性能和质量，应符合规定。

⑥ 验算结构、构件承载力时，应考虑原结构在加固时的实际受力状况，即加固部分应变滞后的特点，以及加固部分与原结构共同工作程度。

⑦ 加固后改变传力路线或使结构质量增大时，应对相关结构、构件及建筑物地基基础进行必要的验算。

⑧ 地震区结构、构件的加固，除应满足承载力要求外，尚应复核其抗震能力；不应存在因局部加强或刚度突变而形成的新薄弱部位；同时，还应考虑结构刚度增大而导致地震作用效应增大的影响。

注：各种加固方法，原则上可用于结构的抗震加固，但具体采用时，尚应在设计、计算和构造上执行现行国家标准《建筑抗震设计规范》（GB 50011—2010）和《建筑抗震加固技术规程》（JGJ 116—2009）的规定与要求。

（3）加固材料性能的标准值（f_k），应根据抽样检验结果按下式确定：

$$f_k = m_f - k \cdot s$$

式中　m_f——按 n 个试件算得的材料强度平均值；

　　　s——按 n 个试件算得的材料强度标准差；

　　　k——与 a、c 和 n 有关的材料强度标准值计算系数，参见表 8-1；

　　　a——正态概率分布的分位值，根据材料强度标准值所要求的 95% 保证率，取 $a=0.05$；

　　　c——检测加固材料性能所取的置信水平（置信度）。

表 8-1　材料强度标准值计算系数 k 值

n	$a=0.05$ 时的 k 值				n	$a=0.05$ 时的 k 值			
	$c=0.99$	$c=0.95$	$c=0.90$	$c=0.75$		$c=0.99$	$c=0.95$	$c=0.90$	$c=0.75$
4	—	5.145	3.957	2.680	15	3.102	2.566	2.329	1.991
5	—	4.202	3.400	2.463	20	2.807	2.396	2.208	1.933
6	5.409	3.707	3.092	2.336	25	2.632	2.292	2.132	1.895
7	4.730	3.399	2.894	2.250	30	2.516	2.220	2.080	1.869
10	3.739	2.911	2.568	2.103	50	2.296	2.065	1.965	1.811

（4）为防止结构加固部分意外失效而导致的坍塌，在使用胶粘剂或掺有聚合物（如改性混凝土、复合砂浆等）的加固方法时，其加固设计除应按规定进行外，尚应对原结构进行验算。验算时，应要求原结构、构件能承担 n 倍恒载标准值的作用。当可变荷载（不含地震作用）标准值与永久荷载标准值之比值不大于 1 时，取 $n=1.2$；当该比值等于或大于 2 时，取 $n=1.5$；其间按线性内插法确定。

8.2.3　结构加固的工作程序

建筑物维修加固的基本工作程序为：检测与鉴定→维修加固方案选择→维修加固设计→施工组织设计→维修加固施工→竣工验收。

1. 检测与鉴定

参考第 4 章内容，依据《既有混凝土结构耐久性评定标准》（GB/T 51355—2019）等标准规范，对需加固的建筑物进行全面、细致的调查与检查，确定构件及房屋的等级，为建筑物进行维修加固设计（再设计）提供依据。

2. 维修加固方案选择

对已有建筑物维修加固方案的选择十分重要，它不仅影响资金的投入，更重要的是影响加固质量。合理的加固方案应该使加固效果好，对使用功能影响小，技术可靠，施工简便，经济合理且不影响外观。

3. 维修加固设计

建筑物的维修加固设计，包括被加固构件的耐久性及承载力验算、构件处理、施工图绘制和施工过程的指导四部分工作。在承载力验算中，应特别注意新加部分与原结构构件的协同工作。处理加固结构的构造时不仅要满足新加构件自身的构造要求，还要考虑新构件与原结构构件的连接。加固施工比正常新建施工复杂，故设计对加固施工的指导尤为重要。

4. 施工组织设计

进行维修加固工程的施工组织设计时，针对已有结构的特殊条件，需充分考虑下列情况：
（1）施工现场狭窄、场地拥挤。
（2）受生产设备、管道和原有结构、构件的制约。
（3）须在不停产或尽量少停产的条件下进行加固施工。
（4）施工时，拆除和清除的工作量大，而施工需分段、分期进行。
由于大多数加固工程是在存在承载或部分承载的情况下进行的，因此，施工安全非常重要。

5. 维修加固施工

维修加固施工前期，在拆除原有废旧构件或清理原有构件时，应特别注意观察有无与原检测情况不相符的地方。工程技术人员应亲临现场，随时观察有无意外情况出现。一有意外，应立即停止施工，并采取妥善的处理措施。在加固时，应注意新旧构件结合部位的连接质量。建筑物维修加固的施工时间应可能缩短，以减少因施工给用户带来的不便和避免发生安全事故。

6. 竣工验收

在维修加固的施工过程中，应对加固过程的变形、承载力等指标进行各种监测和控制，并作为维修加固工程竣工验收的依据。竣工验收应严格检查是否达到设计要求，并特别注意新旧构件的连接。

8.3 混凝土结构维修加固的方法及其选择

8.3.1 混凝土加固结构的受力特征

我们知道，有缺陷损伤、钢筋锈蚀的结构构件的力学性能与完好构件存在着一定差别。构件受损后一般会出现应力集中现象、受压构件的附加弯矩增大、锈蚀钢筋的名义强度下降等现象，在保护层因钢筋锈胀而脱落之后，钢筋与混凝土之间的粘结性能下降，使得剪应力传递发生困难，从而改变钢筋混凝土构件破坏的机理。另外，构件受损后的控制截面和破坏类型也可能发生变化。例如，当构件的损伤发生在钢筋的锚固区时，锚固破坏就可能成为起控制作用的破坏类型。

在结构进行了耐久性维修加固后，其力学性能和特征一般会发生较大的变化。尤其是产生结构荷载的变化（比如加大保护层），因此需要对结构的力学性能进行重新计算。加固前原结构已经承受荷载，一般将其称为一次受力，则加固后属于二次受力。加固前原结构已经产生应力应变，存在一定的变形，同时原结构混凝土的收缩变形已完成。而加固一般是未卸除已承受的荷载或部分卸除下进行的，加固新增加的结构部分只有在荷载变化时，才开始受力，所以新加部分的应力、应变滞后于原结构，新旧结构不能同时达到应力峰值。如果原结构构件的应力和变形较大，则新加部分的应力将处于较低水平，承载潜力不能充分发挥，起不到应有的加固效果。

加固结构属于新旧二次组合结构，新旧部分能否成为整体关键取决于结合面能否充分地传递剪力。实际上混凝土结合面的抗剪强度一般总是远远低于一次整浇混凝土的抗剪强度，所以二次组合结构承载力低于一次整浇结构。加固结构的这些受力特征，决定了混凝土结构加固设计计算、构造及施工不同于新建混凝土结构。加固结构受力特征的上述差异，决定了各类结构加固计算分析和构造处理，不能完全沿用普通结构概念进行设计。

8.3.2 混凝土结构维修加固的方法及配套技术

根据混凝土结构耐久性加固方法的特点，一般可分为直接加固法及配合使用的技术。设计时，可根据实际条件和使用要求进行多方案比较，按技术先进可靠、经济合理的原则，选择适宜的加固方法及配合使用的技术。

1. 直接加固法

直接加固法是直接针对于结构构件或节点进行加固的方法。主要有针对混凝土保护层的增大截面加固法、置换混凝土加固法和保护结构外表面的外粘型钢加固法、外粘钢板加固法、粘贴纤维复合材加固法、绕丝加固法或高强度钢丝绳网片、聚合物砂浆外加层加固法等。

（1）加大截面加固法。该法是传统的加固方法，以同种材料增大构件截面面积以增加保护层厚度，并提高结构的承载能力。该法施工工艺简单、适应性强，并具有成熟的设计和施工经验、受力可靠、加固费用低廉等优点，一般适用于梁、板、柱、墙等一般结构。同时现场施工的湿作业工作量大、养护时间长，对生产和生活有一定的影响，且加固后的建筑物净空有一定的减小。

（2）置换混凝土加固法。该法的优点与加大截面加固法相近，且加固后不影响建筑物的净空，但同样存在施工的作业量大、养护时间长的缺点，适用于混凝土保护层严重损坏，承重构件受压区混凝土强度偏低或有严重缺陷的梁、柱等构件局部加固，还可用于混凝土承重结构受腐蚀、冻害、火灾以及地震、强风和人为破坏后的修复。

（3）外粘型钢加固法。目前的外粘型钢以改性环氧树脂等结构胶为粘接材料，并通过压力灌注工艺形成较坚固的胶层。外粘型钢的适用面很广，但加固费用较高，且不宜用于无防护情况下的 60 ℃ 以上高温场所。为了取得最佳的技术经济效果，一般多用于不允许显著增大原构件截面尺寸但又要求大幅度提高承载力和抗震能力的钢筋混凝土梁、柱结构的加固。

（4）粘贴钢板加固法。该法施工快速、现场无湿作业或仅有抹灰等少量湿作业，对生产和生活影响小，且加固后对原结构外观和原有空间无显著影响。粘贴钢板加固混凝土构件宜只受轴向应力作用，此受力特性使得它仅适用于钢筋混凝土受弯、受拉和大偏心受压构件的加固，不适用于素混凝土构件及纵向受力钢筋配筋率不符合现行设计规范《混凝土结构设计规范》（GB 50010—2010）最小配筋率构造要求的构件的加固。粘钢的承重构件忌在复杂的应力状态下工作。

（5）纤维复合材加固法。主要用于外部粘贴，采用高强度的连续纤维按一定规则排列，经用胶粘剂浸渍、粘结固化后形成具有纤维增强效应的复合材料称为纤维复合材。纤维复合材是工程结构加固的很好材料，主要有碳纤维复合材和玻璃纤维单向织物复合材等。除具有粘贴钢板相似的加固优点外，还具有耐腐蚀、耐潮湿、几乎不增加结构自重、耐用、维护费用较低等优点，但需要专门的防火处理和表面防护处理，以防止长期受阳光照射或介质腐蚀而加速材料老化、缩短使用寿命。根据粘贴纤维增强复合材只承受拉应力作用的特性，该方法仅适用于钢筋混凝土受弯、受拉、轴心受压和大偏心受压构件的加固。小偏心受压构件的纵向受拉钢筋达不到屈服强度，采用粘贴纤维复合材将造成材料的浪费，因此不推荐用于小偏心受压构件的加固。同时，该方法也不适用于素混凝土构件及配筋率不符合现行设计规范《混凝土结构设计规范》（GB 50010—2010）最小配筋率构造要求的构件的加固。目前即将实施的《纤维增强复合材料建设工程应用技术规范》（GB 50608—2010）对这方面有了更广泛和详细的规定和要求。纤维增强复合材料（Fiber Reinforced Polymer，简称 FRP）加固也已成为一种应用日益广泛的较成熟的加固方法。

（6）绕丝加固法。主要是能够显著地提高钢筋混凝土构件的斜截面承载力，另外由于绕丝引起的约束混凝土作用，还能提高轴心受压构件的正截面承载力。不过从实用的角度来说，绕丝的效果虽然可靠（特别是机械绕丝），但对受压构件使用阶段的承载力提高的增量不大，因此在工程上仅用于提高钢筋混凝土柱位移延性的加固。绕丝法因限于构造条件，其约束作用不如螺旋式间接钢筋，在高强混凝土中其约束作用更是显著下降，因而要求混凝土强度等级不应低于 C10 级，也不得高于 C50 级。

（7）钢丝绳网片聚合物砂浆外加层加固法。由于该加固方法在我国应用时间还不长，现有试验数据多只针对钢筋混凝土受弯和大偏心受压构件，这也是该加固方法目前的适用范围。此方法不适用于素混凝土构件，包括纵向受力钢筋配筋率低于现行国家标准《混凝土结构设计规范》（GB 50010—2010）规定的最小配筋率构件的加固。如果原结构混凝土强度过低，它与复合砂浆的黏结强度也必然低，此时极易发生呈脆性的剪切破坏或剥离破坏。应用该方法时，原结构、构件按现场检测结果推定的混凝土强度等级不应低于 C15 级，且混凝土表面的正拉黏结强度不应低于 1.5 MPa。以黏结方法加固的承重构件忌在复杂的应力状态下工作，故在该法设计中仅考虑将钢丝绳网片的轴向拉应力作用。

2. 维修加固相关配套技术

与结构加固方法配合使用的相关技术种类很多，主要有植筋技术、裂缝修补技术和阻锈技术等。钢筋锈蚀会引起钢筋混凝土结构的过早破坏。早在 1991 年，美国 Metha 教授就将钢筋锈蚀列为比寒冻和侵蚀破坏更为严重的第一位的混凝土破坏原因。目前，国内外常用的钢筋锈蚀破坏混凝土的修复方法、作用原理和应用技术包括：补丁修补，涂层、密封和薄膜保护，阴极保护，电化学氯化物萃取（电化学脱盐），再碱化和使用阻锈剂等。

（1）植筋技术。该技术是一项对混凝土结构较简捷、有效的连接与锚固技术。当结构中钢筋锈蚀进一步加剧，导致构件安全性缺失，需要进行补加钢筋时，可植入普通钢筋，也可植入螺旋式筋。植筋技术仅适用于钢筋混凝土结构，而不适用素混凝土结构和过低配筋率的情况，因为这项技术主要用于连接原结构构件与新增构件，只有当原构件混凝土具有正常的配筋率和足够的箍筋时，这种连接才是有效而可靠的。

（2）钢筋阻锈技术。该方法适用于以喷涂型阻锈剂对已有混凝土结构、构件中的钢筋进行防锈与锈蚀损坏的修复。对新建工程中密实性很差的混凝土构件而言，也可作为补救性的有效防锈措施，用以提高有缺陷混凝土构件的耐久性。

（3）裂缝修补技术。根据混凝土裂缝的起因、性状和大小，采用不同封护方法进行修补，使结构因开裂而降低的使用功能和耐久性得以恢复的一种专门技术、适用于已有建筑物中各类裂缝的处理。研究和开发裂缝修补技术所取得的成果表明，对因承载力不足而产生裂缝的结构、构件而言，开裂只是其承载力下降的一种表面征兆和构造性的反应，而非导致承载力下降的实质性原因，故不可能通过单纯的裂缝修补来恢复其承载功能。对承载力不足引起的裂缝，除应按本章适用的方法进行修补外，尚应采用适当的加固方法进行加固。

在实际应用中，很少单一使用一种修复或保护技术。大多数情况下，对钢筋锈蚀破坏混凝土结构的修复是由补丁修补开始的，再接着对补丁混凝土进行涂层保护处理，如果不能达到业主对维修寿命的要求，可能会再采取其他进一步的保护措施。当然，在维修工程的实施过程中，业主提出的具体使用寿命要求、维修资金情况及现场实际施工条件是最终维修方案的决定性依据。

8.4 衬砌混凝土结构破损常规修复

隧道常见病害包括衬砌开裂、渗漏水、钢筋锈蚀、变形侵限、掉块、坍塌等。隧道病害类型形式多样，原因也多种多样，但是无论哪种损伤，一般都会影响混凝土结构的外观形象，损伤严重时，还会直接影响结构的承载能力和安全状态。因此，针对发生损伤的衬砌混凝土结构进行修复、加固和补强也就变得不可避免。对于地下混凝土工程结构可采用的常规修复、加固和补强的方法有很多，各种加固方法的作用原理和适用条件是不同的，在运用时要根据待加固结构的不同受力特点和使用环境条件分别加以选择。

8.4.1 裂缝修复

按地下工程裂缝的成因，可以分为温度与湿度引起的早期构造性裂缝、荷载作用与变形引起的结构性裂缝。所谓早期裂缝，主要指温度裂缝、干燥收缩裂缝、塑性收缩裂缝。早期温度、湿度变化引起的裂缝与结构承载能力无关，属于构造性裂缝。所谓结构性裂缝，一般以贯穿性裂缝或静止的独立裂缝为主，主要指以下两类：地层水土压力或局部应力等常规荷载引起的裂缝；异常承载或构件错动引起的裂缝。

对于第一类早期构造性裂缝，可以通过优化混凝土配合比、降低水化热，采用保湿膜和保温气囊养护技术，消除干缩和温缩裂缝。但对结构性裂缝，诱发因素众多、表现形式多样，目前还缺少有效的一揽子解决办法。

一般情况下，当地下混凝土出现裂缝病害后，当裂缝对于结构的稳定或承载力没有影响时，可采用表面修复法。当混凝土表面裂缝较多时，可以将裂缝表面凿毛，然后在表面涂抹水泥砂浆或细石混凝土面层；对于数量不多且不集中、缝宽>0.1 mm的裂缝可采用表面涂抹环氧胶泥的方法处理；对于洞中存在的非渗水裂缝，防止混凝土受各种作用的影响继续开裂，在防护时可在裂缝的表面贴玻璃纤维布。

当地下混凝土出现的裂缝病害影响结构稳定或承载力时，可通过注浆进行修复。根据裂缝扩展的不同程度，可以采取不同的注浆方式，见表8-2。

表 8-2　不同的注浆方式进行裂缝处理

裂缝宽度	0~0.2 mm	0.2~1 mm	1~2 mm	>2 mm
注浆方式	化学注浆	化学注浆	研磨水泥注浆	普通水泥注浆

8.4.2　渗漏修复

地下结构渗漏问题是世界性难题。我国地下工程防水遵循以混凝土结构自防水为主、以接缝防水为重点，并辅以防水层加强防水的基本原则，地下结构的渗漏主要集中在结构性裂缝与各类接缝部位，其中变形缝（伸缩缝）部位的渗漏现象尤为突出。根据规范要求，各类结构变形缝设计的基本理念是结构与防水分离，即先结构、后防水，在接缝内设置多道防水屏障，但受现场施工环境与施工工艺的影响，十缝九漏是地下工程面临的普遍现象。

近年来，为解决地下工程接缝渗漏问题，尤其是考虑接缝大量使用橡胶止水带存在的材料老化问题，很多工程提出了不设缝或尽量少设缝的思路，最大程度减少接缝潜在"渗漏风险"，但不符合地下结构设计理念，在地震荷载、周边环境附加荷载作用下，构件相对薄弱部位容易出现裂缝或破碎，影响构件承载力与耐久性。

根据地下混凝土渗漏成因的不同采取不同的处理方法。当渗漏是由于变形裂缝所引起时，可采用上一节中裂缝修补的方法。当渗漏是由施工原因所引起，可以根据渗水量的大小决定采用的处理方式，见表 8-3。

表 8-3　渗漏处理方式

渗水情况	水压不大、渗水较轻	水压较大、渗水较多
处理方式	直接堵漏法	导水胶浆堵漏法

如果地下混凝土的渗漏情况是由材料质量所引起时，一般混凝土内形成的渗水通道交错且较长较深。这种情况一般采用压力化学注浆堵漏法。具体的施工流程如下：

裂缝预处理→埋注浆嘴→封缝→密封检查→配制浆液→注浆→封口结束→检查。

8.4.3　腐蚀修复

地下混凝土出现腐蚀病害后，可采取通用的修补方法——凿除替换法。具体的处理方法如下：

（1）表面混凝土的凿除。采用冲击锤等工具将混凝土表层清除。混凝土凿除的深度主要根据混凝土的侵蚀深度及其保护加层厚度而定。

（2）钢筋除锈。将凿开露出的钢筋表面钢锈用钢刷和清洗剂进行全面清理。传统的除锈方法有用钢丝刷手工除锈、用电动钢丝刷刷除和抛丸。

（3）钢筋防锈处理。根据混凝土受到腐蚀的成因，对已清理的钢筋表面均匀涂刷相应的化学防锈保护涂料。

（4）修补整平。用丙烯酸酯共聚乳液净浆喷射在凿开的混凝土表层，从而增加界面粘结力。然后用聚合物砂浆填补凿开的混凝土。

（5）表面涂覆。为防止修补后的混凝土再受到腐蚀，为加强混凝土抗渗性能，在新混凝土或砂浆表面涂覆了有机硅防水剂。

8.4.4　衬砌混凝土结构加固

衬砌混凝土结构在其使用过程中发生破损，造成如露筋、裂缝、钢筋锈蚀等缺陷，如修复无法满足其结构的正常使用状态下的要求，就要对其结构进行加固处理。加固的方法有封闭处理法、嵌拱（轨）拱架及钢带加固、套拱加固、衬砌换拱加固、隧道仰拱（底板）加固等方法。

8.4.5　封闭处理

（1）注浆加固：衬砌开裂不严重，开裂处有明显渗漏水，经观察证实已无显著变形的石质隧道，可采用注浆加固衬砌，使裂缝趋于稳定、停止发展并达到止水效果。裂缝宽度在 0.2 ~ 1 mm 时，需用高强度密封砂浆将裂缝表面封闭，以防止裂缝内钢筋氧化；裂缝宽度大于 1 mm 时，除需封闭裂缝表面外，还要用注射等方法将环氧树脂和高强度胶填充裂缝内。

（2）锚喷加固：衬砌开裂不甚严重、无明显变形，无明显渗漏水，岩层风化破碎较轻微的石质隧道，可采用锚杆加固。衬砌开裂较严重时，可将锚杆与注浆、挂网及喷射混凝土等措施配合使用。

（3）凿槽注浆、碳纤维布加固：衬砌开裂不严重且无明显变形时，可对隧道裂缝处凿梯形槽，预埋注浆管对裂缝注超细水泥浆，对梯形槽处采用聚合物改性水泥基修补砂浆嵌补，表层采用碳纤维布粘贴。根据情况，也可在碳纤维布两侧采用锚杆加固衬砌。

8.4.6　嵌拱（轨）拱架及钢带加固

隧道隧道衬砌开裂严重，但结构尚有较强承载能力时，可通过嵌拱（轨）、工字钢或 H 型钢等制作的钢架加固，套拱能在镶嵌后立即承受围岩压力，并迅速制止衬砌的继续开裂和变形。还可采取钢带以及网片加喷射（钢纤维）混凝土的方法对结构进行加固。嵌拱（轨）法和钢带加固法通过在衬砌结构内环向支撑（或凿槽埋设）钢带、钢拱架或钢轨，从而使衬砌结构得到有效支撑。嵌拱（轨）加固可根据实际需要直接在衬砌外施作，也可在原衬砌内凿槽安装，具体施作方式可根据紧急程度、加固目的、限界等因素综合选定。

8.4.7　套拱加固

隧道衬砌开裂较严重，净空允许且衬砌结构存在一定的承载能力时，在既有衬砌外重新施作套拱结构，新施作结构与原结构形成一体共同承担围岩压力，在充分利用原有结构承载力基础上，保证隧道安全但拱部结构尚具有一定的整体性和承载能力，边墙基本完好时，即可采用套拱补强。按照套拱结构加固范围的不同，可分为整体式套拱和局部套拱，需注意，套拱施作前需凿除部分或局部混凝土结构以保证原结构与新施作结构的有效连接。套拱可通过模筑混凝土施工，也可用喷射（钢纤维、碳纤维）混凝土方式施作，喷射混凝土添加钢纤维和碳纤维可有效增强结构承载能力，减少套拱结构厚度。

8.4.8　衬砌换拱加固

若隧道原有结构已失去承载能力或结构净空不允许，且采用钢带、嵌拱等也无法保证承载能力时，需将原有衬砌结构拆除并更换。与衬砌套拱类似，衬砌更换可分为整体全换和局部结构更换。

8.4.9　隧道仰拱（底板）加固

隧道仰拱（底板）衬砌破坏，基底翻浆冒泥时，采用以下措施可有效加固隧道基底：轨道以下施工做三排钢管桩，管内注水泥砂浆；钢管桩顶部施作三排钢筋混凝土梁，使钢管桩形成整体；钢管桩和钢筋混凝土梁需完全施作在仰拱填充内和仰拱以下，不可占用轨道、轨枕和道床的空间。

隧道衬砌加固是较复杂的工程，根据隧道病害等级情况，可以采用上述一种或几种工作措施进行处理。常见的衬砌加固修复方法对比见表8-4。

表8-4　衬砌加固修复方法对比

适用条件	方法	优点	缺点	是否适应快速（或不中断交通）
轻微裂缝	裂缝封闭及填充处理	施工快速、简便	工艺复杂，需专门技术人员，不能增强结构承载能力	快速，可不中断交通，基本不影响交通
裂缝较严重，但衬砌结构自身尚有较强承载能力	钢带加固嵌拱（轨）加固	施工快速、简便，可通过钢带及纵向连接防止坍塌，污染小，空间占用少，不侵限	不能大幅提高结构整体承载力，会破坏原有衬砌	快速，可不中断交通，基本不影响交通
	喷射钢（碳）纤维混凝土+网片	能有效增加结构整体性，结构承载力能够有效提高	施工工艺复杂，存在污染，新旧混凝土界面连接需进行处理	较快速，可不中断交通，需增加防护
	粘碳（芳纶）纤维板（布）法	施工快速、简便，重量轻，不增加结构自重，空间占用少，不侵限	造价高，工艺复杂，需专门技术人员，结构整体承载力增加不明显，存在污染	快速，可不中断交通，基本不影响交通
	粘钢板法	施工快速、简便，空间占用少，不侵限	造价高，工艺复杂，需专门技术人员，可能存在污染	快速，可不中断交通，基本不影响交通
裂缝严重，衬砌结构自身尚有一定承载能力，且建筑限界允许	套拱技术	可有效增强衬砌结构承载能力，必要时可结合锚喷，可从根本上处治衬砌裂损病害和渗漏水病害	影响交通，工期长，可能需局部拆除衬砌混凝土，影响行车安全，占用空间多，可能侵限	速度较慢，可不中断交通，但需加强防护和观测
裂缝严重，衬砌结构失去承载能力，或限界不允许	换拱技术	有效增强衬砌结构承载能力，从根本上解决衬砌裂损和渗漏水病害	影响交通，工期长，需拆除原衬砌，施工风险高，施工安全性难保证	速度慢，可不中断或少中断交通，但需采取强力防护和观测措施

除上述病害处治技术外，新材料、新技术和新工艺在我国公路隧道衬砌加固工程中也得到了尝试和应用，喷射碳（钢）纤维混凝土加网片、粘碳（芳纶）纤维板（布）法、粘钢板法等方法也在不同的公路隧道、地下铁道的病害处治工程得到了应用。

8.5 衬砌混凝土结构电化学修复

电化学方法是新近出现的修复混凝土裂缝的有效方法之一，常用的方法有阴极保护法、电化学脱盐法等，这两种方法在国内外已得到广泛的研究与应用。此外还有电化学沉积法，它也是一种电化学方法，是国际上近些年出现的修复混凝土结构病害的一项新技术，特别适用于用传统修复技术难以奏效或价格太高的混凝土结构。

8.5.1 阴极保护法

在钢筋混凝土结构中钢筋已经因碳化引起腐蚀，或因氯化物渗透引起锈蚀时，传统的修复办法是凿剔除掉因钢筋锈胀开裂或剥落的混凝土保护层，清除钢筋锈斑，然后再用密实水泥砂浆或细石混凝土抹平，即使修补质量较好，此处钢筋不再可能出现锈蚀，但修补处的砂浆或混凝土与周围混凝土含盐量不同，密实性差，有可能构成新的宏观腐蚀电偶，使临近这个界面的混凝土中的钢筋形成新的阳极区。

阴极保护的电化学原理是：即使钢筋混凝土周围的混凝土有的已经碳化或含有大量氯离子，或者混凝土保护层薄而透水透气，或钢筋表面具有锈层，不让钢筋表面任何地方放出自由电子，使其电位等于或低于平衡电位，就可以使钢筋不再进行阳极反应，即钢筋锈蚀；在某些场合，如果保护电流密度较大、持续保护时间较长，还有电化学反应造成阴极碱性提高和氯离子从阴极离开的作用。阴极保护法有牺牲阳极和外加电流两种。

牺牲阳极的阴极保护法采用电化学上比钢更活泼，即电位更负的铝合金（或锌合金等）作为阳极，与被保护的钢电连接，以本身的腐蚀提供自由电子，从而对钢实施阴极保护。它无需提供辅助电源，施工方便，不必经常维护管理，但是阳极所能提供的电流有限，只能保护阳极附近较小范围的钢筋，因而普遍认为不大适合保护暴露在大气中的钢筋混凝土结构。

外加电流的阴极保护法以直流电源的负极与被保护的钢筋相接，正极与难溶性的辅助阳极相接，提供保护电流，电流通过连续的混凝土介质，到达钢筋表面使钢筋发生阴极极化而受到保护。此法可用于水和土壤中的钢筋混凝土结构，也可用于暴露在大气中的钢筋混凝土结构，但是外加电流的阴极保护法需要全程通电，一旦保护线路或设备出现故障，就会影响保护效果，甚至失效。

对于氯化物引起严重的钢筋腐蚀破坏而言，由于阴极保护不必凿除污染严重尚未被锈胀开裂的混凝土保护层，可以大大减少修补工作量，可使维修成本降低到一半。因此，阴极保护用于混凝土结构，特别是对暴露在大气中受腐蚀的已有结构物，被认为是最有效的。至于碳化混凝土引起的钢筋腐蚀破坏，一般不必考虑采用阴极保护，这不仅是因为混凝土碳化会使混凝土的电阻率增加，不利于阴极保护，更主要的是因为碳化引起的钢筋锈蚀破坏通常仅限于混凝土保护层较薄的那一小部分结构表面，用传统的局部打"补丁"的修补方法，即可提供经济耐久的保护。阴极保护法由于初期一次性投资比较大，因此在我国的广泛应用还有局限性。

阴极保护法有牺牲阳极和外加电流两种方式：

（1）牺牲阳极的阴极保护法，是采用电化学上比钢更活泼，即电位更负的金属（铝合金、锌合金等）作为阳极，与被保护的钢筋相连接，以其本身的锈蚀提供自由电子，对被保护的钢筋实施保护。因不需外部直接电流，施工简便，不必经常保护管理；由于提供的保护电流有限，此法不适用于暴露于大气中的混凝土结构中的保护。

（2）外加电流的阴极保护法（图 8-1），在电化学过程中只有阳极才腐蚀，采用外加电流方法使被保护的钢筋上所有阳极区均变成阴极区就不会再腐蚀，一般做法是在混凝土表面涂一层导电涂料或埋设导电材料与直流电流正极相连，形成新的电位差，使原钢筋骨架转化为阴极，则钢筋锈蚀可得到抑制。20 世纪 50 年代美国、加拿大曾针对使用除冰盐的桥面板顶部钢筋，因锈蚀破坏使用由热沥青与焦炭屑拌和物组成的导电砂浆覆盖层（厚 5 cm）敷设于桥面板顶面上作为次阳极，将埋设于其中的石墨（或硅铁）作为主阳极，其发射的保护电流均布于整个钢筋网上，由于次阳极与板面接触面积较大，次阳极本身电阻率极低而保护电流在混凝土流过的距离等于混凝土保护层厚，仅为几个厘米，因此，即使混凝土电阻率不低，外加电流阴极保护所需的电源的电压也很小。

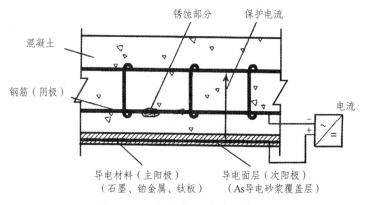

图 8-1　阴极保护防腐法示意图

8.5.2　电化学脱盐法

电化学脱盐以混凝土中的钢筋作为阴极，置于混凝土保护面上电解质中的外部电极作为阳极，通以直流电后，在电场的作用下，混凝土中的 Cl^- 向外迁移，此时阴、阳极上发生了相应的电化学反应，从而达到脱盐的目的。Cl^- 由阴极向阳极的迁移过程与钢筋上电化学反应生成的 OH^- 的过程是电化学脱盐、再碱化的主要过程。OH^- 的产生增加了钢筋附近孔隙中液体的 pH 值，有利于钢筋恢复及维持钝态。通电一段时间后，当钢筋附近的 pH 值升高和混凝土中 Cl^- 含量下降到一定程度，钢筋恢复钝化状态，从而保护混凝土中的钢筋免遭腐蚀。

国外 20 世纪 80 年代末，开始研究并应用电化学脱盐防腐技术，由于它仅需凿除钢筋空鼓锈胀处的混凝土，且防腐效果较好，无需长期监控管理，还能克服传统修复技术凿除、修复量大及效果差的不足，故该技术一经问世，就引起学术界与工程界的高度重视，但是电化学脱盐法对已出现腐蚀开裂、脱空的工程无法进行有效的保护且投资费用大、工序复杂。

8.5.3　电化学沉积法

电化学沉积方法修复混凝土裂缝是国际上近些年出现的一项新技术，特别适用于用传统修复技术难以奏效或价格太高的混凝土结构。

该法是一种电化学方法，在金属材料中的应用十分普遍，近年来我国应用电沉积方法进行金属和合金材料保护的研究十分活跃，但应用电沉积方法进行混凝土结构保护和修复还鲜见报道。国际上，日本自 20 世纪 80 年代后期开始进行利用电沉积方法修复海工混凝土结构裂缝的研究，以带裂缝的海工混凝土结构中的钢筋为阴极，同时在海水中放置难溶性阳极，两者之间施加弱电流，在电位差的作用下正负离子分别向两极移动，并发生一系列的反应，最后在海工混凝土结构的表面和裂缝里生成沉积物，覆盖混凝土表面，愈合混凝土裂缝。这些沉积物不仅为混凝土提供了物理保护层，而且也在一定程度上阻止有害物质侵蚀混凝土。根据这一原理，日本、美国近年来对利用电沉积方法修复陆上混凝土裂缝的可行性及经电沉积技术处理后具有干缩裂缝混凝土的部分性能进行了初步试验研究，结果表明：电化学方法修复陆上混凝土裂缝是可行的，经过电沉积处理后的带裂缝混凝土的抗侵蚀性能得到明显的改善。

目前，对电沉积方法修复混凝土裂缝的研究还处于起步阶段，许多问题有待进一步研究，如各种因素对电沉积效果的影响等。

8.6　提高地下工程寿命的新材料和新技术

影响地下工程混凝土结构寿命的因素很多，如结构物所处的服役环境、结构设计、材料选择、防护措施以及服役过程中的外在因素等，其中新材料和新技术是地下工程结构延寿的重要组成部分。

8.6.1　高性能混凝土延寿技术

混凝土是影响地下工程结构寿命的最重要的材料，早期的普通混凝土由于在环境的侵蚀下不能达到预期的耐久性而不得不进行维修加固，有的甚至达到报废重建的程度。高性能混凝土是在 20 世纪 90 年代初提出来的，尽管目前对高性能混凝土的定义不一致，但高性能混凝土必须有高耐久性是一致的。高性能混凝土是在大幅度提高不同混凝土性能的基础上，以耐久性为主要设计指标，针对不同用途和要求，采用现代技术制作的、低水胶比的混凝土。

1. 高性能混凝土概述

高性能混凝土是一种全新的混凝土，是以混凝土的结构耐久性设计为基础，通过提高普通混凝土的性能并利用现代混凝土技术而生产出来的新型混凝土。这种混凝土的原材料以水泥和砂、石等为主，将这些材料混合加工制成了高性能混凝土。

高性能混凝土的主要原材料包括水泥、矿物掺加料、外加剂、粗骨料、细骨料等。在混凝土制作中严格控制各种原材料的添加比例，这是实现高性能混凝土效能的基础。高性能混凝土所选水泥必须为普硅酸盐水泥或硅酸盐水泥，水泥中不能有超过 8%的 C_3A，碱浓度要高于 0.8%，氯离子不超过 0.1%，细密度不能高于 10%，并且高性能混凝土还有严格的保质期，按照施工要求存放 3 天的水泥是最理想的。高性能混凝土原料配比不是一成不变的，它是根据工程的施工要求具体而定。

2. 高性能混凝土的耐久性

混凝土结构处于环境中，可能会受到环境中的水、气体以及其他如 Cl^-、SO_4^{2-} 等侵蚀介质的侵入，产生物理和化学作用而发生劣化。高性能混凝土抵抗环境劣化，保持其原来的形状、质量的能力就是混凝土的耐久性能，主要包括高性能的抗冻性、抗渗性、抗碳化能力、抗氯离子侵蚀能力、耐硫酸盐侵蚀能力和抗碱集料反应等。

在寒冷地区，抗冻性可以反映混凝土抵抗环境水侵入和抵抗冰晶的能力。道路冰雪天气撒除冰盐会造成混凝土的冰冻破坏，因此混凝土抗冰盐破坏的能力也很重要。

外界的水和侵蚀性介质渗入混凝土内部对混凝土造成破坏，因此，混凝土抗渗性能越好，耐久性就越好。

碱集料反应指混凝土中的碱与集料中的活性组分之间发生的破坏性膨胀反应，是影响混凝土安全性的最主要因素之一。碱集料反应包括碱-硅酸反应和碱碳酸盐反应两类。不论是哪种类型的碱集料反应必须具备 3 个条件：一是配制混凝土各组分带进来的碱含量或者处于有碱渗入的环境中；二是集料存在碱活性；三是潮湿环境。碱集料反应发生的破坏不可以修复，预防混凝土发生碱集料反应破坏的方法是让上述 3 个条件不能满足，另外可以用磨细矿渣或粉煤灰等来替代水泥。

国内许多盐湖和盐碱地土壤环境、地下水中含有硫酸盐，混凝土中的硫酸盐的腐蚀破坏被认为是引起混凝土材料失效破坏的四大主要因素之一。如果硫酸盐浓度超过 1 500 mg/L，硫酸盐侵蚀的可能性就很大。

混凝土内具有高碱性环境，Cl^- 渗入其内到达钢筋表面，达到临界浓度时钢筋会发生锈蚀，并胀裂破坏混凝土。所以，混凝土抗氯离子渗透腐蚀破坏的能力是处于海洋环境、氯离子侵蚀环境中的混凝土结构耐久性的一项重要指标。高碱性的混凝土在酸性物质如酸雨、二氧化碳等的侵蚀下，发生中和反应，导致混凝土结构的膨胀、松散和开裂等劣化现象。混凝土的中性化是导致钢筋混凝土结构破坏的原因之一。

水胶比、磨细矿渣、粉煤灰、硅粉的掺入均对高性能混凝土的各项性能有影响。

3. 高性能混凝土的配制

随着高性能混凝土在各建筑领域的广泛应用，国内外对其配合比设计方法也进行了深入研究。工程实践充分证明，高性能混凝土在配制后，要同时满足符合高性能混凝土的 3 个基本要求：① 新拌混凝土良好的工作性；② 硬化混凝土具有较高的强度；③ 硬化混凝土具有高耐久性。

虽然采用一些技术途径能够同时满足上述 3 个基本要求，但给高性能混凝土的配合比设计却带来一定困难，尤其是配合比设计中的一些参数的选择和确定很难。在普通混凝土配合比设计中这些参数都有比较成熟的经验公式和相应的参数进行计算和选择，但在利用这些经验公式和参数进行高性能混凝土配合比设计时往往会出现较大的偏差。

目前，国际上提出的高性能混凝土配合比设计方法很多，主要有美国混凝土协会（ACI）方法、法国国家路桥试验室（LCPC）方法、P. K. Mehta 和 P. C. Aitcin 方法等。这些设计方法各有优缺点，但均不十分成熟。根据我国的实际，清华大学的冯乃谦创造的设计方法与普通混凝土配合比设计方法基本相同，具有计算步骤简单、计算结果比较精确、容易使人掌握等优点。

归纳和总结有关高性能混凝土配合比设计实例，对高性能混凝土配合比设计的基本原则、基本要求、应考虑问题和方法步骤进行如下介绍。

1）配合比设计的基本原则

高性能混凝土配合比设计与普通混凝土配合比设计，既有相同之处，也有不同之处。因此在进行高性能混凝土配合比设计时，主要应掌握以下基本原则。

（1）高性能混凝土配合比设计应根据原材料的品质、混凝土的设计强度等级、混凝土的耐久性及施工工艺对其工作性的要求，通过计算、试配、调整等步骤选定。配制的混凝土必须满足施工要求、设计强度和耐久性等方面的要求。

（2）高性能混凝土配合比设计应首先考虑混凝土的耐久性要求，然后再根据施工工艺对拌和物的工作性和强度要求进行设计，并通过试配、调整，确认满足使用和力学性能后方可用于正式施工。

（3）为提高高性能混凝土的耐久性，改善混凝土的施工性能和抗裂性能，在混凝土中可以适量掺加优质的粉煤灰、矿渣粉或硅灰等矿物外加剂，其掺量应根据混凝土的性能通过试验确定。

（4）化学外加剂的掺量应使混凝土达到规定的水胶比和工作度，且选用的最高掺量不应对混凝土性能（如凝结时间、后期强度等）产生不利的影响。

2）配合比设计的基本要求

高性能混凝土配合比设计的任务，就是要根据原材料的技术性能、工程要求及施工条件科学合理地选择原材料，通过计算和试验确定能满足工程要求的技术经济指标的各项组成材料的用量。

高性能混凝土配合比设计应满足以下基本要求：

（1）高耐久性是高性能混凝土的特征，因此，必须考虑到抗渗性、抗冻性、抗化学侵蚀性、抗碳化性、抗大气作用性、耐磨性、碱-骨料反应、抗干燥收缩的体积稳定性等。

水灰比对这些性能的影响很大，所以高性能混凝土的水灰比不宜大于 0.40。

一般宜掺加适量的超细活性矿物质混合材料，以提高高性能混凝土的强度、密实性、抗化学侵蚀性和抗碱集料反应性。

（2）高强度是高性能混凝土的基本特征，高强混凝土也属于高性能混凝土的范畴。但高强度并不一定意味着高性能。高性能混凝土与普通混凝土相比，要求抗压强度的不合格率更低，以满足现代建筑的基本要求。

我国施工规范规定：普通混凝土的强度等级保证率为 95%，即不合格率应控制在 5% 以下；对于高性能混凝土，其强度等级的保证率为 97.5%，即不合格率应控制在 2.5% 以下，其概率度 $t \leqslant -1.960$。

（3）高工作性新拌混凝土的工作性，即混凝土拌和物在运输、浇筑以及成型中不分离、易于操作的程度。这是新拌混凝土的一项综合性能，它不仅关系到施工的难易和速度，而且关系到工程的质量和经济性。

坍落度是表示新拌混凝土流动性大小的指标。在施工操作中，坍落度越大，流动性越好，则混凝土拌和物的工作性也越好。但是，混凝土的坍落度过大，一般单位用水量也增大，容易产生离析，匀质性变差。因此，在施工条件允许的条件下，应尽可能降低坍落度。根据目前的施工水平和条件，高性能混凝土的坍落度控制在 18 ~ 22 cm 为宜。

（4）经济性水泥和高性能外加剂是最贵的组分，高性能外加剂的用量又直接关系到水泥的用量。水泥用量的减少不但可以降低成本，而且可以减少水化热，从而减少温度裂缝的发生；在结构用混凝土中，水泥用量如果过多，会导致干缩增大和开裂。

3）配合比设计中应考虑的几个方面

高性能混凝土配合比设计应考虑以下几个方面：水泥浆与骨料比、强度等级、用水量、水泥用量、减水剂的种类和用量、矿物掺和料的种类和用量以及粗细骨料的比例。

（1）水泥浆与骨料比。Mehta 等认为，对给定的水泥浆∶骨料体积比为 35∶65，通过使用合适的粗骨料可以获得足够尺寸稳定的高性能混凝土（如弹性性能、干燥收缩及徐变等）。

（2）强度等级。强度不是高性能混凝土的唯一指标，也不是高强度就意味着高性能，但当抗压强度大于 60 MPa 时，混凝土的密实性、部分耐久性能会相应提高。为方便混凝土配合比的计算，可将 60 ~ 120 MPa 强度划分为几个等级，以便根据工程需要而选择。

（3）用水量。对于传统的混凝土而言，拌和用水量的多少，取决于骨料的最大粒径和混凝土的坍落度。由于高性能混凝土的最大骨料粒径和坍落度允许波动的范围很小（最大粒径不大于 15 mm、坍落度为 18 ~ 22 cm），以及坍落度可通过调节超塑化剂用量来控制，所以在确定用水量时不必考虑骨料的最大尺寸及坍落度。高性能混凝土中的用水量与混凝土的抗压强度通常成反比例关系。

（4）水泥用量。在高性能混凝土中，水泥浆体积与骨料的体积比大约为 35∶65 比较适宜。对于一定体积的水泥浆（35%），如果已知水和空气的体积，则可以计算出水泥的体积和水泥的用量。

（5）减水剂的种类和用量。普通减水剂达不到高性能混凝土所要求的减水程度及工作性，因此超塑化剂（即高效减水剂）是配制高性能混凝土不可缺少的材料。

在配制高性能混凝土时，要根据给定的混凝土组成材料在试验室内进行一些必要的基本试验，以决定使用何种减水剂更加适合。超塑化剂价格较高，因此需要通过试验确定其最佳用量。

（6）矿物掺和料的种类和用量。除非不允许掺加矿物掺和料，高性能混凝土一般掺加一种或多种矿物掺和料来提高混凝土的耐久性能，或者用凝聚硅灰代替部分矿物掺和料配制高性能混凝土。在进行高性能混凝土配合比设计时，可假设水泥与选用矿物掺和料的体积比为 75∶25。

8.6.2　纤维增强水泥基复合材料抗裂技术

水泥基材料（水泥净浆、砂浆和混凝土）虽然具有很高的抗压强度，但存在抗拉强度低、抗裂性差和脆性大等缺点。水泥基材料的上述缺点是本质性的，不可能通过本身材质的改良来解决，只有采用"复合化"的技术途径。由此人们开发了一系列的水泥基复合材料，如钢筋混凝土、预应力混凝土、自应力混凝土、钢丝网水泥、纤维增强水泥基复合材料等材料在国际上的发展已跨越了将近一个世纪。

纤维增强型水泥基复合材料是以水泥与水发生水化、硬化后形成的硬化水泥浆体作为基体，以不连续的短纤维或连续的长纤维作增强材料组合而成的一种复合材料。

普通混凝土是脆性材料，在受荷载之前内部已有大量微观裂缝，在不断增加的外力作用下，这些微裂缝会逐渐扩展，并最终形成宏观裂缝，导致材料破坏。

加入适量的纤维之后，纤维对微裂缝的扩展起阻止和抑制作用，因而使复合材料的抗拉与抗折强度以及断裂能较未增强的水泥基体有明显的提高。

在水泥基复合材料新拌的初期，增强纤维就能构成一种网状承托体系，产生有效的二级加强效果，从而有效地减少材料的内分层和毛细腔的产生；在硬化过程中，当基体内出现第一条隐微裂缝并进一步发展时，如果纤维的拉出抵抗力大于出现第一条裂缝时的荷载，则纤维能承受更大的荷载，纤维的存在就阻止了隐微裂缝发展成宏观裂缝的可能。宏观上看，当基体材料受到应力作用产生微裂缝后，纤维能够承担因基体开裂转移给它的应力，基体收缩产生的能量被高强度、低弹性模量的纤维所吸收，有效增加了材料的韧性，提高了其初裂强度、延迟了裂缝的产生，同时，纤维的乱向分布还有助于减弱水泥基复合材料的塑性收缩及冷冻时的张力。

在地下混凝土工程结构中应用纤维增强水泥基复合材料，可有效增加地下结构的韧性，提高其初裂强度，延迟裂缝的产生，提高地下混凝土工程结构的寿命。

1. 复合材料分类

目前，常用于增强水泥基复合材料的纤维，有钢纤维增强水泥基复合材料、碳纤维增强水泥基复合材料、玻璃纤维增强水泥基复合材料以及 PVA 纤维增强水泥基复合材料。前三种都属于高弹模纤维混凝土，纤维的添加能够显著提高混凝土的抗拉、抗弯和抗压强度、韧性、延性、抗冲击疲劳性能和变形模量。其中碳纤维的增强、增韧效果最好，但它的价格也最高。合成纤维一般都是低弹性模量，它对混凝土只能起阻裂增韧、抗磨抗渗的作用，增强效果不明显，但它价格低廉，施工方便，因此在各种面板工程中获得了广泛的应用。

1）钢纤维增强水泥基复合材料

钢纤维是发展最早的一种增强用水泥基复合材料纤维。早在 1910 年美国 Porter 就提出了把钢纤维均匀地撒入混凝土中以强化材料的设想，随后俄国学者伏·波·涅克拉索夫首先提出了钢纤维增强混凝土的概念。1963 年美国学者发表了一系列研究成果，从理论上阐述了钢纤维对水泥基复合材料的增强机理。我国对钢纤维的应用研究相对于其他几种纤维也比较早。目前，钢纤维水泥基复合材料因其具有高抗拉强度和弹性模量而得到广泛应用，但其价格较贵且在基体中不易于分散。

2）碳纤维增强水泥基复合材料

碳纤维是 20 世纪 60 年代开发研制的一种高性能纤维，具有超高的抗拉强度和弹性模量、化学性质稳定、与水泥基复合材料粘结良好等优点。与钢纤维相比较，碳纤维具有胜过钢材的刚度和强度的优良性能，碳纤维体积掺量为 3% 的水泥基复合材料与基准水泥基复合材料相比，弹性模量增加 2 倍，拉伸强度增加 5 倍。碳纤维的主要缺点是价格昂贵，最近几年开发的沥青基短碳纤维已使它们的价格大为下降，但是与其他纤维比较，其价格仍然高得多，限制了其应用。

3）玻璃纤维增强水泥基复合材料

玻璃纤维因其具有抗拉强度高、弹性模量高的特点，被广泛用于铺设水泥基复合材料路面等方面。在 20 世纪 70 年代，玻璃纤维在混凝土中的应用就已实现了工业化，但关于玻璃纤维混凝土的物理性能方面开展的研究较少，这是因为玻璃纤维水泥基复合材料在新拌水泥基复合材料中不易乱向分散且易受损伤，从而降低了材料强度，同时也存在污染环境的问题。玻璃纤维置于空气中一段时间后，其强度和韧性会有大幅度下降。纤维水泥基复合材料会由早期的高强度、高韧性向普通水泥基复合材料退化，长期使用时会使得水泥基复合材料强度下降。目前，玻璃纤维水泥基复合材料多应用于结构加固等方面。

4）PVA 纤维增强水泥基复合材料

PVA 纤维是指聚乙烯醇纤维，也称之为维纶。以 PVA 为主要原料，运用新型纺丝工业开发制成的高强高弹模 PVA 纤维和水溶性 PVA 纤维，通常称为新型 PVA 纤维。现阶段研究的 PVA 纤维不只增加强度，而且对混凝土还具有粘接性，使得耐震性和耐冲击性提高，混凝土的断裂和片状剥落现象这些弱点也难以发生。而且，具有防止水向混凝土内的浸入性质，防止混凝土中性化，对防止钢筋的腐蚀也有很大效果。

2. 纤维和水泥在复合材料中的作用

1）纤维的作用

纤维与水泥基体相复合的主要目的在于克服水泥基体的弱点。纤维在复合材料中主要起着以下 3 个方面的作用：

（1）阻裂作用。纤维可阻止水泥基体中微裂缝的产生与扩展。这种阻裂作用既存在于水泥基体的未硬化的塑性阶段，也存在于水泥基体的硬化阶段。水泥基体在浇筑后的 24 h 内抗拉强度极低，若处于约束状态，当其所含水分急剧蒸发时极易生成大量裂缝，均匀分布于水泥基体中的纤维可承受因塑性收缩引起的拉应力，从而阻止或减少裂缝的生成。水泥基体硬化后，若仍处于约束状态，因周围环境温度与湿度的变化而使干缩引起的拉应力超过其抗拉强度时，也极易生成大量裂缝，此情况下纤维也可阻止或减少裂缝的生成。

（2）增强作用。水泥基体不仅抗拉强度低，且因存在内部缺陷而往往难于保证，加入纤维可使其抗拉强度有充分保证。当所用纤维的品种与掺量合适时，还可使复合材料的抗拉强度较水泥基体有一定的提高。

（3）增韧作用。在荷载作用下，即使水泥基体发生开裂，纤维可横跨裂缝承受拉应力，并可使复合材料具有一定的延性（一般称之为"假延性"），这也意味着复合材料可具有一定的韧性。韧性一般是用复合材料弯曲荷载-挠度曲线或拉应力应变曲线下的面积来表示的。

在纤维增强水泥基复合材料中，纤维能否同时起到以上 3 个方面的作用，或只起到其中两方面或单一作用，就纤维本身而论，主要取决于下列 5 个因素：

（1）纤维品种。由于纤维品种的不同，它们的力学性能（包括抗拉强度、弹性模量、断裂伸长率与泊松比等）不可能相同，甚至其中某些性能指标有较大的差异。一般来说，纤维抗拉强度均比水泥基体的抗拉强度要高出两个数量级。纤维与水泥基体的弹性模量的比值对纤维增强水泥基复合材料的力学性能有很大影响，因该比值愈大，则在承受拉伸或弯曲荷载时纤维所分担的应力份额也愈大，纤维的断裂伸长率一般要比水泥基体高出一个数量级，但若纤维的断裂伸长率过大，则往往使纤维与水泥基体过早脱离，因而未能充分发挥纤维的增强作用。水泥基体的泊松比一般是 0.20 ~ 0.22，若纤维的泊松比过大，也会导致纤维与水泥基体过早脱离。

（2）纤维长度与长径比。当使用连续的长纤维时，因纤维与水泥基体的粘结较好，故可充分发挥纤维的增强作用。当使用短纤维时，则纤维的长度与其长径比必须大于它们的临界值。若纤维的实际长径比小于临界长径比，则复合材料破坏时纤维从水泥基体内拔出。若纤维的实际长径比等于临界长径比，只有基体的裂缝发生在纤维中央时纤维才能拉断，否则纤维短的一侧将从基体内拔出。若纤维的实际长径比大于临界长径比，则复合材料破坏时纤维可拉断。

（3）纤维体积率。该值表示在单位体积的纤维增强水泥基复合材料中纤维所占有的体积分数。用各种纤维制成的纤维增强水泥与纤维增强混凝土均有一临界纤维体积率，当纤维的实际体积率大于临界体积率时复合材料的抗拉强度才得以提高。定向纤维和非定向纤维的临界纤维体积率不同，非定向纤维的体积率要高于定向纤维的体积率。

（4）纤维取向。纤维在纤维增强水泥基复合材料中的取向对其利用效率有很大影响，纤维取向与应力方向相一致时其利用效率高。总的说来，纤维在该复合材料中的取向方式有表8-5 中的 4 种，表中列出了不同取向的效率系数。

表 8-5　纤维在纤维增强水泥基复合材料中的取向

纤维取向	纤维形式	效率系数
一维定向（1D）	连续纤维	1.0
二维乱向（2D）	短纤维	0.38 ~ 0.76
二维定向（2D）	连续纤维（网格布）	各向 1.0
三维定向（3D）	短纤维	0.17 ~ 0.20

（5）纤维外形与表面状况。纤维外形与表面状况对纤维与水泥基体的粘结强度有很大影响。纤维外形主要是指纤维横截面的形状及其沿纤维长度的变化、纤维是单丝状还是集束状等。纤维的表面状况主要是指纤维表面的粗糙度以及是否有被覆层等。横截面为矩形或异形的纤维与水泥基体的黏结强度大于横截面为圆形的纤维，横截面沿着长度而变化的纤维与水泥基体的黏结强度大于横截面恒定不变的纤维。当集束状纤维与单丝状纤维的直径相同时，前者经适度松开后，有利于与水泥基体的黏结。纤维表面的粗糙度愈大，则愈有利于与水泥基体的黏结。

2）水泥的作用

水泥基体在纤维增强水泥基复合材料中主要起着以下三方面的作用：

（1）黏结纤维。黏结纤维与之成为一个整体，并起着保护纤维的作用。

（2）承受外压。为复合材料提供较高的抗压强度与一定的刚度。

（3）传递应力。在外荷载作用下，最初与纤维共同承受拉应力，复合材料呈现弹性变形；一旦基体发生开裂后，通过与纤维的界面黏结将拉应力传递给纤维，则复合材料呈现弹塑性变形。

影响水泥基体作用效果的主要因素是它本身的组成，包括水泥的品种与强度等级，水泥与其他胶凝材料如硅灰、粉煤灰、磨细矿渣、偏高岭土等的相对含量，集料的级配与最大粒径，集灰比与水灰比等。

3）纤维与水泥在复合材料中的相互影响

在纤维增强水泥基复合材料中，纤维与水泥基体既起着相互复合、取长补短的作用，又在一定范围内相互影响、相互制约，主要表现在以下几个方面：

（1）纤维的最大掺量。在水泥净浆和砂浆中，纤维的掺量可显著大于混凝土。纤维增强水泥的纤维体积率高于纤维增强混凝土。

（2）纤维的长度。纤维长度必须超过水泥基体中最大粒子的直径才能发挥纤维的增强作用。一般纤维最小长度在水泥净浆和砂浆中分别为 1～3 mm 与 4～6 mm，而在混凝土中为 8～20 mm。但在混凝土中纤维最大长度也受到一定限制，不宜大于 50 mm，否则纤维可能会打团，同时新拌的纤维混凝土也不易密实。

（3）纤维的取向。在水泥净浆或砂浆中，纤维增强体可处于一维定向或二维定向或二维乱向，而在混凝土中绝大多数情况下只能限于三维乱向。因此，当纤维体积率相同时，纤维在水泥净浆和砂浆中的利用率显著高于在混凝土中。

（4）纤维与水泥基体的界面层。纤维与水泥基体之间存在着界面层，该界面层对二者的黏结强度有很大影响。界面层总的厚度可为 10 μm 至 50 μm 以上。为提高纤维与水泥基体的黏结强度，必须尽可能减小界面层的厚度。当使用硅酸盐水泥时，通过加入适量的减水剂（尤其是高效减水剂）以降低水灰比，或选用某些高火山灰活性的矿物细掺料（如硅灰、粉煤灰与磨细矿渣粉等）替代部分水泥，均有助于减薄界面层，从而改善纤维与水泥基体的界面黏结。就纤维而言，为部分地抵消界面层对黏结的不利影响，可采取改变纤维截面形状与纤维的外形以及表面粗糙化等措施。

（5）纤维与水泥基体的化学相容性。普通硅酸盐水泥水化过程中生成大量的氢氧化钙，故水泥基体孔隙中液相的碱度很大，pH 值可达 12～14。当用钢纤维作为增强体时，与水泥基体有很好的化学相容性，因水泥基体的高碱度对钢纤维起着阴极保护作用。但当所用纤维增强体为玻璃纤维或天然有机纤维时，则水泥基体的高碱度对这些纤维有很强的侵蚀，因而纤维与水泥基体无化学相容性，则难于保证复合材料的长期耐久性。为此，应改用低碱度的特种水泥或用足量的高火山灰活性矿物细粉替代部分普通硅酸盐水泥，使纤维与水泥基体间有较好的化学相容性。

3. 纤维增强水泥基复合材料力学性能的主要特征

纤维增强水泥基复合材料在受压时的性能与素混凝土基本相似，其抗压强度取决于水泥基体，纤维无助于抗压强度的提高，仅在某些情况下可适度延缓其破坏。纤维增强水泥基复合材料力学性能的主要特征体现于以下两个方面，即在静载作用下的抗拉伸或抗弯曲的性能和在动载作用下的抗冲击性与抗疲劳性。水泥基体的极限伸长率很低，以硅酸盐水泥基体为例，净浆为 0.01%～0.05%，砂浆与混凝土为 0.005%～0.015%。在水泥基体中还不可避免地含有一定的缺陷和肉眼难于观察到的微细裂缝，这主要是为易于成型而加入较多的拌和水、拌和物的离析与塑性收缩以及硬化体在受约束状态下的冷缩与干缩等所致。在拉力作用下，水泥基体内原有的缺陷与微细裂缝迅速延伸并成为大裂缝，因而导致无预兆的骤然脆断。在纤维增强水泥基复合材料中，纤维的作用在于抑制水泥基体内新裂缝的生成并延缓其原有微细裂缝的延伸与扩展。

纤维增强水泥基复合材料的弯曲性能、弯曲韧性、抗冲击性能和抗疲劳性能均有不同程度的提高。

4. 纤维增强水泥基复合材料成型工艺的选用

纤维增强水泥基复合材料的成型工艺，对充分发挥纤维与水泥基体的复合作用并保证复合材料的物理力学性能有重要影响。

1）成型工艺选用的准则

（1）针对所用水泥基体的组成。水泥基体的组成不同，应选用不同的成型工艺，故制作纤维增强水泥所用工艺与装备有别于制作纤维增强混凝土。

（2）针对所用纤维的特性。对脆性较大的纤维（如玻璃纤维与碳纤维）与柔韧性较好的纤维，应采取不同的成型工艺。对前一类纤维应在成型过程中尽量减少或防止它们因摩擦或弯折而引起的损伤甚至断裂，并因而降低它们对水泥基体的增强效果。

（3）使纤维在复合材料中具有一定的取向。根据复合材料的使用情况，应使纤维在其中的取向符合一定的要求。若使用连续长纤维时，可使之在复合材料的某些部位按一维或二维定向排列；若使用短纤维时，应尽可能使之呈二维乱向分布，对仅起抗裂或增韧作用的短纤维则可使之呈三维乱向分布。一般情况下，应力求使短纤维均匀分布于水泥基体中。

（4）保证复合材料的密实性。在纤维与水泥基体的化学相容性符合要求的前提下，复合材料的耐久性在很大程度上取决于密实性，即其孔隙率应小，尤其是其中直径 100 nm 以上的有害孔应尽可能少。为此，在成型过程中应力求降低其水灰比，提高其密实性。

（5）可实现工业化生产或施工。所采用的成型工艺，在保证复合材料质量的前提下应尽可能有较高的效率，以满足工业化生产或规模化施工的要求。

2）纤维增强水泥的成型工艺

根据上述成型工艺选用的准则，纤维增强水泥制品的成型工艺按水泥浆体与纤维的结合方式基本上可分为以下 7 类：

（1）稀浆脱水。使短纤维与水泥加入大量水拌制成低浓度的纤维水泥浆，再使之过滤脱水成为纤维水泥薄料层，在此薄料层中纤维呈二维乱向分布，但仍有确定的主导取向。通过加压脱水使若干薄料层黏合成为一定厚度的料坯。

（2）浓浆脱水。将短纤维与水泥砂浆制成较浓的纤维水泥砂浆，使之过滤脱水成为纤维水泥厚料层，在此厚料层中纤维呈三维乱向分布。通过加压脱水使该厚料层成为较密实的料坯。

（3）喷浆。可使连续长纤维经切短至一定长度，与水泥砂浆同时喷射到模具上；或使短纤维与水泥砂浆均匀拌和后，再喷射到模具上；或将纤维网格布预先放置在模具内，再将水泥砂浆喷入其中。

（4）注浆。将短纤维与水泥净浆的拌和物在压力下注入模具内，再使之脱水密实定型，也可将纤维或纤维织物预先放置在模具内，再将水泥净浆或砂浆注入模具中。

（5）灌浆。可将短纤维与水泥砂浆的拌和物灌入模具内，再使之振动密实，也可将纤维网格布预先放置在模具内，再将水泥砂浆灌入其中。

（6）压浆。将流动性较好的水泥砂浆压入连续长纤维中或呈二维乱向分布的短纤维中，适用于制平板或波形瓦。

（7）挤浆。将水灰比较低的短纤维与水泥砂浆的拌和物在较高压力下挤制成型，或在水泥砂浆挤出过程中引入连续长纤维。

3）纤维增强混凝土的成型工艺

纤维增强混凝土的成型工艺与纤维增强水泥有很大的差异，多数按混凝土的工艺稍作改变。基本可归纳为以下 5 类：

（1）浇灌工艺。先用机械搅拌法使纤维均匀分布于混凝土中，再用输送泵、搅拌运输车或传送带将纤维混凝土拌和物送到施工现场或模具附近进行浇灌，浇灌后通过机械振动以保证纤维混凝土的密实性。对现浇纤维混凝土一般采用附着式振动器，纤维混凝土构件则在振动台上成型。

（2）喷射工艺。使普通喷射混凝土的配比适当调整并加入适量均布于其中的钢纤维或某些合成纤维，成为纤维增强喷射混凝土。与普通喷射混凝土一样，根据拌和水的加入方式可分为干法与湿法两种。前者先使水泥、集料与纤维经均匀拌和，用压缩空气送至喷射器的喷头处，与此同时用泵将水也送至喷头处与干拌和料相混合，再将湿拌和料以高速喷至受喷面上。后者使纤维与包括水在内的混凝土各组分均匀拌和，然后用压缩空气送至喷射器的喷头处，以高速喷至受喷面上。干法与湿法相比较，虽有运输距离较长与设备不太复杂等优点，但喷射区的粉尘较大、喷射后纤维的回弹损失率较高，故一般均采用湿法。

（3）自密实工艺。自密实混凝土是一种高性能混凝土，其配合比不同于普通混凝土，具有高流动性和抗离析性，浇灌后不需振动即可均匀填满于模框中，硬化后有较高的强度和较好的抗渗性。为进一步增进此种混凝土的韧性与抗裂性，近年来国外又开发了纤维增强自密实混凝土。

（4）碾压工艺。使干硬性的纤维混凝土拌和料在强力振动与碾压的共同作用下分层压实。该工艺具有水泥用量少、粉煤灰掺量大、施工速度快、混凝土密实度大等优点。目前仅限于使用钢纤维混凝土。

（5）层布工艺。近年我国有关单位开发了一种主要用于路面施工的层布工艺。该工艺的主要特点是只在混凝土路面的顶层和底层的混凝土中或仅在底层的混凝土中撒布钢纤维，而中间层仍是素混凝土，因而可有效地、较为经济地使用钢纤维。

8.6.3　环氧涂层钢筋

地下工程钢筋混凝土中钢筋的腐蚀是造成混凝土破坏的主因，采用耐腐蚀钢筋是人们首先想到的防止腐蚀、延长耐久性的措施。耐腐蚀钢筋包括耐腐蚀低合金钢钢筋、包铜钢筋、镀锌钢筋、环氧树脂涂层钢筋、聚乙烯醇缩丁醛涂层钢筋、不锈钢钢筋等。

1. 环氧涂层钢筋的概念

粉末涂料是将树脂制成粉状，添加助剂，采用静电喷涂喷在基体上，加热熔融并固化的一类涂料。该涂料不含有机溶剂等有机挥发物，属于环境友好型的涂料，20 多年前在国内开始推广应用，开始主要为装饰性粉末涂料，用于冰箱洗衣机等家用电器和铝型材上的装饰粉末涂层，主要成分为聚酯粉末涂料、聚乙烯粉末涂料、聚氨酯粉末等。在 20 世纪 60 年代，国外公司将具有防腐功能的粉末涂料用于天然气管道的防腐蚀工程上，防腐蚀效果好，主要成分为环氧树脂粉末涂料。

从 1970 年起，美国联邦公路管理局（FHWA）针对撒除冰盐引起公路混凝土桥严重钢筋腐蚀破坏的情况，委托美国国家标准局（NSA）的研究人员经过 3 年的大量试验，从 56 种聚合物涂层中筛选出一种最好的钢筋防腐蚀涂层，即静电喷涂环氧粉末涂层。涂有这种涂层的钢筋就叫环氧涂层钢筋。环氧涂层钢筋按涂层特性分为 A 类和 B 类。A 类在涂覆后可进行再加工，B 类在涂覆后不应进行再加工。

环氧涂层与钢筋附着力好，而且对涂层钢筋与混凝土的附着力影响较小，具有隔断外来介质如氯离子的作用，从而具有优异的防腐蚀性能。国内从 20 世纪 90 年代推广应用环氧涂层钢筋，由于成本高和结构耐久性的重视程度不够，只到最近 10 年内才得到规模越来越大的工程应用。用于环氧涂层钢筋的环氧涂层的研究报道很少，环氧涂层的性能是以环氧涂层钢筋的最终性能体现的。

环氧树脂粉末的独特性能与静电喷涂工艺技术的结合，能保证涂层与基体钢筋的良好粘结，延性大、干缩小，抗拉、抗弯和短半径 180°弯曲仍不出现裂缝，这都是其他涂层难以达到的。环氧树脂粉末涂层还具有极强的耐化学侵蚀性能，不与酸、碱等反应，能长期经受混凝土的高碱性环境而不被破坏；并且涂层具有不渗透性，因此能阻止腐蚀介质如水、氧气、氯化物等化学成分与钢筋接触，有效地保护了钢筋，使其抗腐蚀寿命大大延长。环氧树脂涂层在钢筋表面形成了阻隔钢筋与外界电流接触的功能，是化学电离子防腐屏障，被誉为钢筋防腐卫士。

图 8-2　环氧涂层钢筋

环氧涂层钢筋（图 8-2）国外早在 20 世纪 70 年代已开始使用，现已得到普遍应用。1998—1999 年美国标准化和技术协会（MST）、美国混凝土协会（ACI）、美国试验与材料协会（ASTM）联合调查确认，环氧涂层钢筋可延长结构使用寿命 20 年左右。我国建设部于 1997 年制定标准，近年来这种钢筋陆续在海港工程中得到应用。

在地下工程中，采用环氧涂层钢筋，可作为钢筋防腐蚀的附加措施。环氧涂层钢筋作为地下工程混凝土结构防腐蚀措施，欲最大限度地发挥其效用，要把握好两点：一是合格的产品。生产厂在材料选择、净化处理、静电喷涂、运输吊装等过程必须加强全方位的控制，以最大努力生产出合格产品。二是施工过程中的控制。施工方在储存、运输、吊装、加工、焊接、架立、修补到浇筑混凝土时，必须加强全过程的质量控制，尽量减少和避免环氧涂层损伤，严格控制施工过程的每个环节、每道工序，上道工序不合格绝不进入下道工序，以确保环氧涂层钢筋的施工质量。

环氧涂层钢筋用于地下工程混凝土结构中，可显著延长钢筋的使用寿命和增强混凝土结构的耐久性，其作用是显而易见的，且在国外已有较长时间的应用实践，并取得了较好的效果。从目前国内的研究应用进展来看，环氧涂层钢筋已有行业标准，国内也有生产厂家和生产线，在国内的一些重点工程中已被大量采用，它的防腐性能突出，价格相对便宜，因此可以说它是目前国内特性最好的混凝土结构防腐钢筋，具有很大的发展潜力和十分广阔的应用前景。

环氧涂层钢筋是在严格控制的工厂流水线上，采用静电喷涂工艺喷涂于表面处理过和预热的钢筋上，形成具有一层坚韧、不渗透、连续的绝缘层的钢筋。在正常使用情况下，即使氯离子、氧等大量渗入混凝土，它也能长期保护钢筋，使钢筋免遭腐蚀。美国试验与材料学会共同组成调查组对过去采用环氧涂层钢筋的已建工程进行调查后确认，采用环氧涂层钢筋可延长结构使用寿命 20 年左右。

涂层一般采用环氧树脂粉末以静电喷涂方法制作。将普通钢筋表面进行除锈、打毛等处理后加热到 230 ℃ 左右，再将带电的环氧树脂粉末喷射到钢筋表面。

由于粉末颗粒带有电荷，它便吸附在钢筋表面，并与其熔融结合，经过一定养护、固化后便形成一层完整、连续、包裹住整个钢筋表面的环氧树脂薄膜保护层。环氧树脂粉末的独特性能与静电喷涂工艺技术的结合，能保证涂层与基体钢筋的良好黏结，延性大、干缩小，抗拉、抗弯和短半径 180°弯曲仍不出现裂缝，这都是其他涂层难以达到的。环氧树脂粉末涂层还具有极强的耐化学侵蚀性能，不与酸、碱等反应，能长期经受混凝土的高碱性环境而不被破坏；并且涂层具有不渗透性，因此能阻止腐蚀介质如水、氧气、氯化物等化学成分与钢筋接触，有效地保护了钢筋，使其抗腐蚀寿命大大延长。环氧树脂涂层在钢筋表面形成了阻隔钢筋与外界电流接触的功能，是化学电离子防腐屏障，被誉为钢筋防腐卫士。环氧树脂涂层钢筋用于混凝土结构中，可显著延长钢筋的使用寿命和增强混凝土结构的耐久性，其作用是显而易见的，且在国外已有较长时间的应用实践，并取得了较好的效果，因此有充分的理由相信，环氧树脂涂层钢筋在国内的应用前景是非常广阔的。

2. 环氧涂层钢筋的涂装工艺

粉末涂装的产品质量受两方面因素的影响，一方面是粉末涂料的质量，另一方面是涂装设备、前处理方法、涂装工艺参数和环境等因素。在影响粉末涂装产品质量中，粉末涂料和粉末涂装各占 50%。在粉末涂装中，包括工件前处理、粉末喷涂和烘烤固化三部分，一般认为前处理占涂装影响的 30%、粉末喷涂占 40% 和烘烤固化占 30%，这说明粉末涂装的每个工艺环节对涂装产品质量都起到重要的作用。

环氧涂层钢筋的制作流程为：钢筋除锈—钢筋预热—喷涂和固化—冷却—质量检测—成品—包装。

1）钢筋除锈

钢筋除锈主要采用抛丸或喷砂处理，要求达到涂装前钢材表面锈蚀等级和除锈等级相关标准 GB/T 8923.1—2011 中 Sa2.5 级以上的表面清洁度：除尽氧化皮、铁锈、粉尘和油污。表面粗糙度达到 50 ~ 70 μm。对净化后的钢筋表面质量进行检验，净化后的钢筋表面不得附着有氯化物，对符合要求的钢筋方可进行涂层制作。涂层制作应尽快在净化后清洁的钢筋表面上进行，一般规定不超过 3 h，最好不大于 0.5 h，尤其潮湿地区。

2）钢筋预热

采用静电喷涂方法将环氧树脂粉末喷涂在钢筋表面，涂层固化温度在 200 ℃ 以上，所以需要对钢筋预热到固化温度。用远红外热传感器自动测量和控制预热温度。

3）喷涂和固化

将预热的钢筋在悬空状态下以恒定速度辊送通过喷粉室，以一组 100 kV 静电高压喷枪喷涂平均粒径为 40 μm 的带静电的环氧树脂粉末。粉末均匀充分地粘附在整个钢筋表面，受热熔化、流平、固化。环氧涂层材料必须采用专业厂家的产品，其性能应符合《钢筋混凝土用环氧涂层钢筋》（GB/T 25826—2010）附录 A3 的规定。涂层修补材料必须采用专业厂家的产品，其性能必须与涂层材料兼容、在混凝土中呈惰性，且应符合《钢筋混凝土用环氧涂层钢筋》（GB/T 25826—2010）附录 B 中的规定。

4）冷　却

涂层固化后，涂层钢筋尚有 200 ℃ 的温度，必须淋水冷却后，方能检测。

5）质量检测

（1）外观养护后的涂层应连续，不应有空洞、空隙、裂纹或肉眼可见的其他涂层缺陷；涂层钢筋在每米长度上的微孔（肉眼不可见之针孔）数目平均不应超过 3 个。

（2）涂层连续性包装前使用电压不低于 67.5 V、电阻不小于 80 kΩ 的湿泡沫直流漏点检测器或相当的方法，并按照漏点检测器的说明书进行检测。浸渍泡沫的水中应添加润湿剂。

（3）涂层厚度的检验每个厚度记录值为 3 个相邻肋间厚度量测值的平均值：应在钢筋相对的两侧进行量测，且沿钢筋的每一侧至少应取得 5 个间隔大致均匀的涂层厚度记录值。

（4）涂层可弯性的检验应采用"弯曲试验机"进行。试验样品应处于 20～30 ℃ 平衡状态；应将试验样品的两纵肋（变形钢筋）置于与弯曲机上的芯轴半径相垂直的平面内，以均匀的且不低于 8 r/min 的速率弯曲涂层钢筋，弯曲角度为 180°（回弹后）。对于直径 d 不大于 20 mm 的涂层钢筋，应取弯曲直径为不大于 4d；对于直径 d 大于 20 mm 的涂层钢筋，应取弯曲直径不大于 6d。

6）成　品

当涂层有空洞、空隙、裂纹及肉眼可见的其他缺陷时，必须进行修补。允许修补的涂层缺陷的面积最大不超过每 0.3 m 长钢筋表面积的 1%。在生产和搬运过程中造成的钢筋涂层破损，应予以修补。当涂层钢筋在加工过程中受到剪切、锯割或工具切断时，应予修补。当涂层和钢筋之间存在不黏着现象时，不黏着的涂层应予以除去，影响区域应被净化处理，再用修补材料修补。涂层修补应按照修补材料生产厂家的建议进行。在涂层钢筋经过弯曲加工后，若加工区段仅有发丝裂缝，涂层和钢筋之间没有可察觉的黏着损失，可不必修补。

7）包　装

涂层钢筋产品应采用具有抗紫外线照射性能的塑料布进行包装。涂层钢筋包装应分捆进行，其分捆应与原材料进厂时一致，但每捆涂层钢筋质量不应超过 2 t。涂层钢筋的吊装应采用对涂层无损伤的绑带及多支点吊装系统进行，并防止钢筋与吊索之间及钢筋与钢筋之间因碰撞、摩擦等造成的涂层损坏。涂层钢筋在搬运、堆放等过程中，应在接触区域设置垫片；当成捆堆放时，涂层钢筋与地面之间、涂层钢筋与捆之间应用垫木隔开，且成捆堆放的层数不得超过 5 层。

3. 环氧涂层钢筋的性能

环氧涂层钢筋必须具备优异的防腐蚀性能和加工性能才能投入使用，国家标准《钢筋混凝土用环氧涂层钢筋》（GB/T 25826—2010）对此做了详细的规定，摘要如下。

1）涂层厚度

固化后的涂层厚度的记录值应至少有 95% 以上的概率在 180～300 μm，单个记录值不得低于 140 μm。涂层厚度的上限不适用于受损涂层修补的部位。对耐腐蚀等要求较高的环境下，固化后的涂层厚度的记录值应至少有 95% 以上的概率在 220～400 μm，单个记录值不得低于 180 μm。

2）涂层连续性

涂层固化后，应无孔洞、空隙、裂纹和其他目视可见的缺陷。涂层钢筋每米长度上的漏点数目不应超过 3 个。对于小于 300 mm 长的涂层钢筋，漏点数目应不超过 1 个。钢筋焊接网的漏点数量不应超过表 8-6 中的规定。切割端头不计入在内。

表 8-6　涂层钢筋焊接网的连续性

间　距	检测的交叉点数量/个	最多漏点数量/（个/m²）
b_L 和 $b_c \leqslant 100$ mm	10	20
b_L 或 $b_c > 100$ mm	5	10

注：b_L 是钢筋横向间距，b_c 是钢筋纵向间距。一个交叉点是指一个焊点及以焊点为圆心、半径 13 mm 范围内的钢筋。

3）涂层可弯性

A 类涂层钢筋应具有良好的可弯性。在涂层钢筋弯曲试验中，在被弯曲钢筋的外半圆范围内不应有肉眼可见的裂纹或失去黏着的现象出现。

4）涂层附着性（耐阴极剥离性）

（1）设备构成

阴极是一根长为 200 mm 的涂层钢筋；阳极是一根长为 150 mm、直径为 1.6 mm 的纯铂电极或直径为 3.2 mm 的镀铂金属丝；参比电极为甘汞电极；电解质溶液为 3% 的 NaCl 溶液。如图 8-3。

（2）试验检测步骤

① 取 3 根长度为 200 mm 的试验钢筋，在距离端头 50 mm 处制作一个直径 3 mm 的人为缺陷孔。

② 将样品的人为缺陷孔所在端垂直浸没在电解液中，另一端用导线连接电源负极。将 75 mm 长的阳极垂直置于电解液中，另外一端与电阻和电源正极相连。将电压表的正极与参比电极相连，负极与试样相连。

③ 打开电源，当电压表读数为 -1 500 mV±20 mV 时测量电阻两端的电压、计算电流，并记录开始时间。

④ 试验过程中，电解液的温度保持为 23 ℃±2 ℃，试验时间为 168 h±2 h，在前 8 h 内，每 2 h 记录电压值，并计算与起始电压的差值。试验进行 24 h 测量电压，之后每 12 h 测量一次，并测量计算电流值。

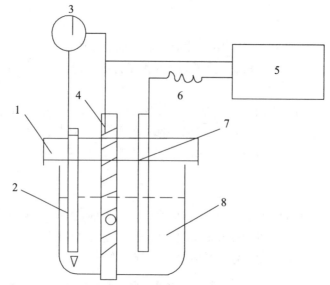

1—盖子；2—甘汞电极；3—电压表；4—试验样品；5—直流电源；
6—电阻；7—阳极；8—电解质溶液。

图 8-3　涂层钢筋的阴极剥离装置

⑤ 将钢筋取出后，在 23 ℃±2 ℃ 环境下放置 1 h 后进行附着性测试。

⑥ 用刀片在人为缺陷孔处由圆心向外分别以 0°、90°、180°和 270°划 4 道划痕，将涂层分为 4 个 90 区域，留痕应透过涂层到达金属基底，划痕长度应不小于 5 mm 或两肋间距离。

⑦ 用刀片将 4 个区域的涂层从缺陷边缘向外撬起，直至涂层与基面良好附着无法撬起。测量撬剥后缺陷孔横纵方向间距离并求其平均值。同样的方法得到其他样品的取值，并取最终平均值。从缺陷边缘算起，试验后 3 只样品的平均涂层剥离半径不应超过 2 mm。

5）涂层钢筋的黏结强度

涂层钢筋的黏结强度是指涂层钢筋与混凝土的黏结强度，即握裹力，试验按照国家标准《冶金露天矿准轨铁路设计规范》（GB 50512—2009）的规定执行。涂层钢筋的黏结强度应不小于无涂层钢筋黏结强度的 85%，亦即涂层钢筋的握裹力损失不得大于 15%。

6）涂层钢筋的抗化学腐蚀性

主要检验涂层钢筋在腐蚀介质的作用下的耐腐蚀性能。

（1）试验设备

需要准备透明的密闭试验容器 16 个、放置 16 个容器的恒温箱和 4 种溶液（蒸馏水；3%的 NaCl 水溶液；0.3 mol/L KOH 水溶液，0.05 mol/L NaOH 水溶液；0.3 mol/L KOH 水溶液，0.05 mol/L NaOH 水溶液，3%的 NaCl 水溶液）。

（2）试验步骤

① 对 A 类涂层钢筋，取 32 根 300 mm 长的环氧涂层钢筋试样，端部用修补材料进行封闭。在其中 16 个试样上，以恒定速率绕直径为 100 mm 弯芯在 5 s 内弯曲至 180°，弯曲后检测并记录漏点数量。进行本检测前所有漏点应进行修补。

② 对 B 类涂层钢筋，取 16 根 300 mm 长的环氧涂层钢筋试样，端部用修补材料进行封闭。并取 16 根未涂层钢筋以恒定速率绕直径为 100 mm 弯芯在 5 s 内弯曲至 180°，再对样品进行

涂层。检测并记录漏点数量。进行本检测前所有漏点应进行修补。

③ 在所有样品上制备穿透涂层的直径 3 mm 的人为缺陷孔。

④ 将 4 支直条、4 支弯曲样品放入以上 4 种溶液中，保持溶液温度为（55±4）℃，pH 值与起始值差距不应超过±0.2，进行 28 d 的试验。试验期间涂层起泡或开裂，则试验样品不合格。

⑤ 经过 28 d 后，从每种溶液中分别取出尚未干燥的 2 个直条、2 个弯曲样品进行测试。在人为缺陷孔处划 2 道划痕，形成 2 个 45°角。然后以直径为 3 mm 的铜针沿划痕方向将涂层挑起，并用镊子揭开。测量缺陷孔边缘至最大剥离边缘的距离。

⑥ 经过 28 d 后，从每种溶液中取出 2 个直条、2 个弯曲样品，在（23±2）℃、（50±5）%相对湿度的环境中干燥 7 d 后，再以同样的方法进行 2 个直条、2 个弯曲样品的测试。

⑦ 28 d 的试验后，95%的钢筋的最大剥离的平均值应不大于 4 mm。

4. 设计和施工要求

1）环氧涂层钢筋的设计

设计环氧涂层钢筋，必须要注意以后不能再采取电化学保护措施。因为不具备钢筋之间的电连接条件。

涂层钢筋与混凝土之间的黏结强度，应取为无涂层钢筋黏结强度的 80%。涂层钢筋的锚固长度应取不小于有关设计规范规定的相同等级和规格的无涂层钢筋锚固长度的 1.25 倍。

涂层钢筋的绑扎搭接长度：对受拉钢筋，应取不小于有关设计规范规定的相同等级和规格的无涂层钢筋锚固长度的 1.5 倍且不小于 37.5 cm；对受压钢筋，应取不小于有关设计规范规定的相同等级和规格的无涂层钢筋锚固长度的 1.0 倍且不小于 25.0 cm。

在施工现场的模板工程、钢筋工程、混凝土工程等各分项工程施工中，均应根据具体工艺采取有效的保护措施，使钢筋涂层不受损坏。

2）环氧涂层钢筋的施工

（1）涂层钢筋在搬运过程中应小心操作，避免由于捆绑松散造成的捆与捆或钢筋之间发生磨损。

（2）宜采用尼龙带等较好柔韧性材料为吊索，不得使用钢丝绳等硬质材料吊装涂层钢筋，以避免吊索与涂层钢筋之间因挤压、摩擦造成涂层破损。吊装时采用多吊点，以防止钢筋捆过度下垂。

（3）涂层钢筋在堆放时，钢筋与地面之间、钢筋与钢筋之间应用木块隔开涂层钢筋与普通钢筋应分开储存。

（4）对涂层钢筋进行弯曲加工时，环境温度不宜低于 5 ℃。应在钢筋弯曲机的芯轴上套以专用套筒，平板表面应铺以布毡垫层，避免涂层与金属物的直接接触挤压。涂层钢筋的弯曲直径，对于 $d \leqslant 20$ mm 钢筋不宜小于 $4d$，对于 $d > 20$ mm 钢筋不宜小于 $6d$，且弯曲速率不宜高于 8 r/min。

（5）应采用砂轮锯或钢筋切割机对涂层钢筋进行切断加工，切断加工时在直接接触涂层钢筋的部位应垫以缓冲材料；严禁采用气割方法切断涂层钢筋。切断头应以修补材料进行修补。

（6）若 1 m 长的涂层钢筋受损涂层面积超过其表面积的 1%时，该根钢筋和成品钢筋应废弃。

（7）若 1 m 长的涂层钢筋受损涂层面积小于其表面积的 1%时，应对钢筋和成品钢筋表面目视可见的涂层损伤进行修补。

（8）修补材料要严格按照生产厂家的说明书使用。修补前，必须用适当的方法把受损部位的铁锈清除干净。涂层钢筋在浇筑混凝土之前应完成修补。

（9）固定涂层钢筋和成品钢筋所用的支架、垫块以及绑扎材料表面均应涂上绝缘材料，例如环氧涂层或塑料涂层材料。

（10）涂层钢筋和成品钢筋在浇筑混凝土之前，应检查涂层是否有缺陷。特别是钢筋两端剪切部位的涂覆。损伤部位修补使用的修补材料必须符合要求。

（11）涂层钢筋铺设好后，应尽量减少在上面行走。施工设备在移动过程中应避免损伤涂层钢筋。

（12）采用插入式振捣混凝土时，应在金属振捣棒外套以橡胶套或采用非金属振捣棒，并尽量避免振捣棒与钢筋的直接接触。

5. 与其他保护措施联合

目前国内较大型工程基本是部分结构主筋采用粉末涂层钢筋，因此，必须联合其他耐久性防护措施才能保证混凝土结构的耐久性。

8.6.4 聚合物树脂水泥砂浆技术

聚合物树脂水泥砂浆是树脂、水泥、砂、溶剂等组成的混合料，可作为隧道的回填材料。当溶剂为有机溶剂时，水泥就是充当填料的作用而不发生反应，如环氧树脂砂浆、不饱和聚酯树脂砂浆等；当溶剂是水时，水泥会发生水化反应形成硅酸盐无机聚合物，即通常称作的聚合物水泥砂浆。

聚合物树脂水泥砂浆是将分散于水中或溶于水中的聚合物掺入普通水泥砂浆中配制而成，它以水泥水化物和聚合物两者作为胶结材料。组成聚合物水泥砂浆的聚合物多为乳液聚合物或聚合物胶粉。

1. 基本原理

1923 年，Cresson 专利里首次提出这个概念，这个专利里采用的是天然橡胶，水泥只是作为填料。1924 年，Lefebure 提出聚合物改性砂浆的概念。自此以后，在不同的国家近 80 年的时间里，出现了许多的聚合物改性砂浆或聚合物混凝土的研究和开发。应用领域也不断扩大。聚合物改性树脂砂浆中的树脂通常分为：聚合物乳液、再分散乳胶粉、水溶性聚合物、液体聚合物。

这里以聚合物乳液与水泥的作用原理进行说明，水泥的水化和聚合物薄膜的形成是聚合物乳液砂浆的两个主要过程。水泥的水化通常优先于通过聚合物乳液粒子的聚集形成聚合物薄膜的过程。在适当的时候，形成水泥水化和聚合物薄膜形成的共基质相。在反应性聚合物粒子的表面例如聚丙烯酸酯和钙离子（Ca^{2+}），$Ca(OH)_2$ 固体表面或集料上面的硅酸盐表面可能发生一些化学反应。这样的反应有可能提高水泥水化物和集料之间的结合能力，和提高乳液改性的砂浆或混凝土的强度，如抗水和氯离子的渗透，提高黏结强度、抗折强度、抗压强度和抗冻融性。

2. 聚合物树脂水泥砂浆的性能

聚合物树脂种类多，各自的水泥砂浆性能也有差异，规范标准只是一个指导性的范围，表 8-7 列出了国内几种聚合物乳液改性砂浆后的物理力学性能。

因此，聚合物树脂改性水泥砂浆具有抗水渗透、抗氯离子渗透、抗冻融性和防碳化的能力，并具有与基体较高的黏结强度，也有很好的防水、防腐蚀、防碳化和抗冻融能力，可有效延长地下混凝土工程结构的寿命。

表 8-7　某乳液改性砂浆后的物理力学性能

项　　目	PAE 砂浆	CR 砂浆	PVDC 砂浆	SBR 砂浆
抗压强度/MPa	35.0 ~ 44.8	34.8 ~ 40.5	43.7	30.5
抗折强度/MPa	13.5 ~ 16.4	8.2 ~ 12.5	13.4	8.0
抗拉强度/MPa	8.3 ~ 8.6	5.3 ~ 6.7	6.2	—
与老砂浆黏结强度/MPa	2.10 ~ 8.8	3.6 ~ 5.5	4.4	5.3
抗渗性能（承受水压）/MPa	15	15	15	15
干缩率/（$\times 10^{-4}$）	4.3 ~ 5.3	8.0 ~ 8.3	普通水泥的 60%	11.1
吸水率/%	0.8 ~ 2.4	2.6 ~ 2.9	普通水泥的 60%	8.3
抗冻性（快冻循环）	300	50	—	50
抗碳化性（20% CO_2）	0.8 mm/20 d	—	—	6.5 mm/14 d

注：PAE 为丙烯酸酯共聚乳液；CR 为氯丁胶乳；PVDC 为聚氯乙烯-偏氧乙烯乳液；SBR 为丁苯胶乳。

3. 聚合物树脂水泥砂浆的施工

1）聚合物树脂水泥砂浆的施工工艺

（1）施工工艺流程

聚合物树脂砂浆施工方便，配制拌和简单，主要有人工抹压和机械喷涂两种施工方法。只要掌握关键的施工养护要求，施工质量就容易得到保证。施工工艺流程见图 8-4。

（2）施工工艺及其注意事项

基本要求聚合物水泥砂浆施工的环境温度宜为 10 ~ 35 ℃，当施工环境温度低于 5 ℃ 时应采取加热保温措施，并不宜在大风环境或气温高且有太阳直射的环境中施工。

聚合物水泥砂浆不应在养护龄期少于 3 d 的水泥基层上施工。下雨时不应进行露天施工。材料应避免太阳直射，冬季应防止冻结。

聚合物水泥砂浆在水泥基层上施工时，基层表面应平整、粗糙、清洁、无油污、无浮浆、无杂物，不应有起砂、空鼓、裂缝等现象。施工前应用高压水冲洗并保持潮湿状态，但不得有积水。

树脂乳液砂浆的参考配合比，在实际施工时应根据环境要求做适当调整。

树脂乳液砂浆的施工工艺：

① 基底处理：在施工前，必须彻底清除混凝土表面疏松层、油污、灰尘等杂物，基底表面必须潮湿不积水，在处理过的混凝土表面用树脂乳液：水泥为 1:2 配制的树脂乳液净浆打底。涂刷时力求薄而均匀，待净浆触干后，即可推铺树脂乳液水泥砂浆。

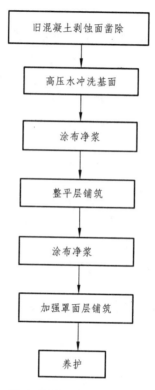

图 8-4　聚合物树脂砂浆施工工艺流程图

② 树脂乳液水泥砂浆配制：根据材料、气温、砂浆施工的和易性确定水灰比，按需要加水量与乳液配成混合液，在水泥和砂拌均匀后加入混合液拌匀即可。

③ 树脂乳液砂浆施工要求一次用力抹平，避免反复抹面，如遇气泡要挑破压紧，保证表面密实。

④ 大面积施工时应分块间隔施工或设置接缝条进行施工，分块面积宜小于 10~15 m²，间隔施工时间应不小于 24 h；接缝条可用 8 mm×14 mm 两边均为 30°坡面的木条或聚氯乙烯预先固定在基面上，待树脂乳液砂浆抹面收光后即可抽出接缝条，不小于 24 h 后进行补缝。

⑤ 立面或仰面施工时，当涂层厚度等于或大于 10 mm 时必须分层施工，分层间隔时间视施工季节而定，室内 3~24 h，室外 2~6 h（前一层触干时进行下层施工）。

⑥ 养护：树脂乳液砂浆抹面收光后，表面触干即要喷雾养护或覆盖塑料薄膜、草袋进行潮湿养护 7 d，然后进行自然养护 21 d 后才可以承载。潮湿养护期间如遇寒流或雨天要加以保温覆盖，使砂浆温度高于 5 ℃，不受雨水冲洗。

⑦ 养护：树脂乳液砂浆抹面收光后，表面触干即要喷雾养护或覆盖塑料薄膜、草袋进行潮湿养护 7 d，然后进行自然养护 21 d 后才可以承载。潮湿养护期间如遇寒流或雨天要加以保温覆盖，使砂浆温度高于 5 ℃，不受雨水冲洗。

⑧ 所有施工机、器具在收工时要清洗干净。

⑨ 为保证树脂乳液砂浆施工质量，施工单位应设专人负责施工管理与质量控制。施工期间必须有详细的施工记录，其内容包括施工地点的天气（晴或阴、温度、湿度、风力），基底处理情况，表面温度，所有原材料品种、质量、数量，丙乳净浆，砂浆配合比，涂抹的日期、

部位、面积、顺序、施工期间发生的质量事故，养护温度，表面保护的时间、方式、取样检验结果及其他有关事宜。

2）施工质量的检查验收

聚合物水泥砂浆整体面层应与基层黏结牢固，表面应平整，无裂缝、脱层和起壳等缺陷。水泥砂浆和混凝土基层施工时，应同时做出试板测定厚度；整体面层的平整度应采用直尺检查，其空隙不应大于 5 mm。

整体面层的坡度应符合设计要求，其偏差不应大于坡度的±0.2%；当坡长较大时，其最大偏差值不得大于±30 mm，且做泼水试验时水应能顺利排除。聚合物水泥砂浆施工中每班应逐一检查原材料、质量配合比、砂浆的拌和运送和抹涂养护等项目。一次基层处理及表面温度应每班检查不少于 1 次。

聚合物水泥砂浆防腐蚀工程的验收，应包括中间交接、隐蔽工程交接和交工验收。未经交工验收的工程不得投入生产使用。

聚合物水泥砂浆防腐蚀工程施工前必须对基层进行检查交接。检查交接记录应纳入交接验收文件中。对基层的交接宜包括下列内容：强度等级、坡度、平整度、阴阳角、套管预留孔、预埋件是否符合设计要求，基层表面有无起砂、起壳、裂缝、麻面、油污等缺陷。

施工记录宜包括：施工地点的气温，基层处理情况，所用材料品种、质量、数量，聚合物水泥砂浆的配合比，施工日期、部位、面积、顺序，施工期间发生的质量事故及处理情况，养护温度，养护方式，试样采取的方法及其他有关事项。

防腐蚀工程面层以下各层以及其他将为后续工序所覆盖的工程部位和部件在覆盖前应进行中间交接，隐蔽工程交接各层均应符合相应的设计要求。

防腐蚀工程的中间交接的隐蔽工程记录宜包括：隔离层层数和玻璃布厚度应符合设计要求；玻璃布应浸透，无脱层、气泡、毛刺等现象；阴阳角应符合要求。

8.6.5 有机硅憎水渗透剂

地下混凝土结构常常因耐久性不足而达不到设计使用寿命，对其进行防水处理能够提高其耐久性。根据其损坏机理，使用有机硅化合物（硅烷/硅氧烷）进行表面憎水处理，可以明显降低混凝土的毛细管吸水能力，起到防止钢筋腐蚀的作用。德国慕尼黑奥林匹克村的实验结果表明，混凝土表面的憎水涂层具有较好的耐久性，混凝土中碳化的程度，经憎水处理和不经憎水处理的结果是一样的。这一结果表明，用有机硅化合物所做的憎水处理并不影响混凝土中的 $Ca(OH)_2$ 碳化成 $CaCO_3$，从而提高混凝土密实度的作用，但却能降低甚至可完全防止钢筋的腐蚀。该处理方法具有以下效果：

（1）降低毛细管吸水性，混凝土即使在碱性溶液中浸泡后也不降低防腐蚀性能。

（2）提高混凝土对霜冻以及除冰盐的抵抗性。

（3）降低混凝土对溶解于水中有害物的吸附能力。

（4）不影响混凝土的水蒸气渗透性。

（5）不影响混凝土的外观。

为提高混凝土的耐腐蚀性能，目前更为有效的方法为混凝土基层的憎水剂处理与表面的成膜涂层相结合。混凝土基层的憎水处理是指采用渗透型有机硅憎水剂对混凝土进行渗透处理。这样当表层涂膜损坏后（如发生断裂），仍可防止水及有害物质渗透到混凝土内部。用于混凝土的渗透型有机硅憎水剂应具有优异的渗透性和足够的耐碱性。

1. 性　质

1）渗透性

决定液体在多孔性建筑材料中渗透性的主要因素是液体的黏度和表面张力。液体的黏度越低，表面张力越小，其渗透性能越好。单相体系是非稀释液体，例如烷氧基硅烷，或者是真溶液，如有机溶剂中的硅氧烷低聚物。在该体系中，液体或溶液的黏度和表面张力是决定其渗透性的主要因素。对于两相体系，例如水性乳液，则是另外一种情况。其油相的黏度，如体系中的活性组分，对渗透性起着决定作用。要使未稀释的或水溶性产品渗透到混凝土内部较深处，则有机硅化合物的分子量就要相应较低。对于有机硅而言，其黏度与分子量成正比，所以三烷氧基硅烷的单体比低聚物硅氧烷的渗透性要好。在有机溶剂体系中，渗透性几乎不受活性组分的分子量影响，而是取决于所用溶剂的特性，即黏度和表面张力。在混凝土中，溶于石油溶剂油的硅烷与硅氧烷溶液要比其醇溶液的渗透能力强。

2）耐碱性

高度交联的有机硅树脂，化学性能和物理性能非常稳定，如果将其用于憎水渗透处理，其中一个最大的优势就是耐久性。然而，硅树脂网状结构中的硅氧键在碱的存在下，会水解成为烷基硅酸盐，如式（8-1）：

$$RSi(OR')_3 + H_2O/OH^- \rightleftharpoons RSi(OH)_2O^- \tag{8-1}$$

如果有机基团 R 是甲基的话，该反应会生成甲基硅酸盐，而这种硅酸盐是水溶性的，会随着雨水的冲刷而流失。在碱性底材（如未碳化的混凝土）上，甲基有机硅树脂憎水剂就会在此作用下降解，并且会在几个月或在一二年内失效。目前国内市面上常见的甲基硅醇钠有机硅防水剂就属于这类产品。

为防止活性组分的降解，可通过将部分或所有的甲基基团用长链的有机基团取代来达到，其中，异丁基、正辛基和异辛基是应用最多的基团。尽管硅树脂网络并不能完全抵抗碱的侵蚀，但是由于它所形成的烷基硅酸盐是非水溶性的，并不会随水流失。这是保证产品耐久性的重要因素。

混凝土结构表面涂装硅烷是水利工程、港口码头桥梁等工程的主要防腐蚀措施之一。有机硅憎水渗透剂的性能特点是：不改变混凝土的原始外观保持混凝土的呼吸、憎水。硅烷（如异辛基三乙氧基硅烷）的防水原理是：与硅酸盐发生反应形成化学键，牢固结合在混凝土表面和空穴中；烷基则朝向混凝土外侧，在烷基排列的表面水不能润湿，表现为荷叶一样的表面，从而使以水为载体的有害离子无法渗透进入混凝土，最终达到防止钢筋腐蚀的作用。

2. 有机硅憎水渗透剂的概念和种类

有机硅憎水渗透剂产品通常以烷基/烷氧基硅烷、硅氧烷、烷基硅醇盐和含氢硅油等为主要活性成分。它们按照组成形式不同，有的产品由 100% 的活性物质组成，有的产品由活性物质按一定比例溶入溶剂组成，可以分为以下几类。

1）水溶性有机硅憎水渗透剂

水溶性有机硅憎水渗透剂的主要成分是甲基硅酸盐溶液，外观一般为黄至无色透明的液体。甲基硅酸盐易被弱酸分解，当遇到空气中的水和二氧化碳时，便分解成甲基硅酸，并很快地聚合生成具有防水性能的聚甲基硅醚防水膜，防水膜因其羟基能与混凝土表面的极性基团发生缩合反应而与水泥基材牢固结合，而非极性的甲基向外伸展形成憎水层或通过渗入砂浆内部，提高砂浆的抗渗透能力，不会损坏孔隙的透气性，生成的硅酸钠则被水冲掉。

甲基硅酸盐渗透剂的优点是价格便宜，使用方便；缺点是与二氧化碳反应速度较慢，需24 h才能固化。由于施用的渗透剂在一定时间内仍然是水溶性的，若有雨水浸打、霜冻，未反应的或反应不完全的碱金属甲基硅酸盐就会离开基材表面，失去憎水作用。同时由于在生成硅烷醇的反应中有碱金属碳酸盐产生，不但会在基材表面产生白色污染，影响外观，而且碱性盐对基材本身有害。

2）溶剂型有机硅憎水渗透剂

溶剂型有机硅憎水渗透剂的主要成分是硅烷类或硅氧烷类，如异丁基硅烷、辛基或异辛基硅烷，使用时加入有机溶剂作为载体。带有活性基的硅氧烷，尤其是高级烷基化硅氧烷，其聚合物分子链上含有一定数量的反应活性基团，如羟基羧基、氨基等。这类有机硅防渗剂喷涂到硅酸盐基材表面，在催化剂或本身引入的氨基作用下交联固化，同时与基材表面羟基反应，形成末端有疏水基—Si—R—的网状有机硅分子膜。在形成疏水膜时，既不需要从外界引入二氧化碳，也不会生成碱性碳酸盐之类有害于基材的物质，无论是产品储存稳定性还是疏水膜耐久性，均比甲基硅醇盐、烷基含氢硅油好。当施涂于基材表面时，溶剂很快挥发，于是在混凝土表面或毛细孔上沉积一层极薄的薄膜，这层薄膜无色、无光，所以不会改变混凝土的自然外观。溶剂型有机硅渗透受外界的影响比甲基硅酸钠小得多，防水效果也较好，适用于钢筋混凝土、大理石等孔隙率低的基材，其耐久性好，渗透深度大，但使用时要求基材干燥。

为了克服有机硅防水剂产品刷涂时流失严重的问题，延长与混凝土基材的接触时间，增加渗透深度，还研发了膏体和凝胶等类型的防水剂。由于部分是以有机溶剂作为载体，对环境可能会存在一定的污染。

3）乳液型有机硅憎水渗透剂

近几年，溶剂型有机硅丙烯酸树脂受到越来越严格的环保法规限制，高性能、低污染的水性丙烯酸有机硅涂料逐步成为人们关注的一个新焦点。

乳液型有机硅憎水渗透剂是由有机高分子乳液（如丙烯酸、醋丙、苯丙等聚合物乳液）与反应性有机硅乳液（反应性硅橡胶或活性硅油）共聚而成的一类新型建筑涂料。有机高分子乳液能形成透明膜，对基材具有良好的黏结性，但耐热性和耐候性较差。而反应性有机硅乳液中含有交联剂及催化剂等成分，失水后能在常温下进行交联反应，形成网状结构的聚硅氧烷弹性膜，具有优异的耐高低温性、憎水性、延伸性，但对某些填料的黏结性差，将两种乳液进行复配或改性，可使两者性能互补。乳液型有机硅憎水渗透剂主要有以下品种：一是甲基含氢硅油乳液，由于含有与硅直接相连的氢原子，具有较高的反应活性，易与羟基等活性基团反应，形成网状防水膜；二是羟基硅油乳液，羟基硅油乳液可用羟基硅油直接乳化或乳液聚合制得；三是烷基烷氧基硅烷乳液，该产品含有烷氧基，遇到硅酸盐基材的羟基时易发生交联，产生网状憎水性硅氧烷膜。乳液的稳定性一直是关键问题。

3. 应用情况

陈爱民等报道了丙乳砂浆在跋山水库才闸墩头处理中的应用，陈发科报道了丙烯酸酯共聚乳液水泥砂浆在水工建筑物修补中的应用，见表8-8。单国良等报道了丙烯酸酯共聚乳液水泥砂浆作为修补加固防腐新材料的应用和聚合物树脂乳液砂浆在混凝土桥梁上的应用。王建卫等报道了在南四湖二级坝第一节制闸加固改造工程中，丙乳砂浆作为一种新材料、新工艺，应用在闸墩墩头，取得了较好效果。

表 8-8　丙烯酸酯共聚乳液水泥砂浆作为修补加固防腐新材料的应用

防腐工程名称	采用树脂砂浆的原因和目的	施工年份	施工面积/m²	使用单位
百丈漈电厂高压引水钢管防腐涂层	该钢管1959年建成投产后腐蚀严重，试用十多种涂料均未奏效	1980	60	浙江温州电管局百丈漈水电厂
晨光机器厂大型屋面板修补防腐	3号工房为大型钢筋混凝土屋面板。1959年投产后，因受烟侵蚀，多出裂缝、大部破坏、局部露筋，主筋周围氯离子含量高	1981	2 160	晨光机器厂
湛江港一区老码头上部结构修补	码头1956年建成投产，钢筋混凝土板和大横梁等构件出现严重钢筋锈蚀，主筋截面积最大侵蚀率高达68.4%，需要修补	1981	144	原交通部基建局湛江港务局
万福闸公路桥钢筋混凝土表面修补防腐	1960年投产，已碳化到钢筋，开始出现锈胀、钢筋开裂情况	1981	190	江苏省万福闸管理处
安徽芜湖中江桥预应力混凝土梁纵向裂缝处理与修补	预应力T梁和立交梁钢束预留孔内积水结冰冻裂，裂缝宽度2 mm，混凝土剥落	1984	修补680	安徽中江桥工程指挥部
上海浦东化肥厂盐仓墙面和栈桥	氯盐引起的钢筋锈蚀	1985	3 200	上海浦东化工厂
株洲车辆厂加固工程	钢筋混凝土柱、大型屋面板基层、钢屋架、钢挡风架防腐	1987	1 780	株洲车辆厂
武汉钢铁厂加固工程	矿渣公司露天3号渣池，吊车大梁柱防腐耐磨	1989	不详	武汉钢铁厂
淄博481厂加固工程	厂房顶部加固、屋面架加固	1990	约3 200	淄博481厂
湖北陈家冲溢洪道补强工程	溢洪道公路大桥大梁开裂，作为防碳化灌浆密封材料	1991	1 166	湖北漳河水库管理局

聚合物树脂水泥砂浆具有抗氯离子渗透、低吸水率、与基体高的黏结强度、抗碳化防冻融、抗水渗透的功能，尤其聚合物树脂乳液与水泥一起，形成无机有机杂化聚合物网络，提高了砂浆的强度和性能，可以广泛应用于水利、水电、交通运输、化工厂房和建筑物的防水与防腐蚀，尤其对含氯离子、硫酸根离子和镁离子的盐碱环境下的结构防腐蚀具有独特的性能。

8.6.6　水泥基渗透结晶型防水材料

随着人们的环境保护意识的逐步提高，无机环保型防水材料应用范围越来越广，水泥基渗透结晶型防水材料已逐渐成为地下混凝土结构防水堵漏工程的主要新型防水材料。水泥基渗透结晶型防水材料产品在与水拌和后，可配制成刷涂在水泥混凝土表面的浆料，从而形成防水涂层，亦可将其以干粉的形式撒覆并压入尚未完全凝固的水泥混凝土表面或者直接将其用作防水剂掺入混凝土中以增强混凝土的抗渗性能。

水泥基渗透结晶型防水材料现已发布了适用于以硅酸盐水泥为主要成分，掺入一定量的活性化学物质制成的，用于水泥混凝土结构防水工程的，粉状水泥基渗透结晶型防水材料的《水泥基渗透结晶型防水材料》（GB 18445—2012）国家标准。此标准的发布，对水泥基渗透结晶型防水材料的广泛应用起到了很好的规范和推动作用。

1. 水泥基渗透结晶型防水材料的定义和类型

1）水泥基渗透结晶型防水材料的定义

水泥基渗透结晶型防水材料是指其与水作用后，材料中含有的活性化学物质以水为载体在混凝土中渗透，与水泥水化产物生成不溶于水的针状结晶体，填塞毛细孔道和微细缝隙，从而提高混凝土致密性与防水性的一类用于水泥混凝土的刚性防水材料。

水泥基渗透结晶型防水材料中的活性化学物质是指由碱金属盐或碱土金属盐、络合化合物等复配而成的，具有较强的渗透性，能与水泥的水化产物发生反应生成针状晶体的一类化学物质。

2）水泥基渗透结晶型防水材料的类型

水泥基渗透结晶型防水材料按其使用方法的不同，可分为水泥基渗透结晶型防水涂料（其代号为 C）和水泥基渗透结晶型防水剂（其代号为 A）两大类产品。

（1）水泥基渗透结晶型防水涂料，是指以硅酸盐水泥、石英砂为主要成分，掺入一定量活性化学物质制成的，经与水拌和后调配成可刷涂或喷涂在水泥混凝土表面的浆料，亦可采用干撒压入未完全凝固的水泥混凝土表面的一类粉状水泥基渗透结晶型防水材料。

水泥基渗透结晶型防水涂料品种繁多，下面举例介绍几种具有不同性能特征的水泥基渗透结晶型防水涂料产品。

① 堵漏型水泥基渗透结晶型防水涂料，是指在水泥基渗透结晶型防水涂料成分中添加速凝剂，并适当使用早强成分的外加剂，或者使用快凝快硬水泥（通常也称为双快水泥）代替硅酸盐水泥，从而制得凝结和强度增长都非常快的一类水泥基渗透结晶型防水涂料。这类产品在满足堵漏施工的同时，能够随着堵漏时间的延长而使堵漏材料逐步密实，并向混凝土基层中渗入活性物质，提高混凝土基层的抗渗性，增加堵漏施工的安全系数。

② 早强型水泥基渗透结晶型防水涂料，是指在水泥基渗透结晶型防水涂料成分中添加早强剂，或者使用早强型水泥代替硅酸盐水泥，从而制得强度增长快的一类水泥基渗透结晶型防水涂料。这类产品在保持渗透结晶型防水涂料的特征下，由于其强度增长快，有利于防水施工速度的提高和方便某些防水施工操作。

③ 复合型水泥基渗透结晶型防水涂料，是指在归属于刚性防水材料的水泥基渗透结晶型防水涂料成分中增加具有柔韧性的有机聚合物（如添加适量可再分散乳胶粉等），从而制得具有弹性涂膜的一类水泥基渗透结晶型防水涂料。这类产品除了具有水泥基渗透结晶型防水涂料的特征外，涂膜还具有很好的柔韧性和防水性的特征。

（2）水泥基渗透结晶型防水剂，是指以硅酸盐水泥和活性化学物质为主要成分制成的，掺入水泥混凝土拌合物中使用的一类粉状水泥基渗透结晶型防水材料。目前的建筑防水剂，从防水原理上可分为 3 类：第一类是防水剂的作用从堵塞建材毛细孔，降低孔隙率着手。建材与防水剂接触部位的密度增加，使抗渗性得到提高，从而达到抗渗防水的目的，这是一种永久性的功能。但由于防水剂不改变建材表面的分子结构，故水滴在建材表面仍显示湿润现象，其防水效果不能直观见到，需通过测定试件在使用防水剂前后的抗渗性能，从对比结果来了解。第二类以有机硅防水剂为代表，防水剂在硅质建材表面与羟基脱水交联，通过 Si-O-Si 基团朝向硅质建材，甲基基团向外而形成憎水层。此种状态的建材，毛细孔依然存在，气态水作用依然存在，进行洒水试验可以看到水在建材表面形成滚动的水珠，而不能侵入建材的现象。第三类以各种高分子乳液为代表，它们在建材表面脱水形成致密连续的防水膜，隔绝雨水与建材的接触。它不同于第二类的疏水处理，而是密封处理。由于高分子膜不同，水与膜所形成的湿润角大小不同，故水洒在其表面呈不同球状的水滴。堵塞毛细孔，提高建材抗渗性的防水剂又有两种类型，一种是结晶型，另一种就是渗透结晶型。结晶型以氯化物金属盐为代表，此种防水剂含有活性金属离子（阳离子），在水泥中可生成一系列不溶性盐堵塞于毛细孔中，防水剂被消耗，金属离子不能继续迁移，故称为结晶型防水剂，这种防水剂必须掺入水泥中使用。有些防水剂含有活性阴离子，在遇到水泥中的钙、镁等离子时生成不溶性盐，同时产生结晶，它们可以掺入水泥使用，也可以涂刷于建材表面。此类防水剂称渗透结晶型防水剂。水泥基渗透结晶型防水材料（A 型）防水剂的主要成分与（C 型）防水涂料基本相同，是一种无毒、无害、无污染的环保型粉状刚性防水材料。混凝土是一种非匀质材料，从微观结构上看属于多孔体，这些空隙是造成混凝土渗漏水的主要原因。水泥基渗透结晶型防水剂掺入混凝土后，与水泥的化合生成物发生化学反应，产生氢氧化铝、氢氧化铁等胶体物质堵塞混凝土内的毛细通道和空隙，降低混凝土的空隙率，提高其密实性，同时还生成具有一定膨胀性的结晶体水泥硫铝酸钙，它不但具有填充、堵塞毛细孔隙的作用，还具有一定的膨胀性能，可减少或消除混凝土体积收缩，提高混凝土的抗裂性。

水泥基渗透结晶型防水材料（A 型）防水剂的主要成分有高活性化学物质，掺入水泥砂浆和混凝土中，在水泥水化过程中能形成结晶体，封闭砂浆或混凝土内的细微裂缝和毛细通道，将水泥石和骨料牢固地结合在一起，并成为砂浆和混凝土的一部分，在潮湿或受水侵蚀的环境中，它将会继续起水化作用，使砂浆和混凝土的强度与抗渗性得到进一步的加强。因此，掺入水泥基渗透结晶型防水材料（A 型）防水剂的水泥砂浆和混凝土具有良好的防水、防冻、防腐、高强度、抗裂性、耐久性等物理性能，真正达到了防水防腐作用，主要适用于工业与民用建筑、地下结构等工程的防水、防潮、抗渗。

2. 水泥基渗透结晶型防水材料的技术性能要求

相关标准对水泥基渗透结晶型防水材料产品提出的技术性能要求如下所述。

（1）《水泥基渗透结晶型防水材料》（GB 18445—2012）国家标准对其提出的技术性能要求。

① 水泥基渗透结晶型防水材料产品按产品名称和标准号的顺序标记。如：水泥基渗透结晶型防水涂料的标记为："CCCW-C-GB18445-2012"。

② 水泥基渗透结晶型防水材料的一般要求是：产品不应对人体、生物、环境与水泥混凝土性能（尤其是耐久性）造成有害的影响，所涉及与使用有关的安全与环保问题，应符合我国相关标准和规范的规定。

③ 水泥基渗透结晶型防水材料的技术要求如下:

a. 水泥基渗透结晶型防水涂料应符合表8-9的规定。

b. 水泥基渗透结晶型防水剂应符合表8-10的规定。

④ 基准砂浆和基准混凝土28 d抗渗压力应为$0.4^{+0.0}_{-0.1}$MPa,并在产品质量检验报告中列出。

表8-9 水泥基渗透结晶型防水涂料

序号	试验项目			性能指标
1	外观			均匀、无结块
2	含水率/%		≤	1.5
3	细度:0.63 mm 筛余/%		≤	5
4	氯离子含量/%		≤	0.10
5	施工性	加水搅拌后		刮涂无障碍
		20 min		刮涂无障碍
6	抗折强度(28 d)/MPa		≥	2.8
7	抗压强度(28 d)/MPa		≥	15.0
8	湿基面黏结强度(28 d)/MPa		≥	1.0
9	砂浆抗渗性能	带涂层砂浆的抗渗压力(28 d)/MPa		报告实测值
		抗渗压力比(带涂层)(28 d)/%	≥	250
		去除涂层砂浆的抗渗压力(28 d)/MPa		报告实测值
		抗渗压力比(去除涂层)(28 d)/%	≥	175
10	混凝土抗渗性能	带涂层砂浆的抗渗压力(28 d)/MPa		报告实测值
		抗渗压力比(带涂层)(28 d)/%	≥	250
		去除涂层砂浆的抗渗压力(28 d)/MPa		报告实测值
		抗渗压力比(去除涂层)(28 d)/%	≥	175
		带涂层混凝土的第二次抗渗压力(56 d)/MPa ≥		0.8

表8-10 水泥基渗透结晶型防水剂

序号	试验项目			性能指标
1	外观			均匀、无结块
2	含水率/%		≤	1.5
3	细度:0.63 mm 筛余/%		≤	5
4	氯离子含量/%		≤	0.10
5	总碱量/%			报告实测值
6	减水率/%		<	8
7	含气量/%		≤	3.0
8	凝结时间差	初凝/min	>	90
		终凝/h		—
9	抗压强度比/%	7 d	≥	100
		28 d	≥	100
10	收缩率比(28 d)/%		≤	125

序号	试验项目		性能指标
11	混凝土抗渗性能	掺防水剂混凝土的抗渗压力（28 d）/MPa	报告实测值
		抗渗压力比（28 d）/% ≥	200
		掺防水剂混凝土的第二次抗渗压力（56 d）/MPa	报告实测值
		第二次抗渗压力比（56 d）/% ≥	150

表 8-9、表 8-10 中的去除涂层的抗渗压力是指将基准试件表面涂刷水泥基渗透结晶型防水涂料后，在规定养护条件下养护至 28 d，去除涂层后进行试验所测定的抗渗压力；第二次抗渗压力是指水泥基渗透结晶型防水材料的抗渗试件经第一次抗渗试验透水后，在标准养护条件下，带模在水中继续养护至 56 d，进行第二次抗渗试验所测定的抗渗压力。

（2）《地下防水工程质量验收规范》（GB 50208—2011）国家标准对其提出的技术性能要求。水泥基渗透结晶型防水涂料的质量指标应符合表 8-11 的规定。

表 8-11　水泥基渗透结晶型防水涂料的主要物理性能

项　目	指　标
抗折强度/MPa	≥4
黏结强度/MPa	≥1.0
一次抗渗性/MPa	>1.0
二次抗渗性/MPa	>0.8
冻融循环/次	>50

（3）《地下工程渗漏治理技术规程》（JGJ/T 212—2010）建筑工程行业标准对其提出的技术性能要求。水泥基渗透结晶型防水涂料的性能指标应符合表 8-12 的规定，并应按现行国家标准《水泥基渗透结晶型防水材料》（GB 18445—2012）的规定进行检测。

表 8-12　水泥基渗透结晶型防水涂料的物理性能（JGJ/T 212—2010）

序号	项　目		性能
1	凝结时间	初凝时间/min	≥20
		终凝时间/h	≤24
2	抗折强度/MPa	7 d	≥2.8
		28 d	≥4.0
3	抗压强度/MPa	7 d	≥12
		28 d	≥18
4	潮湿基层黏结强度（28 d）/MPa		≥1.0
5	抗渗压力/MPa	一次抗渗压力（28 d）	≥1.0
		二次抗渗压力（56 d）	≥0.8
6	冻融循环（50 次）		无开裂、起皮、脱落

（4）《聚合物水泥、渗透结晶型防水材料应用技术规程》（CECS 195：2006）中国工程建设标准化协会标准对粉状渗透结晶型防水材料提出的技术性能要求。

① 粉状渗透结晶型防水材料应为无杂质、无结块的粉末。

② 粉状渗透结晶型防水材料的物理力学性能应符合表 8-13 的要求。

表 8-13　粉状渗透结晶型防水材料的物理力学性能（CECS195：2006）

序号	试验项目		指标	
			Ⅰ	Ⅱ
1	安定性		合格	
2	凝结时间	初凝时间/min	≥20	
		终凝时间/h	≤24	
3	抗折强度/MPa	7 d	≥2.80	
		28 d	≤3.50	
4	抗压强度/MPa	7 d	≥12.0	
		28 d	≥18.0	
5	湿基面黏结强度/MPa		≥1.0	
6	抗渗性	第一次抗渗压力（28 d）/MPa	≥0.8	≥1.2
		第二次抗渗压力（56 d）/MPa	≥0.6	≥0.8
		抗渗压力比（28 d）/%	≥200	300

（5）《环境标志产品技术要求　刚性防水材料》（HJ 456—2009）国家环境保护标准对其提出的技术性能要求。

① 水泥基渗透结晶型防水材料的基本要求是：

a. 水泥基渗透结晶型防水材料的质量应符合《水泥基渗透结晶型防水材料》（GB 18445—2012）的要求。

b. 产品生产企业污染物排放应符合国家或地方规定的污染物排放标准的要求。

② 水泥基渗透结晶型防水材料的技术内容要求如下：

a. 产品中不得人为添加铅（Pb）、镉（Cd）、汞（Hg）、硒（Se）、砷（As）、锑（Sb）、六价铬（Cr^{6+}）等元素及其化合物。

b. 产品的内、外照射指数均不大于 0.6。

c. 产品有限物限值应符合表 8-14 要求。

d. 企业应建立符合《化学品安全技术说明书内容和项目顺序》（GB/T 16483—2008）要求的原料安全数据单（MSDS），并可向使用方提供。

表 8-14　产品有限物限值

项　目	限　值
甲醛/（mg/m³）	≤0.08
苯/（mg/m³）	≤0.02
氨/（mg/m³）	≤0.1
总挥发性有机化合物（TVOC）/（mg/m³）	≤0.1

3. 水泥基渗透结晶型防水材料的性能特点

水泥基渗透结晶型防水材料的主要特征是渗透结晶。一般的表面防水材料在经过一段时间的老化作用后，即可能逐渐丧失它的防水功效，而水泥基渗透结晶型防水材料在水的引导下，以水为载体，借助强有力的渗透性，在混凝土微孔的毛细管中进行传输充盈，发生物化作用，形成不溶于水的结晶体，与混凝土结构结合成为封闭式的防水层整体，堵截来自任何方向的水流及其他液体侵蚀，既达到长久性防水、耐腐蚀的作用，又起到保护钢筋、增强混凝土结构强度的作用。

不同生产厂家的不同产品，其性能特点也略有不同，但主要性能特点如下所述。

1）具有双重的防水性能

水泥基渗透结晶型防水材料所产生的渗透结晶能深入混凝土结构内部堵塞结构孔缝，无论其渗透深度有多少，都可以在结构层内部起到防水作用；同时，作用在混凝土结构基面的涂层由于其微膨胀的性能，能起到补偿收缩的作用，能使施工后的结构基面同样具有很好的抗裂抗渗作用。

2）具有极强的耐水压能力

能长期承受强水压，部分产品的测试结果表明：在厚 50 mm、抗压强度为 13.8 MPa 的混凝土试件上，涂刷两层水泥基渗透结晶型防水材料，至少可承受 123.4 m 的水头压力（1.2 MPa）。

3）具有独特的自我修复能力

水泥基渗透结晶型防水材料是无机防水材料，所形成的结晶体不会产生老化，晶体结构许多年以后遇水仍能激活水泥，产生新的晶体将继续密实，密封或再密封小于 0.4 mm 的裂缝，完成自我修复的过程。

4）具有防腐、耐老化、保护钢筋的作用

混凝土的化学侵蚀和钢筋锈蚀与水分和氯离子渗入分不开。水泥基渗透结晶型防水材料的渗透结晶和自我修复能力使混凝土结构密实，从而最大程度地降低了化学物质、离子和水分的侵入，保护钢筋混凝土免受侵蚀。水泥基渗透结晶型防水材料产生的不溶于水的晶体不影响混凝土呼吸的能力，能保持混凝土结构内部的正常透气、排潮、干爽，在保持混凝土内部钢筋不受侵蚀的基础上延长了建筑物的使用寿命。同时，用水泥基渗透结晶型防水材料处理过的混凝土结构还有效地防止了因冻融而造成的剥落、风化及其损害。

5）具有对混凝土结构的补强作用

用水泥基渗透结晶型防水材料施工后的结构，由于它不是晶体结构重新激活，而是未水化水泥被激活，增加了密实度，对结构起到了加强作用，一般能提高混凝土强度的 20% ~ 30%。

6）具有长久性的防水作用

水泥基渗透结晶型防水材料所产生的物化反应最初是在工作面表层或临近部位，随着时间的推移逐步向混凝土结构内部进行渗透。各生产企业的产品渗透深度为 10 ~ 30 cm 不等；个别生产企业表示其产品渗透深度更大。在通常情况下，所形成的晶体结构不会被损坏，且性能稳定不分解，防水涂层即使遭受磨损或被刮掉，也不会影响防水效果，因为其有效成分已深入渗透到混凝土结构内部，故其防水作用是长久性的。

7）符合环保标准，无毒、无公害

水泥基渗透结晶型防水材料是一种无毒、无味、无害、无污染的环保型产品，可按环保（绿色）建材的通用标准进行检测。

8) 具有施工方法简单、省工省时的优点

水泥基渗透结晶型防水材料施工时对基面要求简单，对混凝土基面不需要做找平层；施工完成后也不需要做保护层。只要涂层完全固化后就不怕磕、砸、撞、剥落及磨损。对渗水、泛潮的基面可随时施工，对新建或正在施工的混凝土基面，在养护期间（水分未完全挥发时）即可同时使用。底板施工若采用干撒法则更为简单。

8.6.7 表面防腐蚀涂料

随着地下混凝土使用环境日益多样化，环境污染的日益加剧，混凝土结构受环境的侵蚀也日益突出。一般，混凝土结构的腐蚀破坏包括混凝土本身的腐蚀破坏和混凝土中钢筋的腐蚀破坏。由于混凝土和混凝土内钢筋的腐蚀会相互促进，为了延长钢筋混凝土结构的使用寿命，应同时注意混凝土和钢筋两者的防护，其中防腐蚀材料的选择与应用在其中起着相当关键的作用，应特别予以重视。混凝土表面采用涂覆防护涂料已经不再是锦上添花。表面防护涂料一直是混凝土结构防护的首选材料，它具有施工方便、隔离外界介质的渗透、耐久、材料选择余地大、质量便于控制、二次维护容易等特点。

在混凝土结构的表面涂防护涂料的目的主要是增加混凝土抗二氧化碳渗透能力，增加混凝土耐氯化物渗透能力及提高混凝土表面的憎水性。表面封闭涂料的选择余地较大，大多数涂料都能满足要求。混凝土的表面涂料不同于一般钢材的防护涂料，特别是对底涂基料的要求更是不一样，目前常用的封闭涂料如下所述。

1. 防腐蚀涂料的组成

在通常情况下，防腐蚀涂料是以多道涂层组成一个完整的防护体系来发挥防腐蚀功能的，包括底漆、中间层漆和面漆。也有一些涂料是单一涂层，如粉末环氧涂层、厚浆涂料、喷涂聚脲弹性体或与其他增强材料联合使用的防腐蚀涂料。根据相关文献经过整理综合如表8-15所示。

表 8-15　防腐蚀涂料涂层体系的组成和特点

项目	性能要求特点	适用涂料	涂料特点	适用场合
底涂层	对基体附着力好，黏度低、易润湿基面，底膜厚，具有防锈颜料	富锌涂料	以具有牺牲阳极功能的锌粉做涂料，具有较强的抗腐蚀能力，有水性、无机和有机富锌涂料产品	要求耐久寿命15年以上的场合
		金属涂层	采用电弧喷涂或火焰喷涂将锌、铝或锌铝合金熔化成液体喷射到金属基体上，具有牺牲阳极的效果，耐久寿命长	要求耐久寿命20年以上的场合
		防锈涂料	以防锈颜料如三聚磷酸铝、铁红等配制而成的涂料，与基层附着力好	适合中等耐久性以下的场合
中间涂层	承上启下功能，与底涂层和面涂层配套，屏蔽颜料具有屏蔽阻挡作用。黏度根据要求选择	云铁涂料	云铁颜料的片状特点是形成涂膜后像鱼一样覆盖在底涂层上，有效延长甚至隔断介质的渗透通道达到防腐蚀的功能，以环氧树脂云铁涂料使用最多	
		磷酸锌涂料	以磷酸锌为颜料的涂层在低黏度时能够很好地渗透进底涂层，附着力好，与环氧云铁配合功能增强	尤其适合金属涂层的封闭
		铁红涂料	以防锈颜料铁红等配制而成，具有中等能力的防腐蚀涂料	耐久性要求不高时适用

项目	性能要求特点	适用涂料	涂料特点	适用场合
面涂层	阻挡介质的侵入，装饰和标志作用，耐腐蚀或耐老化	氯化树脂涂料	氯化聚乙烯、氯化橡胶、氯磺化聚乙烯涂料等具有较好的耐候性和防腐蚀性能，为单组分涂料	耐候性能一般，耐久性在5～10年，氯化橡胶可以用于水下
		聚丙烯酸酯涂料	单组分涂料，耐候性好	适用于大气结构表面耐久性要求在5～10年的场合
		有机硅改性涂料	有机硅材料对丙烯酸树脂改性等的涂料，耐候性能提高很多，防腐蚀性能优异	一般用于大气结构，耐久性一般在10～15年
		改性聚氨酯涂料	芳香族聚氨酯不耐光老化，脂肪族聚氨酯耐候性优异，防腐蚀性能好	脂肪族改性聚氨适合耐久性要求8～12年的场合
		含氟涂料	用耐候性、耐腐蚀性优异的氟树脂配制而成，耐候性优，耐腐蚀性能好	适合大气结构表面耐久性15年以上的场合
厚涂层	一次或二次涂装就达到规定厚度，防腐蚀性能优	粉末涂料	以环氧树脂等加工而成的粉末状涂料，通过静电喷涂在基体表面，然后加热熔化固化而成，一次涂装即达到规定厚度，防腐蚀性能优异	目前在工程上主要用于钢筋表面防腐蚀
		喷涂弹性体涂料	以端异氰酸酯基半预聚体、端氨基聚醚和胺扩链剂为基料，经高温高压撞击式混合设备喷涂而成的聚脲防护材料	适用于需要尽快投入使用的工程结构的防水和防腐蚀
		厚浆涂料	由少量溶剂或无溶剂组成的高固含量涂料，一次涂装就达到规定厚度，为重防腐蚀涂料	适合只能一次涂装的场合

2. 防腐蚀涂料性能比较

由于涂料种类多、用途广，不同场合需用不同性能的涂料，所以难以制定统一的标准。根据相关文献经过整理补充，部分防腐蚀涂料性能比较见表 8-16。

表 8-16　防腐涂料性能比较

涂料名称	功能	耐酸	耐碱	耐水	耐油	耐候	耐磨	耐温 100 ℃	耐高温 400 ℃	装饰性	与钢	与混凝土
沥青涂料	耐酸型	√	√	√	△	△	×	×	×	×	√	√
铝粉沥青涂料	铝粉	○	○	√	△	○	×	×	×	△	√	√
环氧涂料	防腐型	√	√	√	○	○	√	×	×	○	√	√
环氧沥青涂料	防腐型	√	√	√	○	○	○	×	×	×	√	√

涂料名称		功能	耐酸	耐碱	耐水	耐油	耐候	耐磨	耐温 100 ℃	耐高温 400 ℃	装饰性	附着力	
												与钢	与混凝土
氧化橡胶涂料		防化工大气	○	○	○	○	√	○	×	×	○	√	√
氯磺化聚乙烯涂料		防化工大气	√	√	√	○	√	△	√	×	○	○	√
过氯乙烯涂料		防腐型	√	√	√	√	√	○	×	×	√	○	○
聚氨酯涂料		脂肪族	○	○	○	√	○	○	○	×	√	○	√
氟树脂涂料		溶剂型	○	○	○	√	√	△	○	×	√	○	○
醇酸涂料		耐酸型	△	×	○	√	√	△	×	×	×	○	○
高氯化聚乙烯涂料			√	√	√	○	√	○	√	×	○	√	○
有机硅防腐涂料		耐高温型	△	△	√	√	√	△	√	√	○	△	
玻璃鳞片涂料	不饱和聚酯	防腐型	√	○	√	○	△	△	×	×	√	√	√
	乙烯基酯	防腐型	√	△	√	○	√	√	√	×	√	√	○
丙烯酸树脂涂料		耐候型	△	×	○	○	√	△	×	×		○	○
富锌涂料		防腐型	×		√	△	△	○	△	×	×	√	

注：1. 表中符号：√为优；○为良；△为尚可；×为差。

　　2. 表中所示性能与功能对应，特殊功能的性能未予体现。各类厚浆型涂料与同类涂料基本相同。

3. 防腐蚀涂料设计的一般要求

防腐蚀涂层系统的设计应根据结构的用途、使用年限、所处环境条件和经济等因素综合考虑。涂层系统的设计应包括涂料品种选择、涂层配套、涂层厚度、涂装前表面预处理和涂装工艺等。涂层系统设计使用寿命应根据保护对象的使用年限、价值和维修难易程度确定，一般分为短期 5 年以下、中期 5 ~ 10 年、长期 10 ~ 20 年和超长期 20 年以上。

8.7　思考题

8-1　简述衬砌混凝土结构加固方法。

8-2　简述三种电化学修护法的优缺点。

8-3　以某种新材料或新技术为例，谈一谈其如何提高地下工程寿命。

8-4　以某一具体地下工程（可以是公路隧道、铁路隧道、地铁等），找出其采用了哪些修复和加固措施。

参考文献

[1] 赵卓. 工程结构耐久性[M]. 北京：中国电力出版社，2012.

[2] 金伟良，吕清芳，赵羽习，等. 混凝土结构耐久性设计方法与寿命预测研究进展[J]. 建筑结构学报，2007（1）：7-13.

[3] 李科. 地下工程结构耐久性分析与评价[D]. 郑州：郑州大学，2010.

[4] 潘洪科. 地下混凝土衬砌结构的损伤劣化与耐久性[M]. 南京：东南大学出版社，2016.

[5] 张誉，蒋利学，等. 混凝土结构耐久性概论[M]. 上海：上海科学技术出版社，2003.

[6] 元成方，冯虎. 工程材料与结构耐久性[M]. 北京：中国建筑工业出版社，2020.

[7] 潘洪科，杨林德，汤永净. 地下结构耐久性研究现状及发展方向综述[J]. 地下空间与工程学报，2005，1（5）：804-809.

[8] 李志业，曾艳华. 地下结构设计原理与方法[M]，成都：西南交通大学出版社，2003.

[9] 混凝土结构耐久性设计标准：GB/T 50476—2019[S]. 北京：中国建筑工业出版社，2019.

[10] 中国建筑科学研究院. 建筑结构可靠度设计统一标准：GB50068—2001[S]. 北京：中国建筑工业出版社，2001.

[11] 中国建筑科学研究院有限公司. 建筑结构可靠性设计统一标准：GB 50068—2018[S]. 北京：中国建筑工业出版社，2019.

[12] 杜应吉. 地铁工程混凝土耐久性研究与寿命预测[D]. 南京：河海大学，2005.

[13] 余睿，童宣胜，丁梦茜，等. 地下环境混凝土材料的耐久性劣化机理及对策分析[J]. 防护工程，2020，42（1）：70-78.

[14] 黄炳德. 地铁结构耐久性影响因素及其寿命预测研究[D]. 上海：同济大学，2007.

[15] 唐孟雄，陈晓斌. 城市地下混凝土结构耐久性检测及寿命评估[M]. 北京：中国建筑工业出版社，2012.

[16] 清华大学. 混凝土结构耐久性设计标准：GB/T50476—2019[S]. 北京：中国建筑工业出版社，2019.

[17] 苏交科集团股份有限公司. 公路工程混凝土结构耐久性设计规范：JTG/T3310—2019[S]. 北京：人民交通出版社，2019.

[18] 中交公路规划设计院有限公司. 公路钢筋混凝土及预应力混凝土桥涵设计规范：JTG3362—2018[S]. 北京：人民交通出版社，2018.

[19] 中交公路规划设计院有限公司. 公路工程结构可靠性设计统一标准：JTG2120—2020[S]. 北京：人民交通出版社，2020.

[20] 中国铁道科学研究院集团有限公司. 铁路工程结构可靠性设计统一标准：GB50216—2019[S]. 北京：中国计划出版社，2020.

[21] 张广超. 地下结构中钢筋锈胀对钢筋混凝土整体结构影响问题的研究[D]. 成都：西南交

通大学，2013.

[22] 谭平，张瑞红，孙青霭. 建筑材料[M]. 北京：北京理工大学出版社，2019.

[23] 于蕾，刘兆磊. 混凝土材料耐久性及其优化方法[M]. 北京：中国建筑工业出版社，2018.

[24] 王泽旭. 一种适用于地下结构腐蚀监测的长周期光纤光栅传感技术[D]. 哈尔滨：哈尔滨工业大学，2017.

[25] 蒋明辉，王浩，杭美艳. 浅析混凝土结构耐久性[J]. 江西建材，2020（10）.

[26] 张超明. 特大断面隧道高性能大体积高强度混凝土配合比设计及施工温控技术[D]. 成都：西南石油大学，2019.

[27] 唐孟雄，陈晓斌，胡贺松. 广州典型地下隧道结构耐久性调查分析[J]. 建筑科学，2012，28（S1）：273-278.

[28] 王海彦，仇文革，冯冀蒙. 提高侵蚀环境下山岭隧道衬砌混凝土耐久性施工对策研究[J]. 现代隧道技术，2011，48（6）：17-22.

[29] 蔡田. 基于温度效应的隧道二次衬砌受力特性研究[D]. 西安：长安大学，2011.

[30] 彭世民. 隧道衬砌早期温度应力场模拟及可靠度分析[D]. 北京：北京交通大学，2010.

[31] 朱清航，孙国庆. 混凝土耐久性影响因素分析与对策[J]. 山西建筑，2009，35（19）：170-171.

[32] 苟季. 大体积混凝土水化热对结构的影响研究[D]. 南宁：广西大学，2008.

[33] 赵宗智，任云，李英梁. 隧道工程耐久性施工的关键技术[J]. 铁道工程学报，2007（S1）：368-372.

[34] 刘恒. 大跨公路隧道结构耐久性技术研究[D]. 北京：北京交通大学，2007.

[35] 唐国荣. 隧道混凝土结构耐久性的环境影响因素及措施对策[J]. 铁道标准设计，2006（11）：56-60.

[36] 廖文. 影响混凝土结构耐久性的因素及对策[J]. 土工基础，2006（5）：52-54.

[37] 黎平. 大体积混凝土基础结构裂缝控制技术的应用研究[D]. 重庆：重庆大学，2006.

[38] 刘加华，钱春香，王镝，等. 考虑施工因素影响某城市超长隧道主体混凝土耐久性初探[J]. 施工技术，2005（S1）：311-314.

[39] 王铁梦. 工程结构裂缝控制的综合方法[J]. 施工技术，2000（5）：5-9.

[40] 姚海建，陆伟荣，王旭东. 紫琅湖 2#地块建设项目地下结构的安全监测技术应用[J]. 河南科技，2020，39（32）：112-114.

[41] 兰大鹏，欧洋. 通过碳化试验检测混凝土结构的耐久性[J]. 四川建材，2019，45（5）：30-31，33.

[42] 伍明强. 建筑混凝土钢筋锈蚀原因及检测方法研究[J]. 建材世界，2019，40（1）：31-34.

[43] 孟凡顺. 地铁隧道衬砌结构钢筋锈蚀及耐久性[J]. 科技经济导刊，2018，26（7）：78，80.

[44] 侯佳旻，徐兆全. 混凝土耐久性检测试验：毛细指数法[J]. 珠江水运，2017（13）：63-64.

[45] 陈凤琴. 自然环境腐蚀监测领域电阻探针的设计与应用[D]. 哈尔滨：哈尔滨工业大学，2017.

[46] 胡轶平. 基于现场检测的混凝土耐久性寿命预测方法及数据系统[D]. 成都：西南交通大学，2016.

[47] 冯文甫. 水利工程钢筋锈蚀检测应用研究[J]. 水利水电技术，2016，47（9）：114-116.

[48] 张建荣，张生保，李斌. 长龄期地下建筑结构状态检测评估方法研究[J]. 山西建筑，2016，42（16）：31-33.

[49] 张占超. 在役热力地下构筑物可靠度分析及耐久性评估[D]. 北京：北京交通大学，2016.

[50] 乔朋庆. 三香广场地铁车站结构可靠度分析[D]. 阜新：辽宁工程技术大学，2015.

[51] 范宏伟. 钢筋锈蚀行为对隧道衬砌结构安全及耐久性影响的研究[D]. 成都：西南交通大学，2011.

[52] 韩天文. 混凝土钢筋锈蚀检测方法[J]. 科技创新导报，2009（31）：39.

[53] 王建强. 地铁隧道衬砌结构钢筋锈蚀及耐久性研究[D]. 西安：长安大学，2009.

[54] 邹国军，陈澜涛，郑弃非，等. 用电阻探针法研究水环境中钢筋混凝土的腐蚀行为[J]. 材料保护，2007（4）：11-13，73.

[55] 万小梅，田砾，赵铁军. 《混凝土结构耐久性设计规程》中抗氯离子渗透性检测方法的试验研究[J]. 混凝土，2007（2）：5-7.

[56] 王玉珏. 混凝土结构损伤检测与耐久性评估[D]. 南京：河海大学，2004.

[57] 惠云玲，郭永重，李小瑞. 混凝土结构中钢筋锈蚀机理、特征及检测评定方法[J]. 工业建筑，2002（2）：5-7.

[58] 赵永韬，钱建华. 混凝土中钢筋的腐蚀破坏及其检测[J]. 四川化工与腐蚀控制，1999（6）：24-27.

[59] 孙江安. 通过碳化试验检测混凝土结构的耐久性[J]. 混凝土，1990（3）：34-40，62.

[60] 罗晓勇，施养杭. 混凝土结构钢筋锈蚀的现场检测技术述评[J]. 郑州轻工业学院学报（自然科学版），2008（5）：39-43，53.

[61] 吴建华，赵永韬. 钢筋混凝土的腐蚀监测/检测[J]. 腐蚀与防护，2003（10）：421-427，431.

[62] 邸小坛，周燕. 混凝土结构的耐久性设计方法[J]. 建筑科学，1997（1）.

[63] 中国建筑科学研究院. 混凝土结构设计规范：GB 50010—2002[S]. 北京：中国建筑工业出版社，2002.

[64] 中国寰球化学工程公司. 工业建筑防腐蚀设计规范：GB 50046—95[S]. 北京：中国计划出版社，1995.

[65] CRETE DRA. General Guidelines for Durability Design and Redesign[S]. The European Union-Brite Euram III. DocumentBE95-1347/R15，2000.

[66] 中国工程院土木水利与建筑学部，工程结构安全性与耐久性研究咨询项目组. 混凝土结构耐久性设计与施工指南[M]. 北京：建筑工业出版社，2004.

[67] 姚继涛. 既有结构可靠性理论及应用. 北京：科学出版社，2008.

[68] 牛荻涛. 服役结构可靠性的数学模型[J]. 西安建筑科技大学学报（自然科学版），1995，27（3）：380-383.

[69] 李果. 锈蚀混凝土结构的耐久性修复与保护[M]. 北京：中国铁道出版社，2011.

[70] 洪乃丰. 基础设施腐蚀防护和耐久性问与答[M]. 北京：化学工业出版社，2003.

[71] 樊万慧. 浅谈隧道高性能混凝土抗腐蚀技术[J]. 城市建设理论研究（电子版），2015（22）：5130-5132.

[72] 熊传胜，李伟华，郑海兵. 混凝土涂层技术研究进展[C]. 2016.

[73] 王莹，李萍，宁怀明. 环氧树脂涂层钢筋在混凝土结构中的应用[J]. 热加工工艺，2010，39（10）：133-135.

[74] 师小瑜. 地下工程混凝土病害修补技术及养护对策研究[J]. 工程建设与设计，2012（8）：183-185.

[75] 赵琦，王秋芳. 混凝土表面涂层抗腐蚀性能研究进展[J]. 广东建材，2020，36（3）：67-73.

[76] 朱海威，余红发，麻海燕. 阻锈剂对海洋环境下混凝土中钢筋腐蚀影响的电化学研究[J]. 东南大学学报（自然科学版），2020，50（1）：109-119.

[77] 李伟华，裴长岭，何桥，等. 混凝土中钢筋腐蚀与钢筋阻锈剂[J]. 材料开发与应用，2007（5）：57-60.

[78] 洪乃丰. 混凝土中钢筋腐蚀与阻锈剂[J]. 混凝土，2001（6）：25-28.

[79] 宋振海，卢瑜，刘新民. 混凝土及钢筋混凝土腐蚀与耐久性浅谈[J]. 山东交通科技，2001（2）：19-21.

[80] 李燕飞. 基于耐久性的在役钢筋混凝土结构剩余寿命研究[D]. 包头：内蒙古科技大学，2005.

[81] 赵尚传，赵国藩，贡金鑫. 抗力随时间变化非承载力因素对结构可靠性影响[J]. 大连理工大学学报，2002，42（5）.

[82] 金伟良，吕清芳. 混凝土结构耐久性设计区划标准的研究[A]//第四届混凝土结构耐久性科技论坛论文集：混凝土结构耐久性设计与评估方法[C]. 北京：机械工业出版社，2006.

[83] 牛荻涛. 混凝土结构耐久性与寿命预测[M]. 北京：科学出版社，2003.

[84] 谷慧，李全旺，侯冠杰. 碳化环境下混凝土结构耐久性模型的更新方法[J]. 工程力学，2021，38（5）：113-121.

[85] 张永飞. 海域段地铁运营期衬砌结构耐久性评价研究[D]. 北京：北京交通大学，2018.

[86] 周常宽. 氯盐与冻融复合作用下混凝土耐久性研究[D]. 济南：山东建筑大学，2017.

[87] 王延豪. 基于碳化作用的地下钢筋混凝土结构耐久性评估[D]. 郑州：河南工业大学，2015.

[88] 翟文举. 基于承载能力极限状态的混凝土结构耐久性概率设计[D]. 西安：西安建筑科技大学，2015.

[89] 武海荣. 混凝土结构耐久性环境区划与耐久性设计方法[D]. 杭州：浙江大学，2012.

[90] 刘继林，于清浩，谢勇涛. 隧道衬砌结构耐久性寿命预测及防治措施[J]. 中国科技信息，2010（7）：76-79.

[91] 刘海. 基于概率的混凝土结构耐久性设计与评定[D]. 西安：西安建筑科技大学，2008.

[92] 张立伟. 碳化与锈蚀对地下结构服役性能的研究[D]. 上海：同济大学，2008.

[93] 吕清芳. 混凝土结构耐久性环境区划标准的基础研究[D]. 杭州：浙江大学，2007.

[94] 孟海，李慧民. 土木工程安全监测、鉴定、加固修复案例[M]. 北京：冶金工业出版社.

[95] 李果. 混凝土结构耐久性及加固[M]. 徐州：中国矿业大学出版社，2018.

[96] 肖辉. 钢筋混凝土结构耐久性修复加固试验研究[D]. 北京：中冶集团建筑研究总院，2006.

[97] 敬登虎，曹双寅. 工程结构鉴定与加固改造技术[M]. 南京：东南大学出版社，2015.

[98] 樊万慧. 浅析电化学方法在防护和修复混凝土结构裂缝中的应用[J]. 混凝土工程，2015，

5（22）：5130-5132.

[99] 孙红尧. 聚合物树脂水泥砂浆修补和防腐蚀技术[C]. 2011.

[100] 孙红尧, 杨争, 王学川, 等. 混凝土表面防护的有机硅低聚物憎水渗透剂性能研究[J]. 海洋工程, 2016, 34（6）: 93-99.

[101] 吴平. 渗透型有机硅憎水剂在混凝土保护中的应用[J]. 新型建筑材料, 2003（6）: 55-57.

[102] 傅杰, 孙振平. 水泥基渗透结晶型防水材料的种类及作用机理[J]. 江西建材, 2020（S1）: 4-5.

[103] 布君会. 浅谈水泥基渗透结晶型防水材料（膨内传）的作用机理、特征及施工[J]. 黑龙江科技信息, 2013（34）: 250.

[104] 陈光耀, 吴笑梅, 樊粤明. 水泥基渗透结晶型防水材料的作用机理分析[J]. 新型建筑材料, 2009, 36（8）: 68-71.

[105] 胡少伟, 孙红尧, 李森林. 工程结构损伤和耐久性[M]. 北京: 化学工业出版社, 2015.

[106] 金晓鸿. 防腐蚀涂装工程[M]. 北京: 化学工业出版社, 2008.

[107] 《工业建筑防腐蚀设计规范》国家标准管理组. 建筑防腐蚀材料设计与施工手册[M]. 北京: 化学工业出版社, 1996.

[108] 周晓军, 周佳媚. 城市地下铁道与轻轨交通[M]. 成都: 西南交通大学出版社, 2016.

[109] 郭卓维. 超长超厚大体积混凝土无缝施工技术研究与应用[D]. 西安: 西安建筑科技大学, 2020.

[110] 关宝树. 漫谈矿山法隧道技术第九讲: 隧道开挖和支护的方法[J]. 隧道建设, 2016, 36（7）: 771-781.

[111] 关宝树. 漫谈矿山法隧道技术第三讲: 锚杆[J]. 隧道建设, 2016, 36（1）: 1-11.

[112] 关宝树. 漫谈矿山法隧道技术讲座第一讲: 围岩[J]. 隧道建设, 2015, 35（10）: 982-988.

[113] 李立峰. 地下结构爆破震动累积损伤与安全控制技术[D]. 长沙: 中南大学, 2012.

[114] 王领军. 明挖隧道施工安全风险分析及控制措施[J]. 智能城市, 2021, 7（7）: 93-94.

[115] 李金玉, 彭小平, 邓正刚, 等. 混凝土抗冻性的定量化设计[J]. 混凝土, 2000, 134（9）: 61-65.

[116] 王玲, 田培, 姚燕, 等. 西直门旧桥混凝土破坏原因分析[A]//吴中伟院士从事科教工作六十年学术讨论会论文集[C]. 2004: 79-82.

[117] LI X S, DAFALIAS Y F. Dilatancy for cohesionless soil [J]. Geotechnique, 2000, 50(4): 499- 460.

[118] ROSCOE K H, SCHOFIELD A N. WROTH C P. On the yielding of soils [J]. Geotechnique. 1958, 8(1): 22-53.

[119] POOROOSHASB H B, HOLUBEC I, SHERBOURNE A N. Yielding and flow of sand in triaxial compression, Part I [J]. Canadian Geotech J, 1966, 3(5): 179-190.

[120] 呼喜锋. 化学腐蚀环境下地铁结构耐久性设计研究[J]. 湘潭大学学报（自然科学版）, 2016, 38（2）: 46-49.

[121] 刘松玉, 李洪江, 童立元, 等. 城市地下结构污染腐蚀耐久性的若干问题[J]. 岩土工程学报, 2016, 38（S2）: 7-17.

[122] 汪乐. 基于耐久性的地铁结构设计分析[J]. 北方建筑, 2018, 3（6）: 19-22.

[123] 栗帅. 矿井巷道支护中锚杆的无损检测技术及其应用[J]. 机械管理开发, 2021, 36（8）: 151-152, 155.

[124] 薛晓辉. 富水黄土隧道服役性能劣化机理及处治技术研究[D]. 西安: 长安大学, 2020.

[125] 江诚. 基于双目视觉的钢拱架位姿测量技术研究[D]. 武汉: 华中科技大学, 2019.

[126] 崔学忠. 基于自然电位法的锚杆锈蚀规律及耐久性研究[J]. 价值工程, 2019, 38（11）: 161-165.

[127] 黎慧珊. 预应力锚索腐蚀规律及耐久性研究[D]. 邯郸: 河北工程大学, 2017.

[128] 张未林. 疲劳荷载与腐蚀耦合作用下岩土预应力锚固结构长期耐久性研究[D]. 济南: 山东建筑大学, 2017.

[129] 周文轩, 李菁, 郭辉. 探地雷达在隧道衬砌无损检测中的应用[J]. 施工技术, 2014, 43（11）: 85-89, 99.

[130] 李道欣. 公路隧道支护质量无损检测技术研究[D]. 西安: 长安大学, 2014.

[131] 习小华. 锚杆锚固质量动力响应特征与检测技术研究[D]. 西安: 西安科技大学, 2013.

[132] 陈蔺清. 公路隧道初期支护质量检测及评价系统研究[D]. 成都: 西南交通大学, 2012.

[133] 李义. 锚杆锚固质量无损检测与巷道围岩稳定性预测机理研究[D]. 太原: 太原理工大学, 2009.

[134] 张志亮. 预应力锚索耐腐蚀性及失效研究[D]. 北京: 中国地质大学, 2008.

[135] 秦莹. 锚杆无损检测及锚固质量评价[D]. 武汉: 武汉理工大学, 2006.

[136] 李义, 刘海峰, 王富春. 锚杆锚固状态参数无损检测及其应用[J]. 岩石力学与工程学报, 2004（10）: 1741-1744.

[137] 汪明武, 王鹤龄. 无损检测锚杆锚固质量的现场试验研究[J]. 水文地质工程地质, 1998（1）: 59-61.